多源异质干扰系统的精细抗干扰控制理论及应用

魏新江　张慧凤　胡　鑫　著

科学出版社

北　京

内 容 简 介

航空航天、智能制造及船舶动力定位等复杂系统中均含有大量来源不同、类型各异的干扰，上述干扰统称为多源异质干扰，带有此类干扰的系统称为多源异质干扰系统。现有的抗干扰控制方法大多针对单一干扰或将多源异质干扰整合为单一等价干扰，对干扰的来源、途径和类型及对系统的影响机理等特征信息提取与分析不足。鉴于此，本书针对带有多源异质干扰的非线性系统，基于干扰的分类建模、表征与综合分析，非脆弱性、分离性和学习型干扰观测器的设计，复合分层抗干扰控制框架及以其为核心的精细抗干扰控制策略，提出复合 DOBC 和 H_∞ 控制、复合 DOBC 和滑模控制、复合 DOBC 和模糊控制、复合 DOBC 和随机控制等精细抗干扰控制方法，实现对内部干扰的补偿及对外部干扰的抑制，以达到精细抗干扰的目的。最后，将所提出的控制方法应用于船舶动力定位系统中。

本书主要供各类高等院校控制理论与控制工程、运筹学与控制论等专业的硕、博研究生和教育科研工作者以及控制工程相关的工程师等参考。

图书在版编目（CIP）数据

多源异质干扰系统的精细抗干扰控制理论及应用 / 魏新江，张慧凤，胡鑫著. —北京：科学出版社，2023.10

ISBN 978-7-03-074850-8

Ⅰ. ①多… Ⅱ. ①魏… ②张… ③胡… Ⅲ. ①干扰抵消－应用－自动控制理论－研究 Ⅳ. ①TP13

中国国家版本馆 CIP 数据核字（2023）第 027139 号

责任编辑：陈 静 董素芹 / 责任校对：胡小洁
责任印制：赵 博 / 封面设计：迷底书装

科学出版社 出版
北京东黄城根北街 16 号
邮政编码：100717
http://www.sciencep.com
北京建宏印刷有限公司印刷
科学出版社发行 各地新华书店经销
*
2023 年 10 月第 一 版 开本：720×1000 1/16
2024 年 8 月第二次印刷 印张：10 3/4 插页：2
字数：212 000

定价：118.00 元

（如有印装质量问题，我社负责调换）

前　言

实际工程系统既含有非线性、不确定性和随机动态，又受到气流、温度变化等外部干扰以及传感器测量噪声、控制机构误差、结构振动、机械摩擦等内部干扰的影响。系统中来源不同、类型各异的干扰统称为多源异质干扰，它的存在严重影响控制系统的稳定性、精确性和可靠性，基于此，抗干扰控制成为现代控制科学的研究热点和难点问题之一。现有的抗干扰控制方法大多针对单一干扰或将多源异质干扰整合为单一等价干扰，对干扰的来源、途径和类型等特征及对系统的影响机理等信息的提取与分析不足，故用单一抗干扰控制方法处理多源异质干扰具有一定的保守性。将干扰抑制与干扰抵消方法相结合已成为多源异质干扰系统抗干扰控制理论的重要研究方向之一。

本书针对多源异质干扰系统，提出基于干扰分类建模、干扰估计、前馈补偿与反馈抑制的复合分层设计方法及以其为核心的精细抗干扰控制理论框架，主要内容如下：①构建多源异质干扰系统的建模、表征和综合分析理论框架，发展和完善了多源异质干扰系统的建模和综合分析理论；②提出非脆弱性及分离型干扰观测器设计方法，在此基础上，提出具有复合分层结构和可剪裁性的精细抗干扰控制策略，解决了多源异质干扰的解耦分离和同时抑制抵消问题，发展和完善了多源异质干扰系统的干扰估计和抗干扰控制理论；③将所提精细抗干扰控制理论应用于复杂海况下船舶动力定位(dynamic positioning，DP)系统中。

本书共分 11 章：第 1 章介绍抗干扰控制方法及基于干扰观测器的控制(disturbance observer-based control，DOBC)方法发展历程；第 2～第 5 章针对非线性系统研究 DOBC 与其他控制方法相结合的精细抗干扰控制策略，其中，第 2 章提出复合 DOBC 和 H_∞抗干扰控制方法，第 3 章提出复合 DOBC 和终端滑模(terminal sliding mode，TSM)抗干扰控制方法，第 4 章提出复合 DOBC 和 Back-stepping 抗干扰控制方法，第 5 章提出复合 DOBC 和模糊抗干扰控制方法；第 6～第 9 章针对随机非线性系统研究复合 DOBC 与其他控制方法相结合的精细抗干扰控制方案，其中，第 6 章提出复合 DOBC 与随机抗干扰控制方法，第 7 章提出随机系统复合 DOBC 与自适应抗干扰控制方法，第 8 章提出离散时间随机系统精细抗干扰控制方法，第 9 章提出随机非线性系统复合 DOBC 与饱和抗干扰控制方法；第 10 和第 11 章研究复杂海况下船舶动力定位系统的精细抗干扰控制问题，其中，第 10 章研究带有慢时变干扰的船舶动力定位系统精细抗干扰控制方案，第 11 章提出执行器饱和约束下船舶动力定位系统精细抗干扰控制策略。

本书的研究工作获得了国家自然科学基金、山东省自然科学基金重点项目、山东省自然科学基金、中国博士后科学基金等的资助，相关成果获得市厅级以上科研奖励10余项。

因作者水平有限，书中不足之处在所难免，恳请各位专家学者批评指正。

作　者

2023年10月

目　　录

第1章 绪　论

航空航天、海洋工程、智能制造等复杂工程系统均含有大量来源不同、类型各异的干扰。依据干扰的来源，可将其分为三大类：第一类为机械摩擦、结构振动和测量噪声等引起的内部干扰；第二类为气动、温度变化、电磁辐射等引起的外部干扰；第三类为建模误差，包括不确定性、随机性、非线性等。依据干扰的类型，可将其分为常值干扰、谐波干扰、范数有界干扰、随机干扰、外源系统生成的干扰、代表未建模动态和系统不确定性的等价干扰等。我们将上述广泛存在于系统中来源不同、类型各异的干扰统称为多源异质干扰，带有上述干扰的系统称为多源异质干扰系统。多源异质干扰的存在增加了控制系统的设计难度，严重影响了控制系统的稳定性、精确性和可靠性。钱学森教授在《工程控制论》中提出如何在内扰和外扰等影响下保持系统运行稳定的抗干扰控制成为控制领域的关键问题之一。

依据对干扰的处理方式，现有的抗干扰控制方法主要分为两类。第一类为干扰抑制方法，包括鲁棒控制[1,2]、变结构控制[3,4]、自适应控制[5,6]和随机控制[7,8]等，其共同特点是通过抑制干扰，实现对系统性能的优化，而不是以干扰补偿为目的；第二类为干扰抵消方法，包括内模控制[9,10]、输出调节理论[11,12]、自抗扰控制[13,14]和基于干扰观测器的控制(disturbance observer-based control，DOBC)[15,16]等，其特点是通过对干扰的重构与估计，达到补偿和抵消干扰的目的。上述抗干扰控制方法虽然对干扰的处理方式不同，但均以消除干扰对系统的影响为目的。另外，由于上述抗干扰控制方法主要针对单一类型干扰或将多源异质干扰整合为单一等价干扰，对干扰的来源、途径和类型等特征及对系统的影响机理等信息的提取与分析不足，所以用单一抗干扰控制方法处理多源异质干扰具有一定的保守性。因此，将干扰抑制与干扰抵消方法相结合成为多源异质干扰系统抗干扰控制理论的重要研究方向之一。

作为抗干扰控制理论的新兴分支，DOBC 方法出现于 20 世纪 80 年代，自提出至今大致经历了三个阶段，分别是频域 DOBC 阶段、时域 DOBC 阶段和精细抗干扰控制(elegant anti-disturbance control，EADC)阶段。20 世纪 80 年代，IEEE Fellow 大西公平教授和 IEEE Fellow 大石清教授提出了频域 DOBC 理论，其基本思想是在频域内利用干扰观测器(disturbance observer，DO)来估计干扰，并通过前馈通道予以补偿[16]。然而，由于频域 DOBC 方法是基于频段分离的试凑方法，所以系统性能分析缺乏严密的理论基础。同时，由于存在相位滞后等问题，研究结果具有一定的保守性。另外，对于某些具有特殊性质的研究对象和干扰，频域DOBC方法容易导致系统失稳[17]。鉴于频域DOBC方法的不足，时域DOBC方法应运而生[18]。与频域DOBC方法相比，时域DOBC方法可以更好地刻画干扰的动态特性，并给出带有干扰的系统稳定性分析方法[19,20]。它可以针对不同的干扰类型设计相应的干扰观测器，从而实现对干扰的估计和补偿[21-23]。作为一种新型的鲁棒控制方法，时域DOBC方法已在机械电子[24,25]、化学工业[26,27]及航空航天[28,29]等领域得到广泛应用。

上述两个阶段大多研究单一类型干扰或将多源异质干扰整合为单一等价干扰，具有保守性、粗糙性和脆弱性的不足。针对多源异质干扰系统，为了达到高精度抗干扰控制的目的，亟待解决以下科学问题。

(1)揭示多源异质干扰的形成、传递及影响机理。

(2)探索干扰描述范围与干扰估计精度的平衡问题。

(3)研究多源异质干扰的解耦分离与同时抑制补偿问题。

在此背景下，DOBC方法发展至第三阶段，即精细抗干扰控制阶段，其基本思想是充分利用干扰的已知信息，以期获得更好的抗干扰性能[30,31]。作为精细抗干扰控制方法之一，复合分层抗干扰控制方法将DOBC方法与其他控制策略相结合，同时实现对内部干扰的补偿和对外部干扰的抑制，以达到精细抗干扰的目的。

以H_∞控制和输出调节理论为代表的鲁棒和非线性控制理论，一般仅适用于单一干扰系统的控制问题。本书针对多源异质干扰系统，基于干扰分类建模、干扰估计、前馈补偿与反馈抑制的精细抗干扰控制理论框架，提出复合DOBC和H_∞控制[32]、复合DOBC和滑模控制[33]、复合DOBC和模糊控制[34]、复合DOBC和随机控制[35]等精细抗干扰控制方法，并将其应用于船舶动力定位(dynamic positioning, DP)系统中[36]，实现了抗干扰控制低保守性、非脆弱性和精细性的设计。

第 2 章　非线性系统复合 DOBC 与 H_∞ 抗干扰控制

2.1 引　　言

本章主要研究带有多源异质干扰的连续非线性系统精细抗干扰控制问题。将多源异质干扰分为两种类型。第一类干扰表示为一类不确定线性动态子系统，第二类干扰归结为范数有界变量。本章分别针对带有已知和未知非线性项的连续系统，设计干扰观测器估计第一类干扰，提出复合 DOBC 与 H_∞ 抗干扰控制策略，实现对第一类干扰的估计与抵消和第二类干扰的同时抑制与衰减。

2.2 问题描述

考虑如下带有多源异质干扰和非线性项的连续多输入多输出(multi-input and multi-output，MIMO)系统：

$$\dot{x}(t) = G_0 x(t) + F_{01} f_{01}(x(t), t) + H_0(u(t) + d_0(t)) + H_1 d_1(t) \tag{2.1}$$

式中，$x(t) \in \mathbb{R}^n$ 和 $u(t) \in \mathbb{R}^m (m \leqslant n)$ 分别是系统状态和控制输入；$G_0 \in \mathbb{R}^{n\times n}$、$H_0 \in \mathbb{R}^{n\times m}$、$H_1 \in \mathbb{R}^{n\times p}$ 和 F_{01} 是系数矩阵；$f_{01} \in \mathbb{R}^{n\times p}$ 是非线性向量函数，且满足假设 2.2 所述的有界条件；$d_0(t)$ 表示部分信息已知的干扰，包括表常数、谐波及中立稳定干扰等；$d_1(t) \in \mathbb{R}^p$ 为满足 H_2 范数的外部干扰。

假设 2.1　干扰 $d_0(t)$ 可由以下外源系统生成：

$$\begin{aligned} \dot{w}(t) &= Ww(t) + H_2 \delta(t) \\ d_0(t) &= Vw(t) \end{aligned} \tag{2.2}$$

式中，$w(t) \in \mathbb{R}^{r\times r}$ 是外源干扰系统的状态向量；$W \in \mathbb{R}^{r\times r}$、$H_2 \in \mathbb{R}^{r\times l}$ 和 $V \in \mathbb{R}^{m\times r}$ 是已知矩阵；$\delta(t) \in \mathbb{R}^l$ 是由外源系统中的不确定性引起的附加干扰，满足 H_2 范数有界。

注 2.1　在许多情况下，干扰可以描述为参数和初始条件未知的动态系统[11,19,37,38]，代表频率已知，但振幅和初相未知的常值和谐波干扰。由于大多数结果没有考虑干扰模型中存在不确定性的情况，因此限制了结果的应用。本章中，$d_0(t)$ 包含未建模误差和由不确定性引起的附加干扰，将原有研究的常值、谐波干扰拓展至时域中立和不确定时域中立干扰等，拓展了干扰的描述范围。

假设 2.2　非线性函数 $f_{01}(x(t),t)$ 满足：

$$\|f_{01}(x_1(t),t)-f_{02}(x_2(t),t)\| \leqslant \|U_1(x_1(t)-x_2(t))\| \tag{2.3}$$

式中，U_1 是给定的常数矩阵。

以下假设是保证 DOBC 成立的必要条件。

假设 2.3　(G_0, H_0) 可控，(W, H_0V) 可观。

本章分别针对已知和未知非线性的情形，构造 $d_0(t)$ 的干扰观测器，提出复合 DOBC 与 H_∞ 抗干扰控制器，实现了对干扰的同时抑制和补偿，并保证了所得复合系统的稳定性。

2.3　非线性已知情形下复合 DOBC 和 H_∞ 控制

假设系统状态可获得，$f_{01}(x(t),t)$ 已知且满足假设 2.1～假设 2.3。

2.3.1　干扰观测器

构造如下干扰观测器：

$$\begin{aligned}&\hat{d}_0(t)=V\hat{w}(t),\qquad \hat{w}(t)=v(t)-Lx(t)\\&\dot{v}(t)=(W+LH_0V)(v(t)-Lx(t))+L(G_0x(t)+F_{01}f_{01}(x(t),t)+H_0u(t))\end{aligned} \tag{2.4}$$

式中，$\hat{d}_0(t)$ 是 $d(t)$ 的估计值；$\hat{w}(t)$ 是 $w(t)$ 的估计值；$v(t)$ 是中间辅助变量；L 是观测器增益。定义估计误差为 $e_w(t)=w(t)-\hat{w}(t)$，基于式(2.1)、式(2.2)和式(2.4)得干扰误差系统：

$$\dot{e}_w(t)=(W+LH_0V)e_w(t)+H_2\delta(t)+LH_1d_1(t) \tag{2.5}$$

通过调整观测器增益 L 使式(2.5)满足期望的稳定性和鲁棒性。设计如下复合抗干扰控制器：

$$u(t)=-\hat{d}_0(t)+Kx(t) \tag{2.6}$$

式中，K 是控制增益。将式(2.6)代入式(2.1)得

$$\dot{x}(t)=(G_0+H_0K)x(t)+F_{01}f_{01}(x(t),t)+H_0Ve_w(t)+H_1d_1(t) \tag{2.7}$$

基于式(2.5)和式(2.7)得复合系统：

$$\begin{bmatrix}\dot{x}(t)\\ \dot{e}_w(t)\end{bmatrix}=\begin{bmatrix}G_0+H_0K & H_0V\\ 0 & W+LH_0V\end{bmatrix}\begin{bmatrix}x(t)\\ e_w(t)\end{bmatrix}+\begin{bmatrix}F_{01}\\ 0\end{bmatrix}f_{01}(x(t),t)+\begin{bmatrix}H_1 & 0\\ LH_1 & H_2\end{bmatrix}\begin{bmatrix}d_1(t)\\ \delta(t)\end{bmatrix}$$

即

$$
\begin{aligned}
\dot{\bar{x}}(t) &= G\bar{x}(t) + Ff(\bar{x}(t),t) + Hd(t) \\
z(t) &= C\bar{x}(t)
\end{aligned}
\tag{2.8}
$$

式中

$$
\bar{x}(t)=\begin{bmatrix} x(t) \\ e_w(t) \end{bmatrix},\quad G=\begin{bmatrix} G_0+H_0K & H_0V \\ 0 & W+LH_0V \end{bmatrix},\quad F=\begin{bmatrix} F_{01} \\ 0 \end{bmatrix}
$$

$$
f(\bar{x}(t),t)=f_{01}(x(t),t),\quad H=\begin{bmatrix} H_1 & 0 \\ LH_1 & H_2 \end{bmatrix},\quad d(t)=\begin{bmatrix} d_1(t) \\ \delta(t) \end{bmatrix}
$$

$z(t)=C\bar{x}(t)$ 为参考输出，其中 $C=[C_1\quad C_2]$。另外，$\|f(\bar{x}(t),t)\|\leqslant\|U\bar{x}(t)\|$，其中 $U=\begin{bmatrix} U_1 & 0 \\ 0 & 0 \end{bmatrix}$，$U_1$ 在式(2.3)中给出。

可见，复合系统(2.8)包括两个子系统，一个是误差系统，用于估计由外源系统生成的干扰，另一个是在原系统中引入 DOBC 控制器形成的闭环系统。本章考虑的问题是：设计干扰观测器来估计第一类干扰，提出复合 DOBC 与 H_∞ 控制策略(简称 DOBP H_∞C)，使复合系统(2.8)鲁棒稳定且满足 $\|z(t)\|_2\leqslant\gamma\|d(t)\|_2$，其中 γ 是给定的干扰衰减常数。

2.3.2　复合 DOBC 和 H_∞ 控制

本节的主要任务是设计 L 和 K，使复合系统(2.8)稳定且满足干扰衰减性能。为了便于研究，给出以下引理。

引理 2.1　对下列系统：

$$
\begin{aligned}
\dot{x}(t) &= Gx(t) + Ff(x(t),t) + Hd(t) \\
z(t) &= Cx(t)
\end{aligned}
\tag{2.9}
$$

给定参数 $\lambda>0$，$\gamma>0$，如果存在 $P>0$，使得

$$
\begin{bmatrix}
PG+G^{\mathrm{T}}P+\dfrac{1}{\lambda^2}U_*^{\mathrm{T}}U_* & PF & PH & C^{\mathrm{T}} \\
F^{\mathrm{T}}P & -\dfrac{1}{\lambda^2}I & 0 & 0 \\
H^{\mathrm{T}}P & 0 & -\gamma^2 I & 0 \\
C & 0 & 0 & -I
\end{bmatrix}<0
\tag{2.10}
$$

成立，则系统(2.9)在无干扰 $d(t)$ 的情况下鲁棒渐近稳定；在有干扰 $d(t)$ 的情况下满足 $\|z(t)\|_2\leqslant\gamma\|d(t)\|_2$，其中 $\|f(x_1(t),t)-f(x_2(t),t)\|\leqslant\|U_*(x_1(t)-x_2(t))\|$，$U_*$ 是给定的常数权重矩阵。

证明　见附录。

基于引理 2.1，得到如下结论。

定理 2.1　给定参数 $\lambda>0$，$\gamma>0$，$\Theta>0$，如果存在 $Q_1>0$，$P_2>0$，R_1，R_2 满足：

$$\begin{bmatrix} M_1 & F_{01} & H_1 & 0 & Q_1C^{\mathrm{T}} & Q_1U_1^{\mathrm{T}} & H_0V \\ * & -\frac{1}{\lambda^2}I & 0 & 0 & 0 & 0 & 0 \\ * & * & -\gamma^2 I & 0 & 0 & 0 & H_1^{\mathrm{T}}R_2^{\mathrm{T}} \\ * & * & * & -\gamma^2 I & 0 & 0 & H_2^{\mathrm{T}}P_2^{\mathrm{T}} \\ * & * & * & * & -I & 0 & C_2 \\ * & * & * & * & * & -\lambda^2 I & 0 \\ * & * & * & * & * & * & M_2 \end{bmatrix}<0 \tag{2.11}$$

$$P_2W+W^{\mathrm{T}}P_2+R_2H_0V+V^{\mathrm{T}}H_0^{\mathrm{T}}R_2^{\mathrm{T}}+P_2\Theta<0 \tag{2.12}$$

$$M_1=G_0Q_1+Q_1^{\mathrm{T}}G_0^{\mathrm{T}}+H_0R_1+R_1^{\mathrm{T}}H_0^{\mathrm{T}}$$

$$M_2=P_2W+W^{\mathrm{T}}P_2+R_2H_0V+V^{\mathrm{T}}H_0^{\mathrm{T}}R_2^{\mathrm{T}}$$

则通过设计如式(2.6)所示的 DOBC 策略和如式(2.4)所示的干扰观测器使复合系统(2.8)在无干扰 $d(t)$ 的情况下鲁棒渐近稳定。在有干扰 $d(t)$ 的情况下，满足 $\|z(t)\|_2 \leqslant \gamma\|d(t)\|_2$。式(2.11)中，$*$ 表示对称矩阵中的相应元素(后面出现在矩阵中的$*$，含义相同)。

证明　针对复合系统(2.8)，定义如下矩阵，即

$$P=\begin{bmatrix} P_1 & 0 \\ 0 & P_2 \end{bmatrix}=\begin{bmatrix} Q_1^{-1} & 0 \\ 0 & P_2 \end{bmatrix}>0 \tag{2.13}$$

应用引理 2.1 得

$$\Omega_1=\begin{bmatrix} \Pi_1+\frac{1}{\lambda^2}U_1^{\mathrm{T}}U_1 & P_1H_0V & P_1F_{01} & P_1H_1 & 0 & C_1^{\mathrm{T}} \\ * & \Pi_2 & 0 & P_2LH_1 & P_2H_2 & C_2^{\mathrm{T}} \\ * & * & -\frac{1}{\lambda^2}I & 0 & 0 & 0 \\ * & * & * & -\gamma^2 I & 0 & 0 \\ * & * & * & * & -\gamma^2 I & 0 \\ * & * & * & * & * & -I \end{bmatrix}<0 \tag{2.14}$$

当干扰 $d(t)=0$ 时，复合系统(2.8)是鲁棒渐近稳定的；当 $d(t)\neq 0$ 时，满足 $\|z(t)\|_2 \leqslant \gamma\|d(t)\|_2$，其中

$$\Pi_1 = P_1(G_0 + H_0K) + (G_0 + H_0K)^{\mathrm{T}} P_1$$
$$\Pi_2 = P_2(W + LH_0V) + (W + LH_0V)^{\mathrm{T}} P_2$$

基于 Schur 补定理，$\Omega_1 < 0$ 等价于 $\Omega_2 < 0$，其中

$$\Omega_2 = \begin{bmatrix} \Pi_1 & P_1H_0V & P_1F_{01} & P_1H_1 & 0 & C_1^{\mathrm{T}} & U_1^{\mathrm{T}} \\ * & \Pi_2 & 0 & P_2LH_1 & P_2H_2 & C_2^{\mathrm{T}} & 0 \\ * & * & -\dfrac{1}{\lambda^2}I & 0 & 0 & 0 & 0 \\ * & * & * & -\gamma^2 I & 0 & 0 & 0 \\ * & * & * & * & -\gamma^2 I & 0 & 0 \\ * & * & * & * & * & -I & 0 \\ * & * & * & * & * & * & -\lambda^2 I \end{bmatrix} < 0 \tag{2.15}$$

交换行和列，则 $\Omega_2 < 0$ 等价于 $\Omega_3 < 0$，其中

$$\Omega_3 = \begin{bmatrix} \Pi_1 & P_1F_{01} & P_1H_1 & 0 & C_1^{\mathrm{T}} & U_1^{\mathrm{T}} & P_1H_0V \\ * & -\dfrac{1}{\lambda^2}I & 0 & 0 & 0 & 0 & 0 \\ * & * & -\gamma^2 I & 0 & 0 & 0 & (P_2LH_1)^{\mathrm{T}} \\ * & * & * & -\gamma^2 I & 0 & 0 & (P_2H_2)^{\mathrm{T}} \\ * & * & * & * & -I & 0 & C_2 \\ * & * & * & * & * & -\lambda^2 I & 0 \\ * & * & * & * & * & * & \Pi_2 \end{bmatrix} < 0 \tag{2.16}$$

Ω_3 同时左乘和右乘 $\{Q_1, I, I, I, I, I, I\}$，则等价于 Ω_4，其中

$$\Omega_4 = \begin{bmatrix} M_1 & F_{01} & H_1 & 0 & Q_1C_1^{\mathrm{T}} & Q_1U^{\mathrm{T}} & H_0V \\ * & -\dfrac{1}{\lambda^2}I & 0 & 0 & 0 & 0 & 0 \\ * & * & -\gamma^2 I & 0 & 0 & 0 & H_1^{\mathrm{T}}R_2^{\mathrm{T}} \\ * & * & * & -\gamma^2 I & 0 & 0 & H_2^{\mathrm{T}}P_2^{\mathrm{T}} \\ * & * & * & * & -I & 0 & C_2 \\ * & * & * & * & * & -\lambda^2 I & 0 \\ * & * & * & * & * & * & M_2 \end{bmatrix} < 0 \tag{2.17}$$

因此可以得到式(2.11)。

下一步，根据区域极点配置和 D-稳定性理论[39]，针对误差系统(2.5)选择区域极点 $\Theta > 0$，则存在 $X > 0$，有 $WX + X^{\mathrm{T}}W^{\mathrm{T}} + LH_0VX + X^{\mathrm{T}}V^{\mathrm{T}}H_0^{\mathrm{T}}L^{\mathrm{T}} + \Theta X < 0$。

在区域 $D=\{s\in C:\Theta+sM+\overline{s}M^{\mathrm{T}}<0\}$ 中分配极点，通过定义 $X=P_2^{-1}$ 和 $L=P_2R_2$ 可以得式(2.12)。将式(2.11)与式(2.12)结合并选择 $K=R_1Q_1^{-1}$ 与观测器增益 $L=P_2^{-1}R_2$，则有定理 2.1 成立。证毕。

注 2.2 基于区域极点配置和 D-稳定性理论，得到观测器增益 $L=P_2^{-1}R_2$。此外，通过将 DOBP H_∞C 与极点配置和 D-稳定性理论相结合，使得闭环系统达到理想的控制性能。

2.4 非线性未知情形下复合 DOBC 和 H_∞ 控制

在本节中，假设 2.1～假设 2.3 成立，非线性函数 $f_{01}(x(t),t)$ 未知。与 2.3 节不同，$f_{01}(x(t),t)$ 在观测器设计中不可用。

2.4.1 干扰观测器

在本节中，构造如下干扰观测器：

$$\begin{aligned}&\hat{d}_0(t)=V\hat{w}(t),\quad \hat{w}(t)=v(t)-Lx(t)\\&\dot{v}(t)=(W+LH_0V)(v(t)-Lx(t))+L(G_0x(t)+H_0u(t))\end{aligned}\tag{2.18}$$

定义误差 $e_w(t)=w(t)-\hat{w}(t)$，满足：

$$\dot{e}_w(t)=(W+LH_0V)e_w(t)+LF_{01}f_{01}+H_2\delta(t)+LH_1d_1(t)\tag{2.19}$$

设计如下控制器：

$$u(t)=-\hat{d}_0(t)+Kx(t)\tag{2.20}$$

将式(2.20)代入式(2.1)，得到闭环系统：

$$\dot{x}(t)=(G_0+H_0K)x(t)+F_{01}f_{01}(x(t),t)+H_0Ve_w(t)+H_1d_1(t)\tag{2.21}$$

那么，结合式(2.19)和式(2.21)，得到复合系统：

$$\begin{bmatrix}\dot{x}(t)\\\dot{e}_w(t)\end{bmatrix}=\begin{bmatrix}G_0+H_0K & H_0V\\0 & W+LH_0V\end{bmatrix}\begin{bmatrix}x(t)\\e_w(t)\end{bmatrix}+\begin{bmatrix}F_{01}\\LF_{01}\end{bmatrix}f_{01}(x(t),t)+\begin{bmatrix}H_1 & 0\\LH_1 & H_2\end{bmatrix}\begin{bmatrix}d_1(t)\\\delta(t)\end{bmatrix}$$

另外，复合系统可以表示为

$$\begin{aligned}&\dot{\overline{x}}(t)=G\overline{x}(t)+Ff(\overline{x}(t),t)+Hd(t)\\&z(t)=C\overline{x}(t)\end{aligned}\tag{2.22}$$

式中

$$\bar{x}(t)=\begin{bmatrix} x(t) \\ e_w(t) \end{bmatrix},\quad G=\begin{bmatrix} G_0+H_0K & H_0V \\ 0 & W+LH_0V \end{bmatrix},\quad F=\begin{bmatrix} F_{01} \\ LF_{01} \end{bmatrix},\quad f(\bar{x}(t),t)=f_{01}(x(t),t)$$

$$H=\begin{bmatrix} H_1 & 0 \\ LH_1 & H_2 \end{bmatrix},\quad d(t)=\begin{bmatrix} d_1(t) \\ \delta(t) \end{bmatrix}$$

$z(t)=C\bar{x}(t)$ 为参考输出，其中 $C=[C_1 \quad C_2]$。

2.4.2 复合 DOBC 和 H_∞ 控制

与 2.3.2 节类似，本节的目标是设计 L 和 K，使复合系统(2.22)鲁棒渐近稳定并满足干扰衰减性能。因此，将引理 2.1 应用到系统(2.22)中，得到以下定理。

定理 2.2　对于给定参数 $\lambda>0$，$\gamma>0$，$\Theta>0$，如果存在矩阵 $Q_1>0$，$P_2>0$，R_1，R_2 满足：

$$\begin{bmatrix} M_1 & F_{01} & H_1 & 0 & Q_1C^{\mathrm{T}} & Q_1U_1^{\mathrm{T}} & H_0V \\ * & -\frac{1}{\lambda^2}I & 0 & 0 & 0 & 0 & F_{01}^{\mathrm{T}}R_2^{\mathrm{T}} \\ * & * & -\gamma^2 I & 0 & 0 & 0 & H_1^{\mathrm{T}}R_2^{\mathrm{T}} \\ * & * & * & -\gamma^2 I & 0 & 0 & H_2^{\mathrm{T}}P_2^{\mathrm{T}} \\ * & * & * & * & -I & 0 & C_2 \\ * & * & * & * & * & -\lambda^2 I & 0 \\ * & * & * & * & * & * & M_2 \end{bmatrix}<0 \tag{2.23}$$

$$P_2W+W^{\mathrm{T}}P_2+R_2H_0V+V^{\mathrm{T}}H_0^{\mathrm{T}}R_2^{\mathrm{T}}+P_2\Theta<0 \tag{2.24}$$

$$M_1=G_0Q_1+Q_1^{\mathrm{T}}G_0^{\mathrm{T}}+H_0R_1+R_1^{\mathrm{T}}H_0^{\mathrm{T}}$$

$$M_2=P_2W+W^{\mathrm{T}}P_2+R_2H_0V+V^{\mathrm{T}}H_0^{\mathrm{T}}R_2^{\mathrm{T}}$$

选取 $K=R_1Q_1^{-1}$ 和 $L=P_2^{-1}R_2$，则复合系统(2.22)在 $d(t)=0$ 时鲁棒渐近稳定。在 $d(t)\neq 0$ 时满足 $\|z(t)\|_2 \leqslant \gamma\|d(t)\|_2$。

证明　注意到 F 在复合系统(2.8)和复合系统(2.22)之间的区别，证明过程类似于定理 2.1。证毕。

2.5 仿真实例

本节中，以文献[19]中的 A4D 飞控系统为研究对象，选取如下系统矩阵：

$$G_0=\begin{bmatrix} 0.065 & 32.37 & 0 & 32.2 \\ -0.00014 & -1.475 & 1 & 0 \\ -0.0111 & -34.72 & -2.793 & 0 \\ 0 & 0 & 1 & 0 \end{bmatrix},\quad H_0=\begin{bmatrix} 0 \\ -0.1064 \\ -33.8 \\ 0 \end{bmatrix}$$

$$F_{01}=\begin{bmatrix}0\\0\\50\\0\end{bmatrix},\quad H_1=\begin{bmatrix}0.1\\0\\-38.52\\0.1\end{bmatrix}$$

参考输出为 $z(t)=C\overline{x}(t)$，$C=[C_1\quad C_2]$，其中 $C_1=[1\quad 0\quad 0\quad 0]$，$C_2=[0\quad 0]$。干扰 $d_0(t)$ 的系统参数为

$$W=\begin{bmatrix}0 & 5\\-5 & 0\end{bmatrix},\quad V=[25\quad 0],\quad H_2=\begin{bmatrix}0.1\\0.1\end{bmatrix} \tag{2.25}$$

在仿真中，选取 $\delta(t)$ 为具有 2-范数且上限为 1 的随机信号，$d_1(t)$ 为阵风干扰，其数学模型表示为

$$V_{\text{wind}}=\begin{cases}0, & x<0\\ \dfrac{V_m}{2}\left(1-\cos\left(\dfrac{\pi x}{d_m}\right)\right), & 0\leqslant x\leqslant d_m\\ V_m, & x>d_m\end{cases}$$

式中，V_m 是阵风幅度；d_m 是阵风长度；x 是行进距离；V_{wind} 是体轴坐标系中的合成风速。

2.5.1 非线性已知情形

已知非线性函数有如下形式：$f_{01}(x(t),t)=\sin(2\pi\times 5t)x_2(t)$ 且 $\|f_{01}(x(t),t)\|\leqslant\|U_1x(t)\|$，其中 $U_1=\text{diag}\{0\ 1\ 0\ 0\}$。为了避免高增益情形，选择 $\lambda=1$，选取初始状态为 $x(0)=[2;-2;3;2]$。基于定理 2.1 得到

$$K=\begin{bmatrix}0.8833 & 4.0620 & 0.8808 & 5.3690\end{bmatrix}$$
$$L=\begin{bmatrix}3.0809 & 3.7359 & 0.0161 & 3.0811\\2.5851 & 3.1349 & 0.0135 & 2.5853\end{bmatrix}$$

图 2.1 和图 2.2 分别为文献[19]中 DOBC 方法和本章提出的 DOBP H_∞C 方法下的系统性能。仿真结果表明，尽管系统中存在阵风干扰，但与图 2.1 中单一 DOBC 方法相比，本章所提 DOBP H_∞C 方法可以有效地提高系统的抗干扰能力，同时得到令人满意的系统响应曲线。

图 2.3 和图 2.4 分别为文献[19]中的 DOBC 方法与本章中提出的 DOBP H_∞C 策略对系统干扰的估计误差曲线。图 2.4 表明，与图 2.3 中单一 DOBC 方法的控

制效果相比，基于区域极点配置和 D-稳定性理论的干扰观测器具有更加令人满意的跟踪能力。

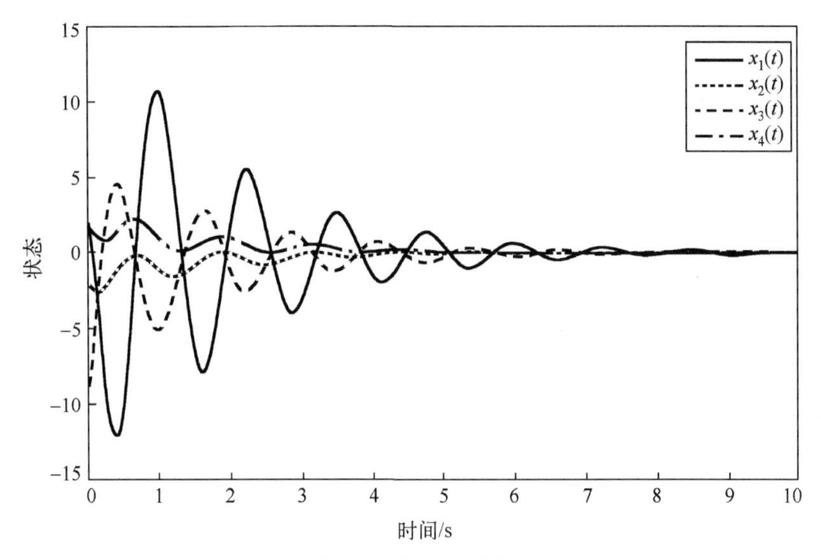

图 2.1　非线性已知情形下系统 DOBC 性能

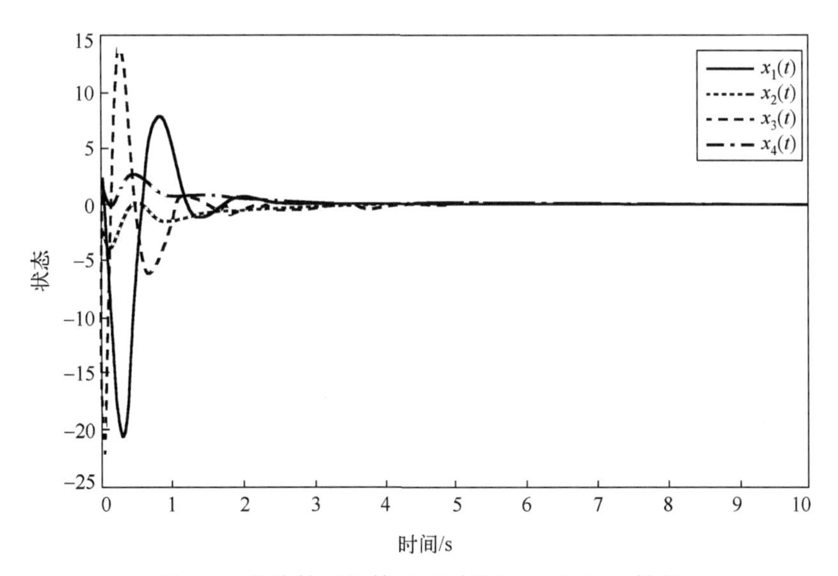

图 2.2　非线性已知情形下系统 DOBC H_∞ C 性能

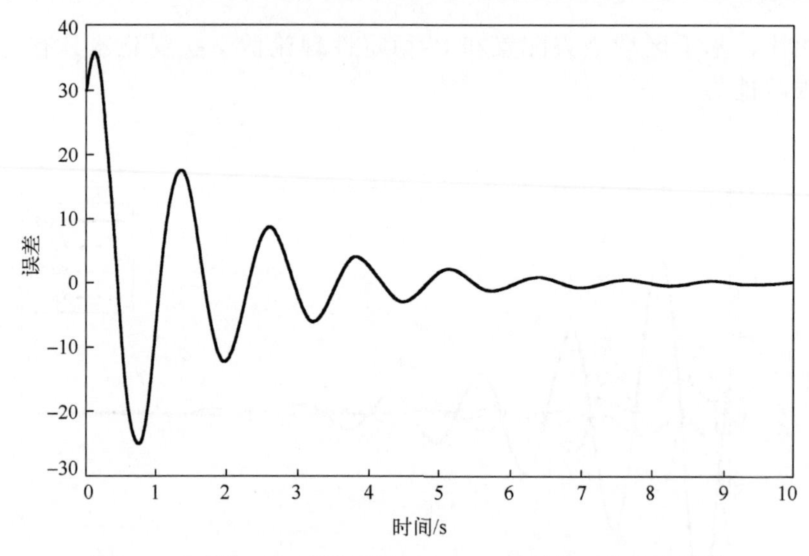

图 2.3　非线性已知情形下基于 DOBC 的系统干扰估计误差

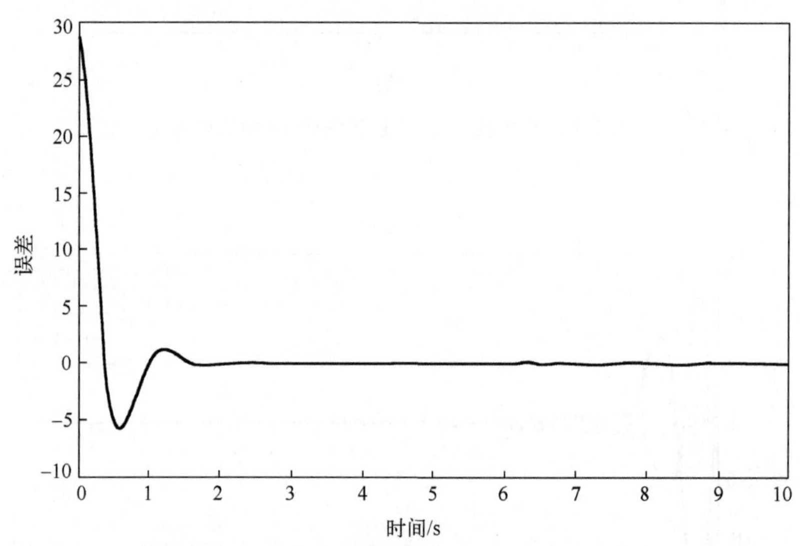

图 2.4　非线性已知情形下基于 DOBC H_∞C 的系统干扰估计误差

2.5.2　非线性未知情形

考虑文献[19]中描述的 A4D 飞机的动力学模型。同样，假设 $d_0(t)$ 是由式(2.2)和式(2.25)描述的未知谐波干扰。与 2.5.1 节不同，$f_{01}(x(t),t)$ 未知且 $f_{01}(x(t),t)=r(t)x_2(t)$，其中 $r(t)$ 被假定为上限为 1 的随机输入。取系统初始状态为 $x(0)=[2;-2;3;2]$，基于定理 2.2 得

$$K = \begin{bmatrix} 0.7193 & 3.2166 & 0.7447 & 4.5983 \end{bmatrix}$$

$$L = \begin{bmatrix} -0.0022 & 1.6647 & 0.0001 & -0.0022 \\ -0.0009 & 0.5493 & 0.0000 & -0.0009 \end{bmatrix}$$

图 2.5 和图 2.6 分别为文献[19]中的 DOBC 方法和本章提出的 DOBP H_∞C 方法在非线性未知情形下的系统性能。与图 2.5 中的单一 DOBC 方法相比，图 2.6 显示本章所提出的 DOBP H_∞C 方案可以获得令人满意的系统性能。图 2.7 和图 2.8 分别为文献[19]中的 DOBC 和本章提出的 DOBP H_∞C 对系统干扰的估计误差

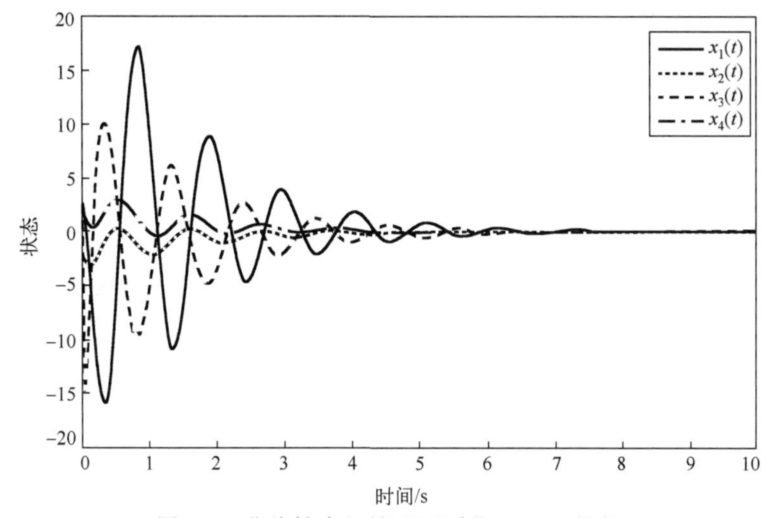

图 2.5　非线性未知情形下系统 DOBC 性能

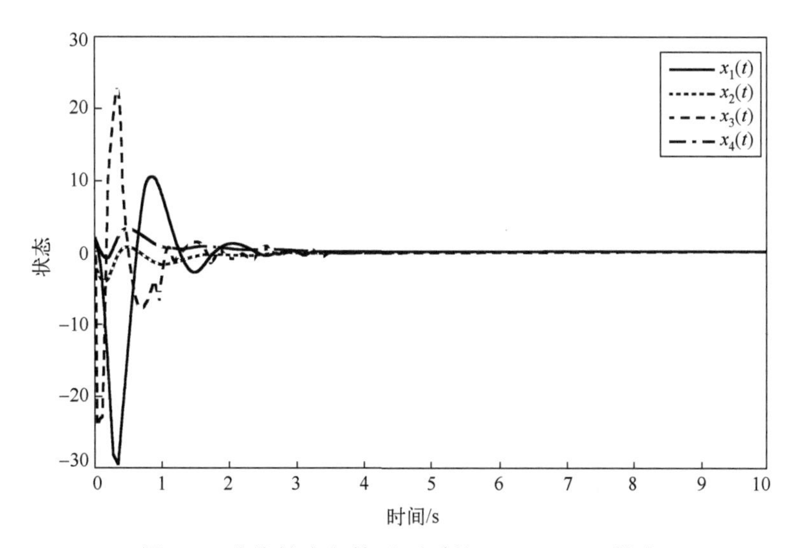

图 2.6　非线性未知情形下系统 DOBC H_∞C 性能

曲线。与图 2.7 中的单一 DOBC 方法相比，图 2.8 中基于区域极点配置和 D-稳定性理论的干扰观测器能够在短时间内很好地跟踪未知干扰。

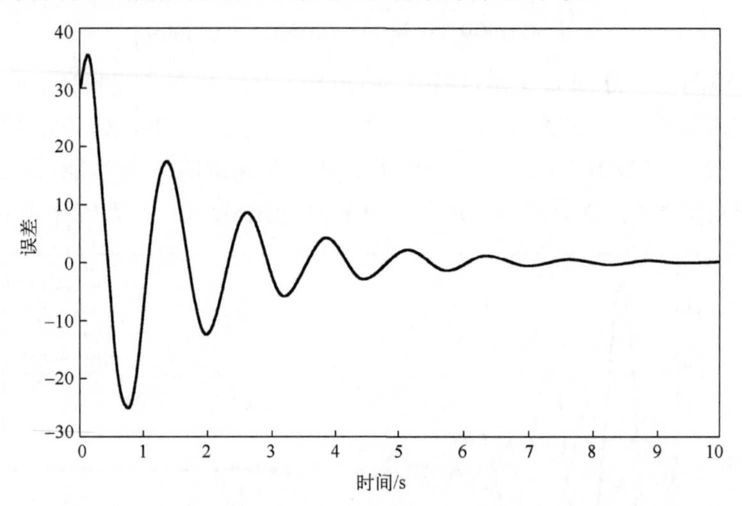

图 2.7　非线性未知情形下基于 DOBC 的系统干扰估计误差

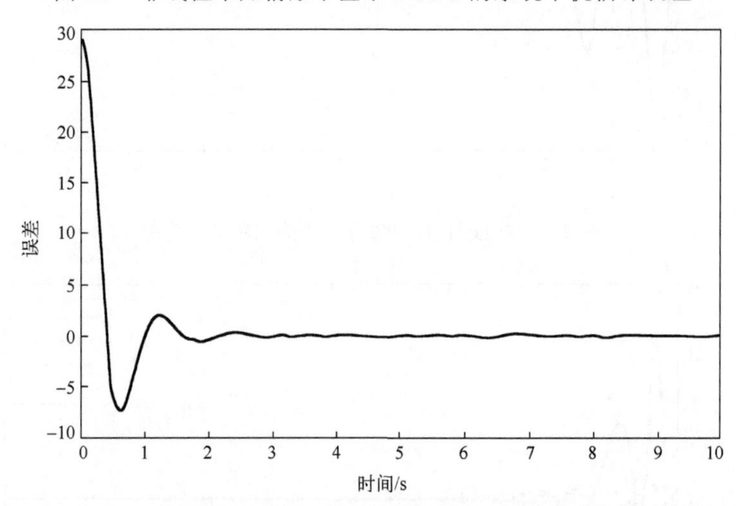

图 2.8　非线性未知情形下基于 DOBC H_∞ C 的干扰估计误差

2.6　结　　论

H_∞ 控制和 DOBC 均为典型的抗干扰控制方法，H_∞ 控制一般对范数有界干扰具有较好的衰减性能，DOBC 方法用于抵消部分信息已知干扰对系统的影响。本章将两种控制方法相结合，提出复合 DOBC 与 H_∞ (DOBP H_∞) 控制，改进了文献[19]中提出的 DOBC 控制方法。

第3章　非线性系统复合 DOBC 与 TSM 抗干扰控制

3.1　引　　言

20 世纪 60 年代初，Emeleyanov 等提出了滑模控制方法。迄今为止，滑模控制已经形成了包括滑动模态的设计方法、控制器的构造方法、系统的稳定性分析、系统的到达条件等在内的一系列综合理论体系。近年来，随着滑模控制理论的发展，有学者提出了终端滑模(terminal sliding mode，TSM)控制方法[40-42]。作为一种经典的抗干扰控制方法，该方法具有鲁棒性强、收敛速度快等优点。

本章提出 DOBC 与 TSM 相结合的精细抗干扰控制策略[43-50]。其中，干扰分为两种类型，第一类为输入通道中的谐波信号，描述为具有不确定性的外源系统；另一类为 H_2 范数有界干扰。通过将 DOBC 与 TSM 控制律相结合[51-55]，实现对干扰的抵消和抑制，同时保证非线性系统在有限时间内稳定。

3.2　问 题 描 述

考虑如下带有多源异质干扰和非线性项的连续 MIMO 系统：

$$\begin{aligned}\dot{x}(t)&=G_0x(t)+F_{01}f_{01}(x(t),t)+H_0(u(t)+d_0(t))+H_1d_1(t)\\y(t)&=C_0x(t)+F_{02}f_{02}(x(t),t)+D_0d_0(t)+D_1d_1(t)\end{aligned}\tag{3.1}$$

式中，$x(t)\in\mathbb{R}^n$、$u(t)\in\mathbb{R}^m(m<n)$、$y(t)\in\mathbb{R}^l$ 分别是系统状态、控制输入和测量输出；$G_0\in\mathbb{R}^{n\times n}$、$H_1\in\mathbb{R}^{n\times v}$、$C_0\in\mathbb{R}^{l\times n}$、$D_0\in\mathbb{R}^{l\times m}$、$D_1\in\mathbb{R}^{l\times v}$ 是系数矩阵；$H_0\in\mathbb{R}^{n\times m}$ 满足 $\operatorname{rank}(H_0)=m$；$F_{01}$ 和 F_{02} 是对应的加权矩阵；$f_{01}(x(t),t)$ 和 $f_{02}(x(t),t)$ 为非线性函数且满足假设 3.2；$d_0(t)\in\mathbb{R}^m$ 由一个外源系统生成，表示具有建模误差的常值干扰和谐波信号；$d_1(t)\in\mathbb{R}^v$ 是满足 H_2 范数的外部干扰。

假设 3.1　控制输入通道中的干扰 $d_0(t)$ 可由以下外源系统表示：

$$\begin{aligned}\dot{w}(t)&=Ww(t)+H_2\delta(t)\\d_0(t)&=Vw(t)\end{aligned}\tag{3.2}$$

式中，W、H_2 和 V 是已知矩阵；$\delta(t)$ 表示外源系统的不确定项。

假设 3.2　非线性函数满足：

$$\| f_{0i}(x(t),t) \| \leqslant \beta_{0i} + \beta_{1i} \| (x(t),t) \|, \quad f_{0i}(0,t) = 0, \quad i = 1,2 \tag{3.3}$$

式中，β_{0i}、β_{1i} 是正数。

假设 3.3 (G_0,H_0) 是能控的，(W,H_0V) 是能观测的。

假设系统状态可测，将 $d_0(t)$ 看作系统扩张状态的一部分。本章分别针对已知非线性和未知非线性的情形，构造降维干扰观测器。基于干扰估计值，构造复合 DOBC 与 TSM 控制器，使干扰得到抑制和衰减，同时保证系统在有限时间内达到理想的动态性能。

3.3 非线性已知情形下复合 DOBC 与 TSM 控制

在本节中，假设 $f_{01}(x(t),t)$ 和 $f_{02}(x(t),t)$ 已知，且假设 3.1～假设 3.3 成立。当系统状态可得时，只需对系统的干扰进行估计。

3.3.1 干扰观测器

构造如下干扰观测器：

$$\begin{gathered} \hat{d}_0(t) = V\hat{w}(t), \quad \hat{w}(t) = v(t) - Lx(t) \\ \dot{v}(t) = (W + LH_0V)(v(t) - Lx(t)) + L(G_0x(t) + F_{01}f_{01}(x(t),t) + H_0u(t)) \end{gathered} \tag{3.4}$$

式中，$\hat{w}(t)$ 是 $w(t)$ 的估计值；$v(t)$ 是辅助变量，表示观测器的状态。定义估计误差 $e_w(t) = w(t) - \hat{w}(t)$。基于式(3.1)、式(3.2)和式(3.4)，得

$$\dot{e}_w(t) = (W + LH_0V)e_w(t) + H_2\delta(t) + LH_1d_1(t) \tag{3.5}$$

于是有

$$\begin{gathered} \dot{e}_w(t) = (W + LH_0V)e_w(t) + Hd(t) \\ z(t) = e_w(t) \end{gathered} \tag{3.6}$$

式中，$z(t)$ 表示参考输出，且有

$$H = [H_2 \quad LH_1], \quad d(t) = [\delta(t) \quad d_1(t)]^{\mathrm{T}} \tag{3.7}$$

基于区域极点配置和 H_∞ 理论，有以下结论成立。

定理 3.1 给定参数 $\theta_i > 0(i = 1,2,\cdots,n)$，若存在矩阵 $P > 0$ 和矩阵 T 满足：

$$\min \gamma > 0 \tag{3.8}$$

$$\begin{bmatrix} PW + W^{\mathrm{T}}P + TH_0V + V^{\mathrm{T}}H_0^{\mathrm{T}}T^{\mathrm{T}} + I & PH_2 & TH_1 \\ * & -\gamma^2 I & 0 \\ * & * & -\gamma^2 I \end{bmatrix} < 0 \tag{3.9}$$

$$PW + W^{\mathrm{T}}P + TH_0V + V^{\mathrm{T}}H_0^{\mathrm{T}}T^{\mathrm{T}} + P\Theta < 0 \tag{3.10}$$

则通过选择矩阵 $L = P^{-1}T$，$\Theta = \mathrm{diag}(\theta_i)$，使误差系统(3.6)在 $d(t)=0$ 时渐近稳定，在 $d(t)\neq 0$ 时满足 $\| z(t)\|_2 \leqslant \gamma \| d(t)\|_2$。$\gamma$ 表示干扰抑制性能指标。

证明　考虑如下李雅普诺夫函数

$$V(t) = e_w^{\mathrm{T}}(t)Pe_w(t)$$

选取

$$J(t) = \int_0^t (z^{\mathrm{T}}(t)z(t) - \gamma^2 d^{\mathrm{T}}(t)d(t) + \dot{V}(t))\mathrm{d}t$$

及

$$H(t) = z^{\mathrm{T}}(t)z(t) - \gamma^2 d^{\mathrm{T}}(t)d(t) + \dot{V}(t)$$

得

$$\begin{aligned} H(t) &= z^{\mathrm{T}}(t)z(t) - \gamma^2 d^{\mathrm{T}}(t)d(t) + e_w^{\mathrm{T}}(t)P\dot{e}_w(t) + \dot{e}_w^{\mathrm{T}}(t)Pe_w^{\mathrm{T}}(t) \\ &= z^{\mathrm{T}}(t)z(t) - \gamma^2 d^{\mathrm{T}}(t)d(t) + e_w^{\mathrm{T}}(t)P[(W+LH_0V)e_w(t) + Hd(t)]^{\mathrm{T}}Pe_w(t) \\ &= [e_w^{\mathrm{T}}(t) \quad d^{\mathrm{T}}(t)]\begin{bmatrix} P(W+LH_0V)+(W+LH_0V)^{\mathrm{T}}P+L & PH \\ H^{\mathrm{T}}P & -\gamma^2 L \end{bmatrix} \times \begin{bmatrix} e_w(t) \\ d(t) \end{bmatrix} \end{aligned} \tag{3.11}$$

将式(3.7)代入式(3.11)中，有

$$H(t) = [e_w^{\mathrm{T}}(t) \quad \delta^{\mathrm{T}}(t) \quad d_1^{\mathrm{T}}(t)]\begin{bmatrix} P(W+LH_0V)+(W+LH_0V)^{\mathrm{T}}P+I & PH_2 & PLH_1 \\ * & -\gamma^2 I & 0 \\ * & * & -\gamma^2 I \end{bmatrix} \times \begin{bmatrix} e_w(t) \\ \delta(t) \\ d_1(t) \end{bmatrix} \tag{3.12}$$

在零初始条件下，如果 $H(t)<0$ 成立，则有 $J(t)<0$ 和 $\| z(t)\|_2 \leqslant \gamma \| d(t)\|_2$ 成立。基于式(3.12)，定义 $T = PL$，得式(3.9)成立。根据区域极点配置和 D-稳定性理论[43]，在误差系统(3.6)中取极点 $\Theta > 0$，则有 $X>0$ 成立，从而有

$$(W+LH_0V)X + X(W+LH_0V)^{\mathrm{T}} + \Theta X < 0 \tag{3.13}$$

于是，可将极点 Θ 配置到下面的区域 D：

$$D = \{s \in C : \Theta + sM + \bar{s}M^{\mathrm{T}} < 0\}$$

另外，选取 $X = P^{-1}$，则有式(3.10)成立。证毕。

3.3.2 复合 DOBC 和 TSM 控制

对于 MIMO 系统(3.1)，本节目的是设计控制器以保证系统(3.1)在李雅普诺夫意义下稳定，即系统状态由任意初始位置趋于平衡点附近。

构造如下复合 DOBC 和 TSM 控制器：

$$u(t)=-\hat{d}_0(t)+u_{\text{tsm}}(t) \tag{3.14}$$

式中，$u_{\text{tsm}}(t)$ 是 TSM 控制器。将式(3.14)代入式(3.1)，结合式(3.2)和式(3.4)，有

$$\dot{x}(t)=G_0x(t)+H_0Ve_w(t)+H_0u_{\text{tsm}}(t)+F_{01}f_{01}(x(t),t)+H_1d_1(t) \tag{3.15}$$

考虑到 $\operatorname{rank}(H_0)=m$，则存在非奇异线性变换 $\zeta(t)=Mx(t)$，其中 M 是非奇异线性变换的系统矩阵。将系统(3.15)表示为

$$\dot{\zeta}(t)=\bar{G}_0\zeta(t)+\bar{H}_0u_{\text{tsm}}(t)+\mathrm{MF}_{01}f_{01}(x(t),t)+\bar{f} \tag{3.16}$$

式中

$$\begin{gathered}\zeta(t)=\begin{bmatrix}\zeta_1(t)\\ \zeta_2(t)\end{bmatrix},\quad \bar{G}_0=MG_0M^{-1}=\begin{bmatrix}\bar{G}_{01} & \bar{G}_{02}\\ \bar{G}_{03} & \bar{G}_{04}\end{bmatrix}\\ \bar{H}_0=MH_0=\begin{bmatrix}0\\ \bar{H}_{01}\end{bmatrix},\quad \bar{H}_{01}=MH_{01}\\ \mathrm{MF}_{01}=\begin{bmatrix}M_{01}\\ M_{02}\end{bmatrix},\quad \bar{f}=\bar{H}_0Ve_w(t)+H_1d_1(t)=\begin{bmatrix}\bar{f}_1\\ \bar{f}_2\end{bmatrix},\quad \|\bar{f}_1\|\leqslant k_1,\ \|\bar{f}_2\|\leqslant k_2\end{gathered} \tag{3.17}$$

且有 $\zeta_1(t)\in\mathbb{R}^{n-m}$，$\zeta_2(t)\in\mathbb{R}^m$，$\bar{G}_{01}\in\mathbb{R}^{(n-m)\times(n-m)}$，$\bar{G}_{02}\in\mathbb{R}^{(n-m)\times m}$，$\bar{G}_{03}\in\mathbb{R}^{m\times m}$，$\bar{G}_{04}\in\mathbb{R}^{m\times(n-m)}$，$\bar{f}_1\in\mathbb{R}^{n-m}$，$\bar{f}_2\in\mathbb{R}^m$。其中，$k_1$、$k_2$ 是已知常数，$\bar{H}_{01}\in\mathbb{R}^{m\times m}$ 是非奇异矩阵。

进而，式(3.16)可表示为

$$\begin{aligned}\dot{\zeta}_1(t)&=\bar{G}_{01}\zeta_1(t)+\bar{G}_{02}\zeta_2(t)+M_{01}f_{01}(x(t),t)+\bar{f}_1\\ \dot{\zeta}_2(t)&=\bar{G}_{03}\zeta_1(t)+\bar{G}_{04}\zeta_2(t)+\bar{H}_{01}u_{\text{tsm}}(t)+M_{02}f_{01}(x(t),t)+\bar{f}_2\end{aligned} \tag{3.18}$$

根据文献[56]，定义如下滑模面：

$$S(t)=C_1\zeta_1(t)+C_2\zeta_2(t)+C_3\zeta_1^{(q/p)}(t) \tag{3.19}$$

式中，$C_1\in\mathbb{R}^{m\times(n-m)}$、$C_2\in\mathbb{R}^{m\times m}$、$C_3\in\mathbb{R}^{m\times(n-m)}$ 为待设计的参数，C_2 是非奇异矩阵；p 和 q 是奇整数且满足：

$$q<p<2q \tag{3.20}$$

选择向量 $\zeta_1^{(q/p)}(t)$ 为

$$\zeta_1^{(q/p)}(t)=\left[\zeta_{11}^{(q/p)},\zeta_{12}^{(q/p)},\cdots,\zeta_{1(n-m)}^{(q/p)}\right]^{\mathrm{T}}$$

对于 MIMO 连续系统(3.18)，设计基于干扰观测器的 TSM 控制器为

$$u(t)=u_0+u_{\text{tsm}},\quad u_0=-\hat{d}_0(t),\quad u_{\text{tsm}}=u_1+u_2 \tag{3.21}$$

$$u_1=\begin{cases}\left\{\begin{aligned}&-(C_2\bar{H}_{01})^{-1}\{(C_1\bar{G}_{01}+C_2\bar{G}_{03})\zeta_1(t)\\&+(C_1\bar{G}_{02}+C_2G_{04})\zeta_2(t)+\frac{q}{p}C_3\operatorname{diag}(\zeta_1^{(q/p)-1})\\&\times[\bar{G}_{01}\zeta_1(t)+\bar{G}_{02}\zeta_2(t)+M_{01}f_{01}(x(t),t)]\\&+C_1M_{01}f_{01}(x(t),t)+C_2M_{02}f_{01}(x(t),t)+\varPhi S^r\}\end{aligned}\right\}, & S\neq 0\text{且}\zeta_1(t)\neq 0\\-(C_2\bar{H}_{01})^{-1}[C_2\bar{G}_{04}\zeta_2(t)+C_2M_{02}f_{01}(x(t),t)+\varPhi S^r], & S\neq 0\text{且}\zeta_1(t)=0\end{cases} \tag{3.22}$$

$$u_2=\begin{cases}-(C_2\bar{H}_{01})^{-1}\rho_1\dfrac{S}{\|S\|}, & S\neq 0\text{且}\zeta_1(t)\neq 0\\-(C_2\bar{H}_{01})^{-1}\rho_2\dfrac{S}{\|S\|}, & S\neq 0\text{且}\zeta_1(t)=0\end{cases} \tag{3.23}$$

式中，$\varPhi=\operatorname{diag}(\phi_1,\cdots,\phi_m)$，$\phi_i>0(i=1,2,\cdots,m)$ 为设计参数；r 为常数，且满足 $r=g_1/g_2$，其中 g_1 和 g_2 是奇整数，且 $g_1<g_2$，因此可以得到 $0<r<1$；ρ_1 和 ρ_2 为正标量。

注 3.1　考虑到非奇异线性变换 $\zeta(t)=Mx(t)$，于是针对系统(3.18)所设计的 TSM 控制器(式(3.21)～式(3.23))与针对系统(3.1)所设计的控制器相同。

为方便研究，引入下面的引理。

引理 3.1[40]　假设连续正定函数 $V(t)$ 满足以下微分不等式：

$$\dot{V}(t)\leqslant-\alpha V^{\eta}(t),\quad \forall t\geqslant t_0, V(t)\geqslant 0$$

式中，常数 $\alpha>0$；$0<\eta<1$。则对于任意给定的 t_0，$V(t)$ 满足不等式：

$$V^{1-\eta}(t)\leqslant V^{1-\eta}(t_0)-\alpha(1-\eta)(t-t_0),\quad t_0\leqslant t\leqslant t_r$$

$$V(t)=0,\quad \forall t\geqslant t_r$$

式中，$t_r=t_0+\dfrac{V^{1-\eta}(t_0)}{\alpha(1-\eta)}$。

本章将给出如下结论以保证所设计的 TSM 控制器(式(3.21)～式(3.23))使得系统(3.1)收敛到平衡点附近的有限区域内。

定理 3.2　对于系统(3.1)，选取滑模面(式(3.19))，若设计如式(3.21)～式(3.23)所示的 TSM 控制器，且控制器参数矩阵满足：

$$\bar{G}_{01} - \bar{G}_{02} C_2^{-1} C_1 = -Q_1 \tag{3.24}$$

$$\bar{G}_{02} C_2^{-1} C_3 = \Lambda \tag{3.25}$$

式中，Q_1 是正定矩阵；$\Lambda = \mathrm{diag}[\Lambda_1, \Lambda_2, \cdots, \Lambda_{n-m}]$，$\Lambda_i > 0$。则系统(3.1)的状态在有限时间 t_{r1} 内到达终端滑模面 $S(t) = 0$；在有限时间 t_{r2} 内收敛到平衡点的 Ω^* 邻域内。这里，ρ_1、ρ_2 是正标量，且满足以下不等式：

$$\begin{gathered} \rho_1 \geqslant k_1 \left(\| C_1 \| + \frac{q}{p} \| C_3 \| \| \mathrm{diag}(\zeta_1^{(q/p-1)}(t)) \| \right) + k_2 \| C_2 \| \\ \rho_1 \geqslant k_2 \| C_2 \| \end{gathered} \tag{3.26}$$

其中 t_{r1}、t_{r2}、Ω^* 由式(3.27)和式(3.28)给出：

$$t_{r1} = t_0 + \frac{V_1^{1-\eta_1}(t_0)}{\alpha_1 (1-\eta_1)}, \quad t_{r2} = t_{r1} + \frac{V_2^{1-\eta_2}(t_0)}{\alpha_2 (1-\eta_2)} \tag{3.27}$$

$$\Omega^* = \left\{ x(t) : \| x(t) \| \leqslant \| M^{-1} \| \sqrt{\left(\frac{\bar{k}_1}{\lambda_{\min}(Q_1)} \right)^2 + (\| C_2^{-1} C_3 \| \| \zeta_1 \| + \| C_3 \| \| \zeta_1^{(q/p)} \|)^2} \right\} \tag{3.28}$$

$$\bar{k}_1 = \| M_{01} f_{01}(x(t), t) \| + k_1$$

证明　沿系统(3.18)对系统(3.19)求导，并将式(3.21)～式(3.23)代入系统(3.18)，可得以下结论。

(1) 当 $S \neq 0$，$\zeta_1(t) \neq 0$ 时：

$$\begin{aligned} \dot{S}(t) &= C_1 \dot{\zeta}_1(t) + C_2 \dot{\zeta}_2(t) + \frac{q}{p} C_3 \mathrm{diag}(\zeta_1^{(q/p-1)}(t)) \dot{\zeta}_1(t) \\ &= \left(C_1 + \frac{q}{p} C_3 \mathrm{diag}(\zeta_1^{(q/p-1)}(t)) \right) \left(\bar{G}_{01} \zeta_1(t) + \bar{G}_{02} \zeta_2(t) + M_{01} f_{01}(x(t), t) + \bar{f}_1 \right) \\ &\quad + C_2 \left(\bar{G}_{03} \zeta_1(t) + \bar{G}_{04} \zeta_2(t) + \bar{H}_{01} u_{\mathrm{tsm}}(t) + M_{02} f_{01}(x(t), t) + \bar{f}_2 \right) \\ &= (C_1 \bar{G}_{01} + C_2 \bar{G}_{03}) \zeta_1(t) + (C_1 \bar{G}_{02} + C_2 \bar{G}_{04}) \zeta_2(t) + \frac{q}{p} C_3 \mathrm{diag}(\zeta_1^{(q/p-1)}) [\bar{G}_{01} \zeta_1(t) + \bar{G}_{02} \zeta_2(t) \\ &\quad + M_{01} f_{01}(x(t), t)] + C_1 M_{01} f_{01}(x(t), t) + C_2 M_{02} f_{01}(x(t), t) + C_2 \bar{H}_{01} u_{\mathrm{tsm}}(t) \\ &\quad + \left(C_1 + \frac{q}{p} C_3 \mathrm{diag}(\zeta_1^{(q/p-1)}(t)) \right) \bar{f}_1 + C_2 \bar{f}_2 \\ &= -\Phi S^{\mathrm{T}} - \rho_1 \frac{S}{\| S \|} + \left(C_1 + \frac{q}{p} C_3 \mathrm{diag}(\zeta_1^{(q/p-1)}(t)) \right) \bar{f}_1 + C_2 \bar{f}_2 \end{aligned} \tag{3.29}$$

选取如下李雅普诺夫函数

$$V_1(t)=\frac{1}{2}S^{\mathrm{T}}S$$

基于式(3.29)对上式求导，得

$$\dot{V}_1(t)=S^{\mathrm{T}}\dot{S}=-S\Phi S^r-\rho_1\|S\|+S^{\mathrm{T}}\left(C_1+\frac{q}{p}C_3\mathrm{diag}(\zeta_1^{(q/p-1)}(t))\right)\bar{f}_1+S^{\mathrm{T}}C_2\bar{f}_2$$

考虑到

$$S\Phi S^r=\sum_{i=1}\Phi_i S_i^{r+1}\geqslant\min_{i=1}(\Phi_i)\left[\left(\sum_{i=1}S_i^2\right)^{\frac{r+1}{2}}\right]=\min_{i=1}(\Phi_i)\|S\|^{r+1}$$

于是，有

$$\dot{V}_1(t)\leqslant-\min_{i=1}(\Phi_i)\|S\|^{r+1}-\|S\|\left\{\rho_1-k_1\left(\|C_1\|-\frac{q}{p}\|C_3\|\|\mathrm{diag}(\zeta_1^{(q/p-1)}(t))\|\right)-k_2\|C_2\|\right\}$$

考虑式(3.26)，得

$$\dot{V}_1(t)\leqslant-\min_{i=1}(\Phi_i)\|S\|^{r+1}=-\min_{i=1}(\Phi_i)\big(2V(t)\big)^{\frac{r+1}{2}}=-\alpha_1V_1^{\eta_1}(t)$$

式中，$\alpha_1=2^{(r+1)/2}\min\limits_{i=1}(\Phi_i)$；$\eta_1=(r+1)/2<1$。根据引理3.1，系统(3.18)将在有限时间$t_{r1}$内到达TSM滑模面$S=0$。其中：

$$t_{r1}=t_0+\frac{V_1^{1-\eta_1}(t_0)}{\alpha_1(1-\eta_1)}\tag{3.30}$$

(2)当$S\neq0$，$\zeta_1(t)=0$时，选取滑模面为

$$S(t)=C_2\zeta_2(t)\tag{3.31}$$

与(1)中的证明过程类似，基于引理3.1和式(3.21)～式(3.23)，系统(3.18)在式(3.30)给出的有限时间t_{r1}内到达滑模面$S=0$。

基于上述证明，考虑到非奇异线性变换$\zeta(t)=Mx(t)$，则系统(3.1)将在有限时间t_{r1}内到达滑模面$S=0$。

当状态趋于滑模面$S=0$时，系统(3.1)和系统(3.18)的状态轨迹将由滑模面确定。根据式(3.19)，令状态变量$\zeta_2(t)$为

$$\zeta_2(t)=-C_2^{-1}(C_1\zeta_1(t)+C_3\zeta_1^{(q/p)}(t))\tag{3.32}$$

将式(3.32)代入式(3.18)，得

$$\dot{\zeta}_1(t)=(\bar{G}_{01}-\bar{G}_{02}C_2^{-1}C_1)\zeta_1(t)-\bar{G}_{02}C_2^{-1}C_3\zeta_1^{(q/p)}(t)+M_{01}f_{01}(x(t),t)+\bar{f}_1\tag{3.33}$$

对于系统(3.33)，考虑李雅普诺夫函数：

$$V_2(t)=\frac{1}{2}\zeta_1(t)^{\mathrm{T}}\zeta_1(t) \tag{3.34}$$

根据式(3.24)、式(3.25)和式(3.33)，有

$$\begin{aligned}\dot{V}_2(t)&=\zeta_1(t)^{\mathrm{T}}\dot{\zeta}_1(t)=\zeta_1(t)^{\mathrm{T}}\left(-Q_1\zeta_1(t)-\Lambda\zeta_1^{(q/p)}(t)+M_{01}f_{01}(x(t),t)\overline{f}_1\right)\\&=-\zeta_1(t)^{\mathrm{T}}Q_1\zeta_1(t)-\zeta_1(t)^{\mathrm{T}}\Lambda\zeta_1^{(q/p)}(t)+\zeta_1(t)^{\mathrm{T}}(M_{01}f_{01}(x(t),t)+\overline{f}_1)\end{aligned}$$

考虑到

$$\begin{aligned}\zeta_1(t)^{\mathrm{T}}\Lambda\zeta_1^{q/p}(t)&=\sum_{i=1}^{n-m}\Lambda_i\zeta_{1i}^{(q/p)+1}(t)\geqslant\min_i(\Lambda_i)\left[\left(\sum_{i=1}^{n-m}\zeta_{1i}^2\right)^{(q/p+1)/2}\right]\\&=\min_i(\Lambda_i)\|\zeta_1(t)\|^{(q/p)+1}\end{aligned} \tag{3.35}$$

基于式(3.28)，得

$$\begin{aligned}\dot{V}_2(t)&\leqslant-\lambda_{\min}(Q_1)\|\zeta_1(t)\|^2-\min_i(\Lambda_i)\|\zeta_1(t)\|^{(q/p)+1}+\|\zeta_1(t)\|(\|M_{01}f_{01}(x(t),t)\|+k_1)\\&=-\min_i(\Lambda_i)\|\zeta_1(t)\|^{(q/p)+1}-\|\zeta_1(t)\|\left(\lambda_{\min}(Q_1)\|\zeta_1(t)\|-\|M_{01}f_{01}(x(t),t)\|-k_1\right)\\&=-\alpha_2V_2^{\eta_2}-\|\zeta_1(t)\|(\lambda_{\min}(Q_1)\|\zeta_1(t)\|-\overline{k}_1)\end{aligned} \tag{3.36}$$

式中，$\alpha_2=2^{(q/p+1)/2}\min_i(\Lambda_i)$；$\eta_2=(q/p+1)/2<1$。$\|\zeta_1(t)\|>k_1/\lambda_{\min}(Q_1)$ 时，有 $\dot{V}_2(t)\leqslant-\alpha_2V_2^{\eta_2}$。

根据引理 3.1，系统 $\zeta_1(t)$ 的状态在有限时间 t_{r2} 内收敛到平衡点的 Ω_1 邻域内。其中：

$$\Omega_1=\left\{\zeta_1:|\zeta_1\|\leqslant\frac{\overline{k}_1}{\lambda_{\min}(Q_1)}\right\},\quad t_{r2}=t_{r1}+\frac{V_2^{1-\eta_2}(t_0)}{\alpha_2(1-\eta_2)} \tag{3.37}$$

根据式(3.32)，当系统(3.18)的状态 ζ_1 收敛到区域 Ω_1 内时，系统中的状态 ζ_2 也将收敛到由 ζ_1 确定的区域 Ω_2 内，其中：

$$\Omega_2=\{\zeta_2\,|\,\|\zeta_2\|\leqslant\|C_2^{-1}C_3\|\|\zeta_1\|+\|C_3\|\|\zeta_1^{(q/p)}\|\}$$

基于非奇异线性变换 $\zeta(t)=Mx(t)$，可以证明：

$$\begin{aligned}\|x(t)\|&=\|M^{-1}\|\|\zeta(t)\|=\|M^{-1}\|\sqrt{\|\zeta_1(t)\|^2+\|\zeta_2(t)\|^2}\\&\leqslant\|M^{-1}\|\sqrt{\left(\frac{\overline{k}_1}{\lambda_{\min}(Q_1)}\right)^2+(\|C_2^{-1}C_3\|\|\zeta_1\|+\|C_3\|\|\zeta_1^{(q/p)}\|)^2}\end{aligned}$$

即系统(3.1)的状态在有限时间 t_{r2} 内收敛到平衡点 Ω^* 的邻域内，其中：

$$\Omega^*=\left\{x(t)\,|\,\|x(t)\|\leqslant\|M^{-1}\|\sqrt{\left(\frac{\bar{k}_1}{\lambda_{\min}(Q_1)}\right)^2+(\|C_2^{-1}C_3\|\|\zeta_1\|+\|C_3\|\|\zeta_1^{(q/p)}\|)^2}\right\}$$

证毕。

本节主要目的是设计干扰观测器来估计第一类干扰，构造复合分层抗干扰控制器，使系统(3.1)的状态在有限时间内到达滑模面 $S=0$。新的控制方法将传统的 DOBC 与 TSM 控制相结合，称为复合 DOBC 与 TSM 控制，简称 DOBCPTSMC。

3.4 非线性未知情形下复合 DOBC 与 TSM 控制

本节中，假设 3.1～假设 3.3 成立，且非线性函数 $f_{01}(x(t),t)$ 和 $f_{02}(x(t),t)$ 未知。与 3.3 节不同，$f_{01}(x(t),t)$ 在观测器设计中不可用。

3.4.1 干扰观测器

构造如下干扰观测器：

$$\begin{aligned}&\hat{d}_0(t)=V\hat{w}(t),\quad \hat{w}(t)=v(t)-Lx(t)\\&\dot{v}(t)=(W+LH_0V)(v(t)-Lx(t))+L(G_0x(t)+H_0u(t))\end{aligned}\tag{3.38}$$

与式(3.5)类似，误差系统 $e_w(t)=w(t)-\hat{w}(t)$ 满足：

$$\dot{e}_w(t)=(W+LH_0V)e_w(t)+LF_{01}f_{01}+H_2\delta(t)+LH_1d_1(t)\tag{3.39}$$

且进一步写为

$$\begin{aligned}&\dot{e}_w(t)=(W+LH_0V)e_w(t)+Hd(t)\\&z(t)=e_w(t)\end{aligned}\tag{3.40}$$

式中，$z(t)$ 为参考输出，而

$$H=[H_2\quad LH_1\quad LF_{01}],\quad d(t)=[\delta(t)\quad d_1(t)\quad f_{01}]^{\mathrm{T}}\tag{3.41}$$

类似于定理 3.2，基于区域极点配置和 H_∞ 理论，可以得到下面的结论。

定理 3.3　给定参数 $\theta_i>0(i=1,2,\cdots,n)$，如果存在矩阵 $P>0$ 和矩阵 T 满足：

$$\min\gamma>0\tag{3.42}$$

$$\begin{bmatrix}(PW+W^{\mathrm{T}}P+TH_0V+V^{\mathrm{T}}H_0^{\mathrm{T}}T^{\mathrm{T}}+I) & PH_2 & TH_1 & TF_{01}\\ * & -\gamma^2I & 0 & 0\\ * & * & -\gamma^2I & 0\\ * & * & * & -\gamma^2I\end{bmatrix}<0\tag{3.43}$$

$$PW+W^{\mathrm{T}}P+TH_0V+V^{\mathrm{T}}H_0^{\mathrm{T}}T^{\mathrm{T}}+P\Theta<0\tag{3.44}$$

式中，γ 表示干扰抑制度。通过选择 $L = P^{-1}T$，$\Theta = \mathrm{diag}(\theta_i)$，则误差系统(3.40)在干扰 $d(t)=0$ 时渐近稳定，在干扰 $d(t)\neq 0$ 时满足 $\| z(t)\|_2 \leqslant \gamma \| d(t)\|_2$。

证明 证明过程与定理 3.2 类似。

3.4.2 复合 DOBC 和 TSM 控制

对于 MIMO 连续系统(3.1)，设计如下基于干扰观测器的 TSM 控制器：

$$u(t) = u_0 + u_{\mathrm{tsm}},\quad u_{\mathrm{tsm}} = u_1 + u_2,\quad u_0 = -\hat{d}_0(t) \tag{3.45}$$

$$u_1 = \begin{cases} \Big[-(C_2\bar{H}_{01})^{-1}((C_1\bar{G}_{01} + C_2\bar{G}_{03})\zeta_1(t) + (C_1\bar{G}_{02} + C_2\bar{G}_{04})\zeta_2(t) \\ \quad + \dfrac{q}{p}C_3 \mathrm{diag}(\zeta_1^{(q/p)-1})(\bar{G}_{01}\zeta_1(t) + \bar{G}_{02}\zeta_2(t)) + \varPhi S^{\mathrm{T}})\Big], & S\neq 0 \text{且} \zeta_1(t)\neq 0 \\ -(C_2\bar{H}_{01})^{-1}(C_2\bar{G}_{04}\zeta_2(t) + \varPhi S^{\mathrm{T}}), & S\neq 0 \text{且} \zeta_1(t) = 0 \end{cases} \tag{3.46}$$

$$u_2 = \begin{cases} -(C_2\bar{H}_{01})^{-1}\rho_1 \dfrac{S}{\| S\|}, & S\neq 0 \text{且} \zeta_1(t)\neq 0 \\ -(C_2\bar{H}_{01})^{-1}\rho_2 \dfrac{S}{\| S\|}, & S\neq 0 \text{且} \zeta_1(t) = 0 \end{cases} \tag{3.47}$$

式中，$\varPhi = \mathrm{diag}(\phi_1,\cdots,\phi_m)$，$\phi_i > 0(i=1,2,\cdots,m)$ 为设计参数；ρ_1 和 ρ_2 是正常数。

与定理 3.3 类似，可得下面的结论。

定理 3.4 对于 MIMO 连续系统(3.1)，选取滑模面(式(3.19))，如果 TSM 控制设计为式(3.45)～式(3.47)，且 TSM 控制器参数矩阵满足：

$$\bar{G}_{01} - \bar{G}_{02}C_2^{-1}C_1 = -Q_2 \tag{3.48}$$

$$\bar{G}_{02}C_2^{-1}C_3 = \varLambda \tag{3.49}$$

式中，Q_2 是正定矩阵，$\varLambda = \mathrm{diag}[\varLambda_1,\varLambda_2,\cdots,\varLambda_{n-m}]$，$\varLambda_i > 0$。那么系统(3.1)的状态在有限时间 t_{r3} 到达滑模面 $S(t)=0$，在有限时间 t_{r4} 收敛到平衡点 $\varOmega^*$ 的邻域内。ρ_1 和 ρ_2 是正常数，且满足以下不等式：

$$\begin{gathered} \rho_1 \geqslant k_1'\left(\| C_1\| + \frac{q}{p}\| C_3\| \| \mathrm{diag}(\zeta_1^{(q/p-1)}(t))\|\right) + k_2'\| C_2\| \\ \rho_2 \geqslant k_2'\| C_2\| \end{gathered} \tag{3.50}$$

式中，$k_1' = k_1 + \| M_{01}\| (\beta_{01} + \beta_{11}\| M^{-1}\zeta(t)\|)$；$k_2' = k_2 + \| M_{02}\| (\beta_{01} + \beta_{11}\| M^{-1}\zeta(t)\|)$。且 t_{r3}、t_{r4}、$\varOmega_1^*$ 满足：

$$t_{r3} = t_0 + \frac{V_3^{1-\eta_3}(t_0)}{\alpha_3(1-\eta_3)},\quad t_{r4} = t_{r3} + \frac{V_4^{1-\eta_4}(t_0)}{\alpha_4(1-\eta_4)}$$

$$\Omega_1^*=\left\{x(t) \mid \|x(t)\|<\|M^{-1}\|\sqrt{\left(\frac{k_1'}{\lambda_{\min}(Q_2)}\right)^2+(\|C_2^{-1}C_3\|\|\zeta_1\|+\|C_3\|\|\zeta_1^{(q/p)}\|)^2}\right\} \tag{3.51}$$

证明　证明过程与定理 3.3 的证明类似。

注 3.2　式(3.22)和式(3.46)中存在的分数次幂可导致平衡点附近的奇异性问题。因此，需要根据式(3.20)在式(3.19)中选择恰当的奇整数 p 和 q。

注 3.3　在式(3.23)和式(3.47)中，若控制信号 u_2 取为

$$u_2^{\varepsilon}=\begin{cases}-(C_2\bar{H}_{01})^{-1}\rho_1\dfrac{S}{\|S\|+\varepsilon}, & S\neq 0\text{且}\zeta_1(t)\neq 0\\ -(C_2\bar{H}_{01})^{-1}\rho_2\dfrac{S}{\|S\|+\varepsilon}, & S\neq 0\text{且}\zeta_1(t)=0\end{cases}$$

则抖振会进一步减小。式中，ε 为任意小的正常数。

3.5　仿真实例

以飞行速度为马赫数 Ma=0.8 以上，飞行高度为 40000ft（1ft = 0.3048m）以上的喷气式运输机为例，其系统可以描述为

$$\begin{aligned}\dot{x}(t)&=G_0x(t)+F_{01}f_{01}(x(t),t)+H_0(u(t)+d_0(t))+H_1d_1(t)\\ y(t)&=C_0x(t)+F_{02}f_{02}(x(t),t)+D_0d_0(t)+D_1d_1(t)\end{aligned}$$

式中，$x(t)=[x_1(t),x_2(t),x_3(t),x_4(t)]^{\mathrm{T}}$，$x_1(t)$ 为侧滑角，$x_2(t)$ 为偏航角速度，$x_3(t)$ 为滚转角速度，$x_4(t)$ 为滚转角；$u(t)$ 为方向舵和副翼偏转；$y(t)$ 为测量输出；G_0、H_0、H_1、C_0、D_0、D_1 是系数矩阵；F_{01} 和 F_{02} 是对应的加权矩阵；$f_{01}(x(t),t)$ 和 $f_{02}(x(t),t)$ 是满足有界条件的非线性函数；$d_0(t)$ 由外源系统生成，其可以表示具有建模误差的常值干扰和谐波信号；$d_1(t)$ 为离散阵风模型。选择飞机模型系数矩阵为

$$G_0=\begin{bmatrix}-0.0558 & -0.9968 & 0.0802 & 0.0415\\ 0.5980 & -0.1150 & -0.0318 & 0\\ -3.0500 & 0.3880 & -0.4650 & 0\\ 0 & 0.0805 & 1.0000 & 0\end{bmatrix},\quad F_{01}=\begin{bmatrix}0\\0\\5\\0\end{bmatrix},\quad H_0=\begin{bmatrix}0.0073 & 0\\ -0.4750 & 0.0077\\ 0.1530 & 0.1430\\ 0 & 0\end{bmatrix}$$

$$H_1=\begin{bmatrix}0.1\\0\\-3\\0.1\end{bmatrix},\quad C_0=\begin{bmatrix}0 & 1 & 0 & 0\\ 0 & 0 & 0 & 1\end{bmatrix},\quad F_{02}=\begin{bmatrix}0.001\\0.001\end{bmatrix},\quad D_0=\begin{bmatrix}0.001 & 0\\ 0 & 0.001\end{bmatrix},\quad D_1=\begin{bmatrix}0.001\\0.001\end{bmatrix}$$

选取干扰 $d_0(t)$ 的参数矩阵为

$$W=\begin{bmatrix}0 & 5\\ -5 & 0\end{bmatrix},\quad V=\begin{bmatrix}25 & 0\\ 0 & 25\end{bmatrix},\quad H_2=\begin{bmatrix}0.1\\ 0.1\end{bmatrix}$$

文献[19]指出，如果干扰中存在摄动或者未建模动态，单一的 DOBC 方法将不再适用。为了进一步研究，本章考虑了外源系统(3.2)中存在不确定性的情形。其中，$\delta(t)$ 表示系统干扰和不确定性引起的附加信号，满足 H_2 范数有界。在仿真中，选择 $\delta(t)$ 为 H_2 范数上限为 1 的随机信号，$d_1(t)$ 为离散阵风模型，在 Simulink 库中取为风干扰模型。选择离散阵风模型为

$$V_{\text{wind}}=\begin{cases}0, & x<0\\ \dfrac{V_m}{2}\left(1-\cos\left(\dfrac{\pi x}{d_m}\right)\right), & 0\leqslant x\leqslant d_m\\ V_m, & x>d_m\end{cases}$$

式中，V_m 为阵风振幅；d_m 为阵风长度；x 为行驶距离；V_{wind} 为体轴框架内的合成风速。$d_m=[120,120,80]$，$V_m=[3.5,3.5,3]$ 为 Simulink 库中离散阵风模型的默认参数。

1．非线性已知情形

取 $f_{01}(x(t),t)=\sin(2\pi\times 5t)x_2(t)$，$f_{02}(x(t),t)=\cos(2\pi t)x_2(t)$，初始状态为 $x(0)=[2;-2;3;2]$，根据注 3.3，令 ε=0.01。选择：

$$\Theta=\begin{bmatrix}20 & 0\\ 0 & 20\end{bmatrix},\quad \Phi=\begin{bmatrix}5 & 0\\ 0 & 5\end{bmatrix},\quad r=3/4,\quad q=3$$

$$p=5,\quad \rho_1=5,\quad \rho_2=3,\quad Q_1=\text{eye}(2),\quad \Lambda=\text{eye}(2)$$

根据定理 3.1 和定理 3.2，得

$$L=\begin{bmatrix}-1.0865 & -0.0458 & -0.0952 & -1.7697\\ 0.1719 & -0.0280 & -0.0037 & -0.2830\end{bmatrix}\times 1.0\text{e}+0.003,\quad \gamma=0.005$$

$$C_1=\begin{bmatrix}0.9146 & -0.2691\\ -0.2149 & -0.9607\end{bmatrix},\quad C_2=\begin{bmatrix}1 & 0\\ 0 & 1\end{bmatrix},\quad C_3=\begin{bmatrix}0.9723 & -0.2287\\ -0.2289 & -0.9702\end{bmatrix}$$

图 3.1 为文献[19]中的 DOBC 方法与本章提出的 DOBCPTSMC 方法之间的系统性能对比曲线。图 3.2 分别为 DOBCPTSMC 方法、TSM 方法与文献[19]中的单一 DOBC 方法控制信号对比曲线。图 3.3 为系统输出响应在 DOBCPTSMC 和 DOBC 之间的对比曲线。

对于非线性已知的情形,图 3.1～图 3.3 显示了本章所提出的 DOBCPTSMC 方法的有效性。仿真结果表明，虽然系统中存在外界干扰，与单一的 DOBC 方法相比，DOBCPTSMC 方法具有更好的抗干扰性能，能够获得令人满意的系统响应。

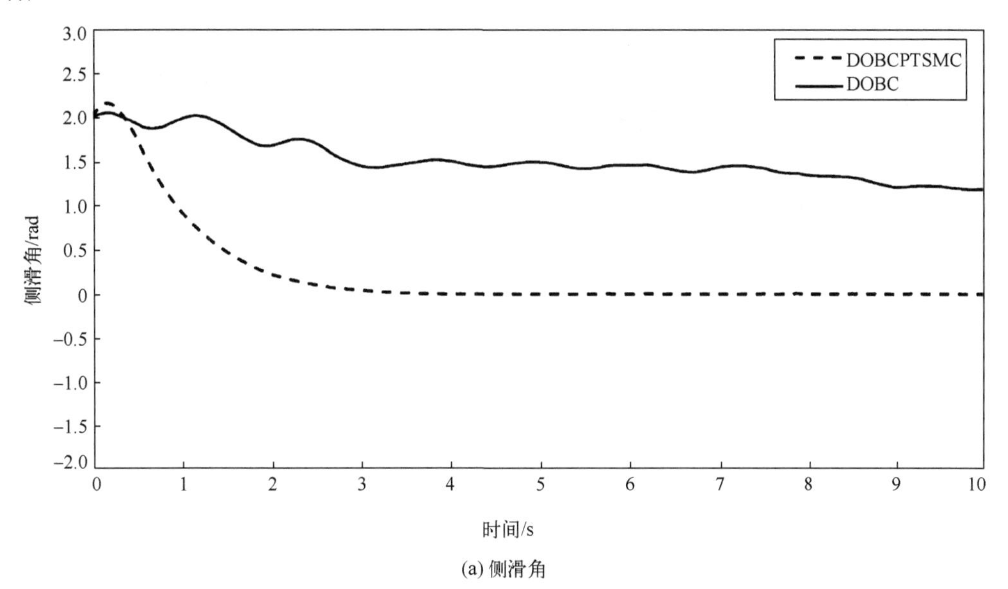

(a) 侧滑角

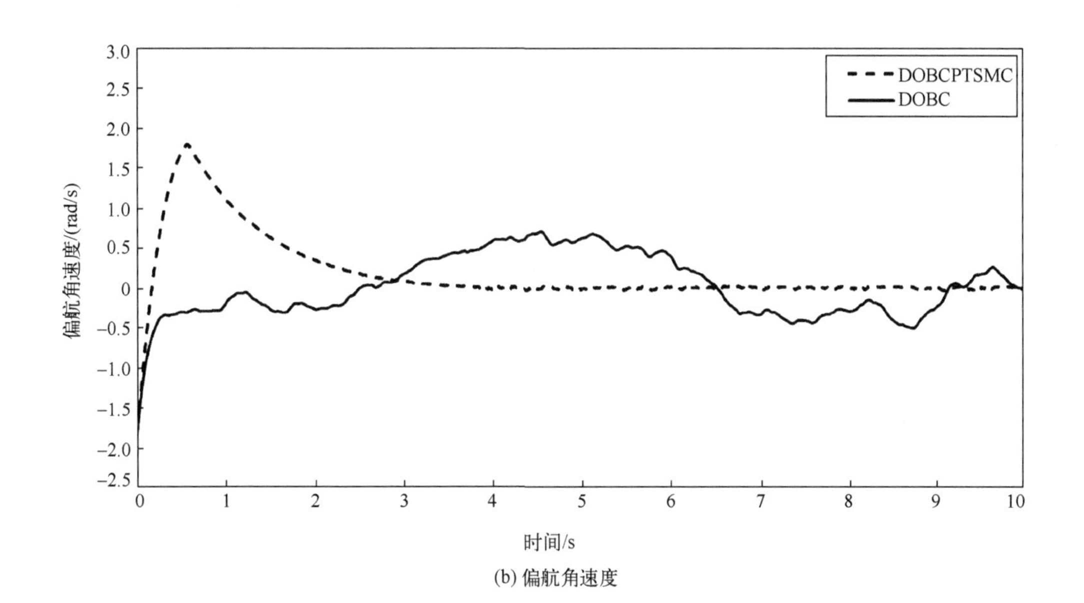

(b) 偏航角速度

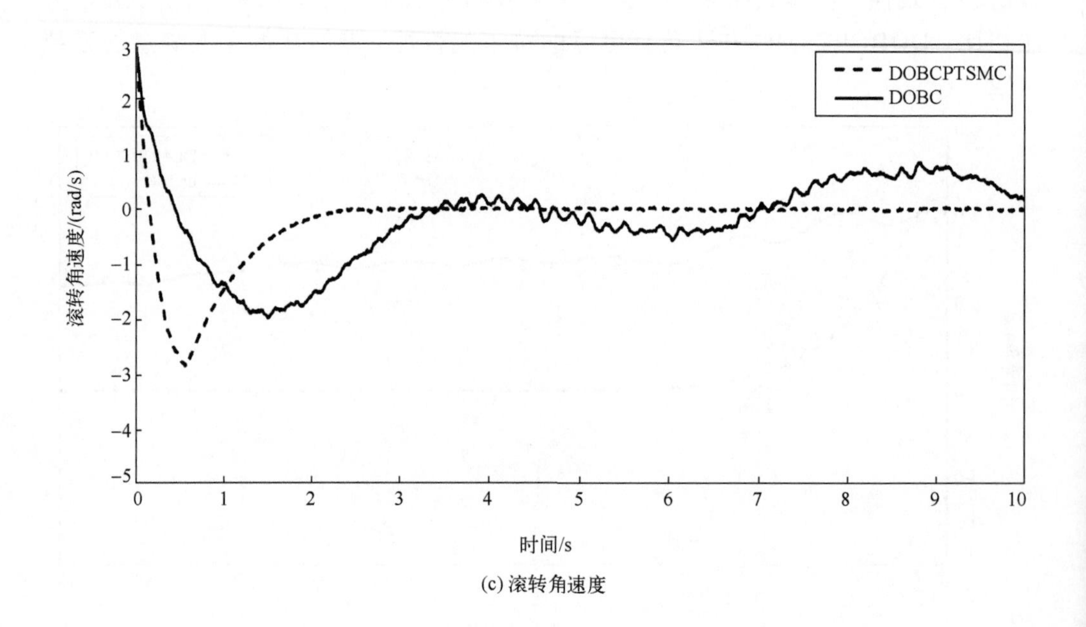

(c) 滚转角速度

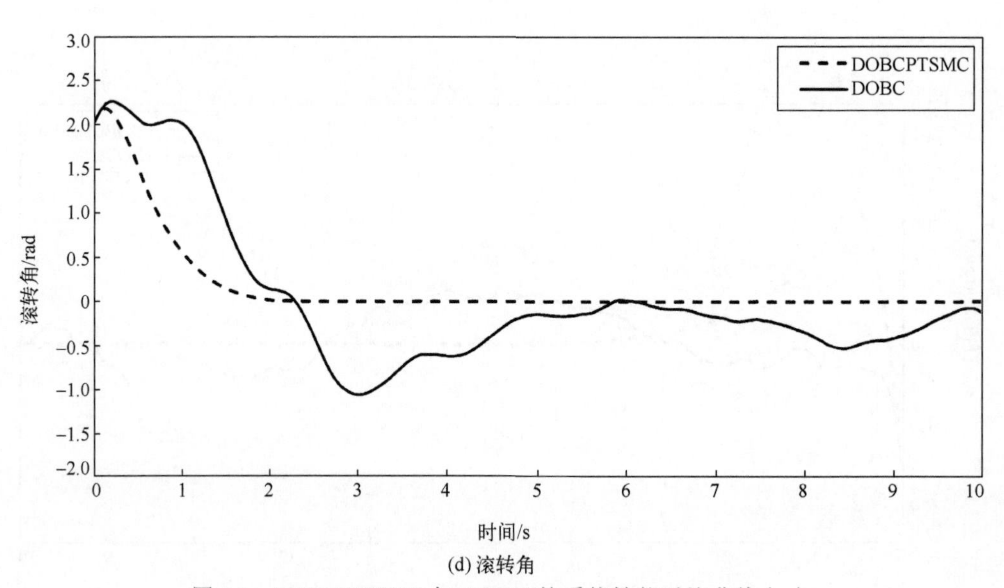

(d) 滚转角

图 3.1 DOBCPTSMC 与 DOBC 的系统性能对比曲线(一)

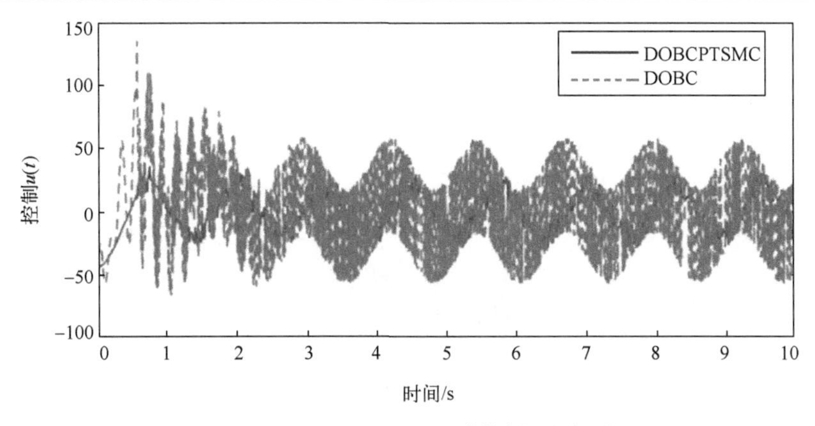

(a) DOBCPTSMC和DOBC的控制信号对比曲线

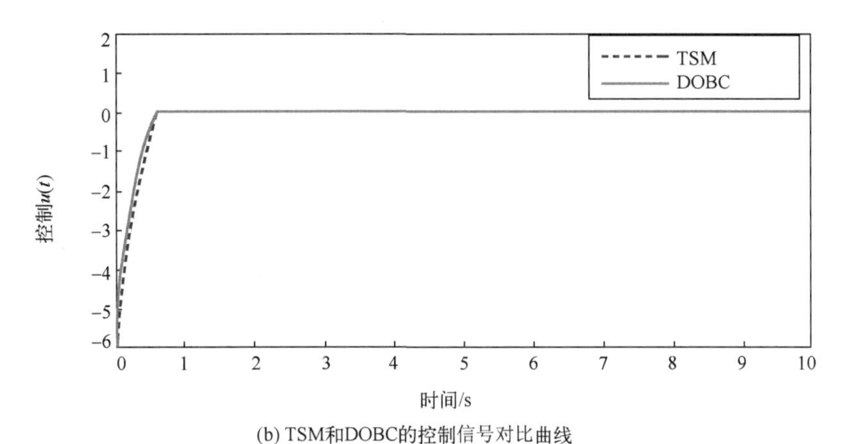

(b) TSM和DOBC的控制信号对比曲线

图 3.2　DOBCPTSMC、TSM 和 DOBC 控制信号对比曲线(一)(见彩图)

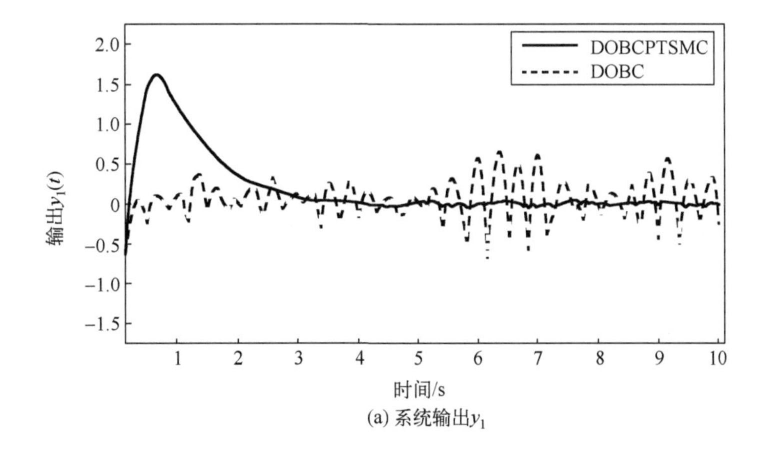

(a) 系统输出y_1

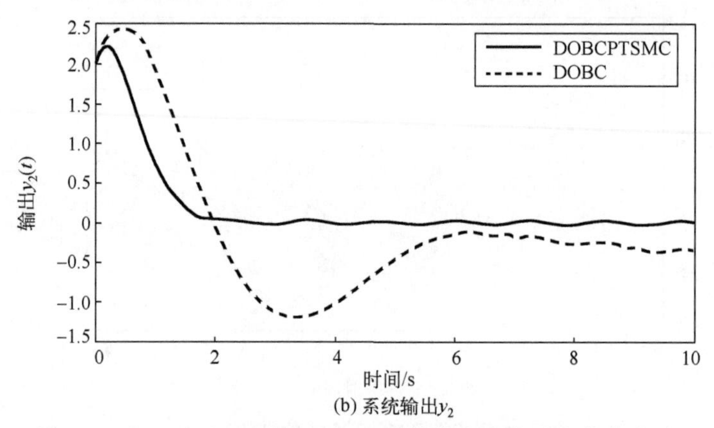

(b) 系统输出y_2

图 3.3　DOBCPTSMC 与 DOBC 系统输出响应对比曲线(一)

2．非线性未知情形

本节中，假设 $f_{01}(x(t),t)$、$f_{02}(x(t),t)$ 是未知的。与文献[19]类似，取

$$f_{01}(x(t),t)=r_1(t)x_2(t),\quad f_{02}(x(t),t)=r_2(t)x_1(t)$$

式中，$r_1(t)$、$r_2(t)$ 为上界为 1 的随机输入信号；$f_{01}(x(t),t)$、$f_{02}(x(t),t)$ 满足式(3.3)，且 $\beta_{01}=0$，$\beta_{11}=1$，$\beta_{02}=0$，$\beta_{12}=1$。选择初始状态为 $x(0)=[2;-2;3;2]$，根据注 3.3，令 $\varepsilon=0.01$。选择：

$$\Theta=\begin{bmatrix}20&0\\0&20\end{bmatrix},\quad \Phi=\begin{bmatrix}5&0\\0&5\end{bmatrix},\quad r=3/4,\quad q=3$$

$$p=5,\quad \rho_1=5,\quad \rho_2=3,\quad Q_1=\mathrm{eye}(2),\quad \Lambda=\mathrm{eye}(2)$$

根据定理 3.3 和定理 3.4，得

$$L=\begin{bmatrix}-0.3141&-0.0032&-0.0000&0.3141\\-6.4501&-0.0992&-0.0000&6.4501\end{bmatrix}\times 1.0\mathrm{e}+0.003,\quad \gamma=0.0048$$

$$C_1=\begin{bmatrix}0.9146&-0.2691\\-0.2149&-0.9607\end{bmatrix},\quad C_2=\begin{bmatrix}1&0\\0&1\end{bmatrix},\quad C_3=\begin{bmatrix}0.9723&-0.2287\\-0.2289&-0.9702\end{bmatrix}$$

图 3.4 为文献[19]中的 DOBC 方法与本章提出的 DOBCPTSMC 方法在非线性未知情形下的系统性能对比曲线。图 3.5 分别为 DOBCPTSMC 方法、TSM 方法与文献[19]中的单一 DOBC 方法控制信号对比曲线。图 3.6 显示了 DOBCPTSMC 和 DOBC 之间系统输出响应对比曲线。

对于非线性未知情形，图 3.5(a)所示的 DOBCPTSMC 策略可以保证系统状态在有限时间内到达滑模面 $S(t)=0$，然后收敛到平衡点 $x(t)=0$ 附近。图 3.4 和图 3.6 所示的仿真结果表明，与单一 DOBC 方法相比，虽然系统中存在外部干扰，但本章中所提出的 DOBCPTSMC 控制器依然能达到令人满意的控制效果。

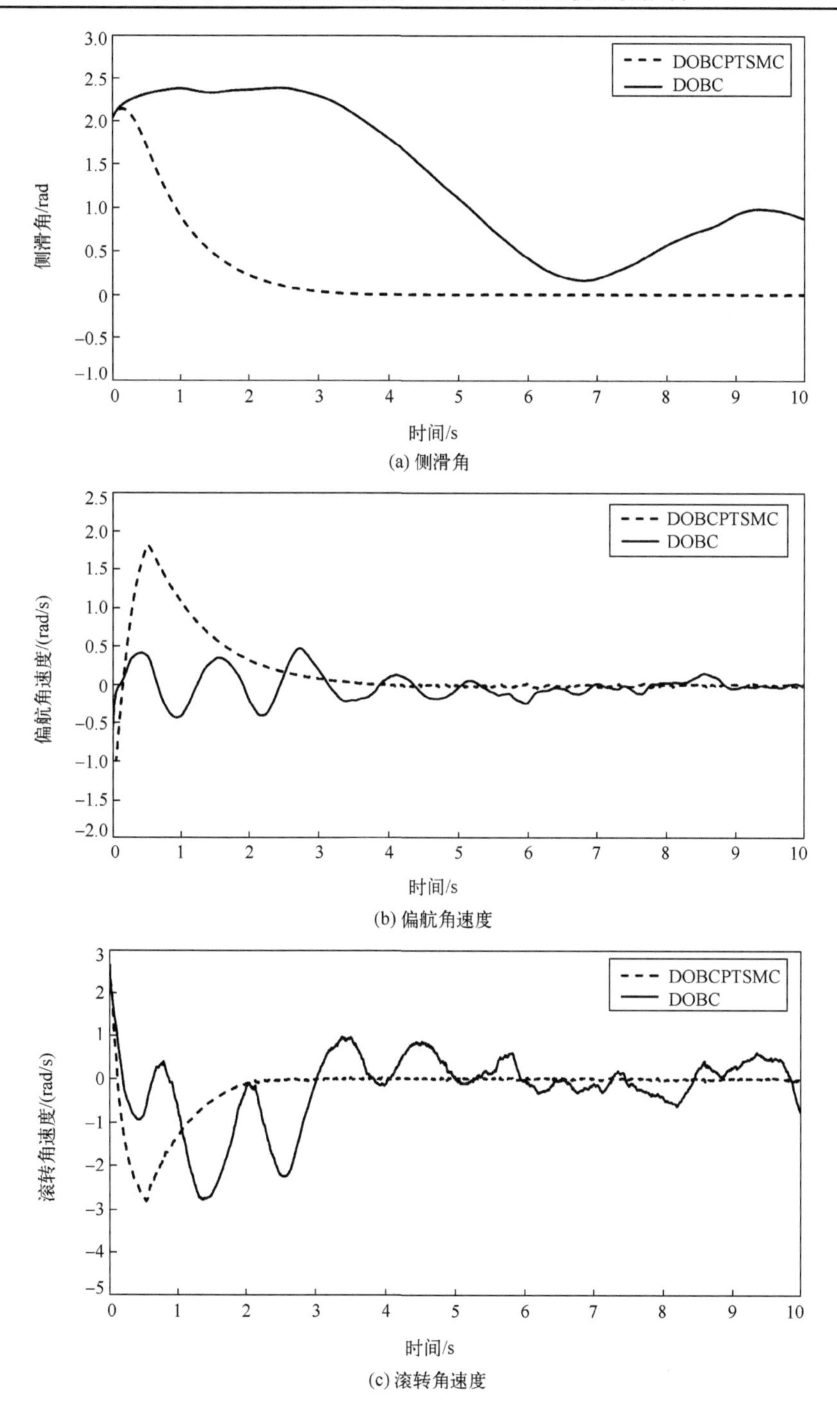

(a) 侧滑角

(b) 偏航角速度

(c) 滚转角速度

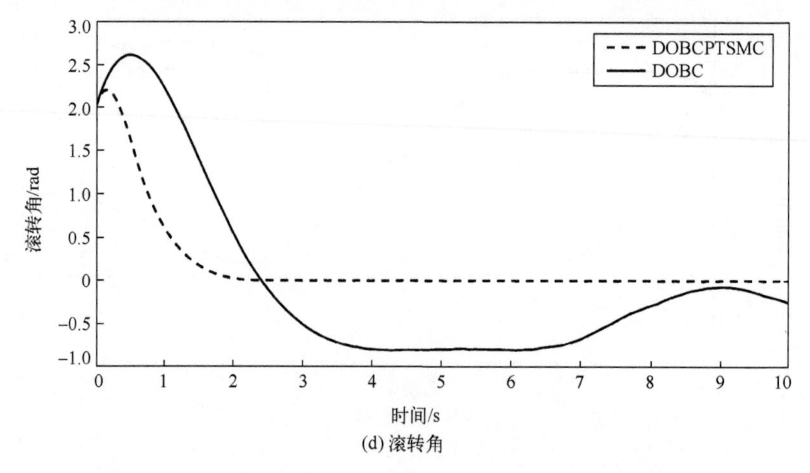

(d) 滚转角

图 3.4　DOBCPTSMC 与 DOBC 的系统性能对比曲线(二)

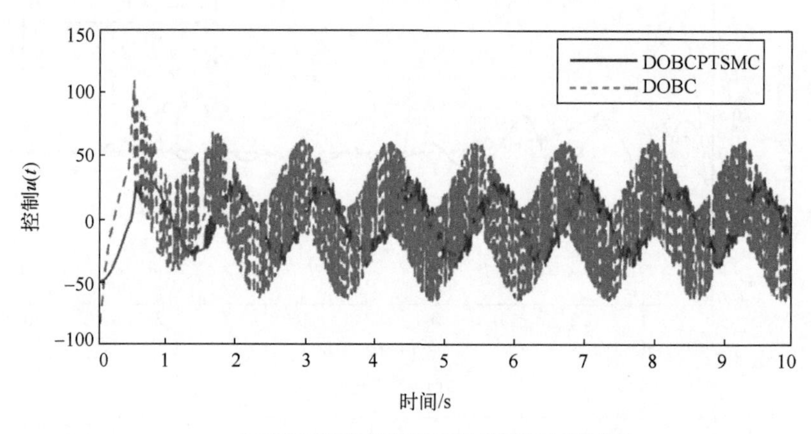

(a) DOBCPTSMC和DOBC的控制信号对比曲线

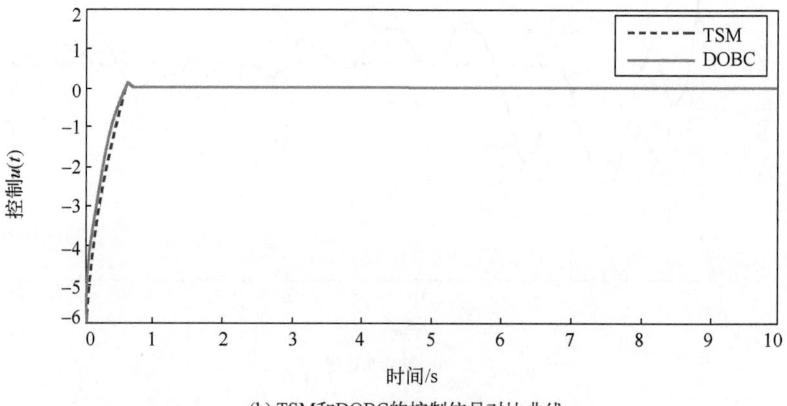

(b) TSM和DOBC的控制信号对比曲线

图 3.5　DOBCPTSMC、TSM 和 DOBC 控制信号对比曲线(二)(见彩图)

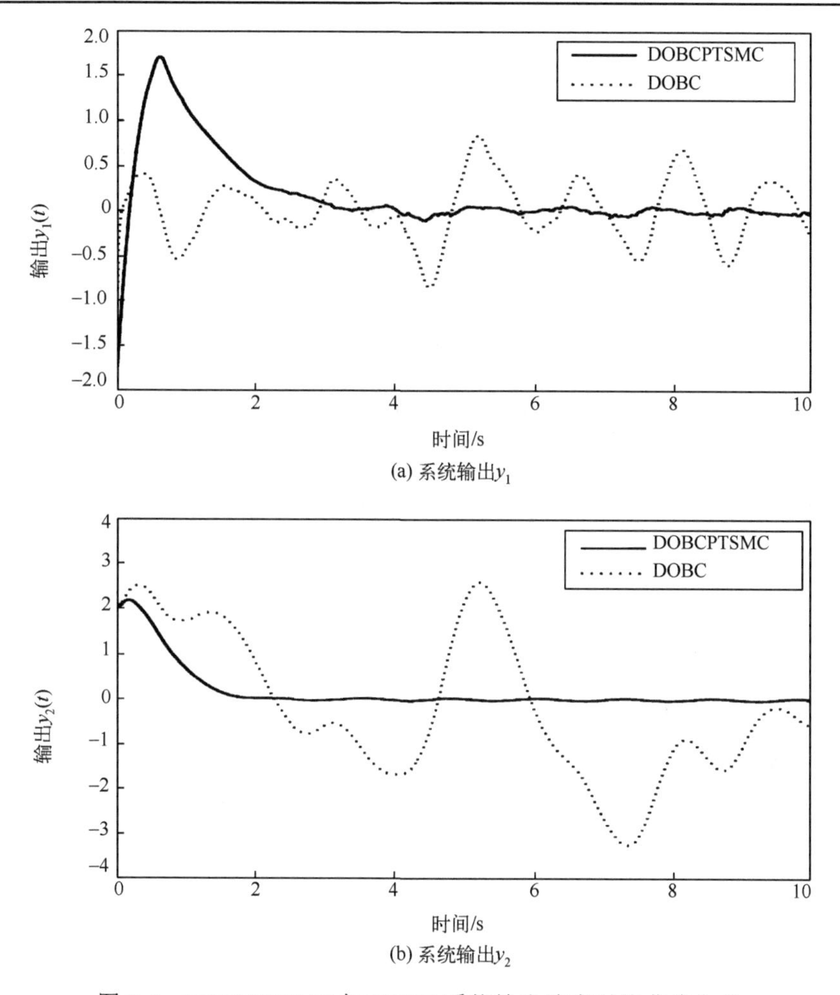

(a) 系统输出y_1

(b) 系统输出y_2

图 3.6 DOBCPTSMC 与 DOBC 系统输出响应对比曲线(二)

3.6 结 论

TSM 控制和 DOBC 都是有效的抗干扰控制方法。DOBC 可以有效地抵消部分信息已知的干扰对系统的影响，而 TSM 控制可以有效地抑制范数有界干扰对系统的影响。本章将上面两种控制方法相结合，设计一种新的复合控制策略，简称为 DOBCPTSMC。采用本章所提出的 DOBCPTSMC 方法同时抑制和抵消两种不同类型的干扰，从而使得系统达到令人满意的动态性能。

第 4 章　非线性系统复合 DOBC 与 Back-stepping 抗干扰控制

4.1 引　　言

Back-stepping 方法是一种有效的非线性控制方法，其主要优点有：①通过反向设计使系统的李雅普诺夫函数和控制器的设计过程系统化、结构化；②可以控制相对阶为 n 的非线性系统，消除经典无源性设计中系统相对阶为 1 的限制[44]。Back-stepping 设计方法一经提出，便得到学者们的广泛关注，并将其推广至自适应控制、鲁棒控制等领域[45]，其基本做法是将复杂的非线性系统分解成若干子系统，然后依次为每个子系统设计李雅普诺夫函数和虚拟控制器，从而获得整个闭环系统的实际控制律，最终结合李雅普诺夫稳定性分析方法以保证闭环系统的收敛性。

本章针对一类带有谐波干扰的多源异质干扰非线性系统，研究其精细抗干扰控制问题。多源异质干扰包含两部分：一部分是部分信息已知的谐波干扰，可由外源系统生成；另一部分是未知时变干扰。针对第一类干扰，构造非线性干扰观测器(nonlinear disturbance observer，NDO)进行在线估计。然后，将 NDO 与自适应 Back-stepping 方法相结合，提出复合 DOBC 与 Back-stepping 抗干扰控制策略。

4.2 问 题 描 述

考虑如下非线性系统：

$$
\begin{aligned}
\dot{x}_1 &= f_1(\overline{x}_1) + g_{11}(\overline{x}_1)x_2 + g_{21}(\overline{x}_1)(d_1(t) + D_1(\overline{x}_1,t)) \\
\dot{x}_2 &= f_2(\overline{x}_2) + g_{12}(\overline{x}_2)x_3 + g_{22}(\overline{x}_2)(d_2(t) + D_2(\overline{x}_2,t)) \\
&\ \ \vdots \\
\dot{x}_n &= f_n(\overline{x}_n) + g_{1n}(\overline{x}_n)u + g_{2n}(\overline{x}_n)(d_n(t) + D_n(\overline{x}_n,t)) \\
y &= x_1
\end{aligned}
\tag{4.1}
$$

式中，$x=(x_1,x_2,\cdots,x_n)^{\mathrm{T}}\in\mathbb{R}^n$、$u\in\mathbb{R}$、$y\in\mathbb{R}$ 分别为系统的状态、控制输入和输出向量；f_i，g_{1i}，g_{2i}，$i=1,2,\cdots,n$ 为已知非线性函数，且满足 $f_i(0)=0$ 和 $g_{1i}\neq 0$；d_i $(i=1,2,\cdots,n)$ 为部分信息已知的外源干扰，如常值干扰及谐波信号，可以由外源系

统(4.2)来表示；$D_i(\bar{x}_i,t)(i=1,2,\cdots,n)$表示未知时变干扰。

接下来，引入如下假设和引理。

假设 4.1　干扰$d_i(t)$可以由以下外源系统生成：

$$\begin{aligned}\dot{\omega}_i(t)&=A_i\omega_i(t)\\ d_i(t)&=C_i\omega_i(t)\end{aligned}\tag{4.2}$$

式中，$A_i\in\mathbb{R}^{m\times m}$、$C_i\in\mathbb{R}^{1\times m}$是已知矩阵；$\omega_i(t)$是外源系统状态；$\dot{\omega}_i(t)$是外源系统状态的导数。

假设 4.2[46]　干扰$D_i(\bar{x}_i,t)(i=1,2,\cdots,n)$有界且满足：

$$\|D_i(\bar{x}_i,t)\|\leqslant\rho_i(\bar{x}_i)\Theta_i\tag{4.3}$$

式中，$\rho_i(\bar{x}_i)$属于$\mathbb{R}_+$，且连续；Θ_i为待定的未知常数。

假设 4.3[47]　存在正常数$\varsigma_i>0$，$i=1,2,\cdots,n$，使得

$$\|g_{2i}(\bar{x}_i)\|\leqslant\varsigma_i,\quad\forall\bar{x}_i\in\Omega_i\subset\mathbb{R}^i\tag{4.4}$$

式中，紧子集Ω_i包含原点。

假设 4.4[38]　存在光滑函数$h_i(x_i)$，使得

$$n_i(\bar{x}_i)=L_{g_{2i}}(\bar{x}_i)h_i(x_i)\neq 0\tag{4.5}$$

式中，$L_{g_{2i}}(\bar{x}_i)$是光滑函数的系数矩阵且$n_i(\bar{x}_i)$有界。

假设 4.5　(A_i,C_i)可观。

引理 4.1(Young 不等式[48])　如果$p>1$，$q>1$，$\dfrac{1}{p}+\dfrac{1}{q}=1$，则对$\forall a$，$b\geqslant 0$，有

$$ab\leqslant\frac{a^p}{p}+\frac{b^q}{q}\tag{4.6}$$

4.3　非线性干扰观测器

构造如下 NDO：

$$\begin{aligned}\dot{b}_1&=(A_1-l_1(x_1)g_{21}(\bar{x}_1)C_1)b_1+A_1p_1(x_1)-l_1(x_1)(g_{21}(\bar{x}_1)C_1p_1(x_1)+f_1(\bar{x}_1)+g_{11}(\bar{x}_1)x_2)\\ \dot{b}_2&=(A_2-l_2(x_2)g_{22}(\bar{x}_2)C_2)b_2+A_2p_2(x_2)-l_2(x_2)(g_{22}(\bar{x}_2)C_2p_2(x_2)+f_2(\bar{x}_2)+g_{12}(\bar{x}_2)x_3)\\ &\vdots\\ \dot{b}_n&=(A_n-l_n(x_n)g_{2n}(\bar{x}_n)C_n)b_n+A_np_n(x_n)-l_n(x_n)(g_{2n}(\bar{x}_n)C_np_n(x_n)+f_n(\bar{x}_n)+g_{1n}(\bar{x}_n)u)\\ \hat{\omega}_i&=b_i+p_i(x_i)\\ \hat{d}_i&=C_i\hat{\omega}_i\end{aligned}\tag{4.7}$$

式中，$\hat{\omega}_i \in \mathbb{R}^{m\times 1}$ 是 ω_i 的估计值；$b_i \in \mathbb{R}^{m\times 1}$ 是观测器的状态；$p_i(x_i) \in \mathbb{R}^{m\times 1}$ 是设计函数；u 是系统的控制输入。选取如下非线性观测器增益 $l_i(x_i) \in \mathbb{R}^{m\times 1}$：

$$l_i(x_i) = \frac{\partial p_i(x_i)}{\partial x_i}, \quad i = 1,2,\cdots,n \tag{4.8}$$

由式(4.1)、式(4.7)和式(4.8)，得

$$\begin{aligned}
\dot{\hat{\omega}}_1 &= (A_1 - l_1(x_1)g_{21}(\overline{x}_1)C_1)\hat{\omega}_1 + l_1(x_1)g_{21}(\overline{x}_1)(d_1 + D_1) \\
\dot{\hat{\omega}}_2 &= (A_2 - l_2(x_2)g_{22}(\overline{x}_2)C_2)\hat{\omega}_2 + l_2(x_2)g_{22}(\overline{x}_2)(d_2 + D_2) \\
&\vdots \\
\dot{\hat{\omega}}_n &= (A_n - l_n(x_n)g_{2n}(\overline{x}_n)C_n)\hat{\omega}_n + l_n(x_n)g_{2n}(\overline{x}_n)(d_n + D_n)
\end{aligned} \tag{4.9}$$

令 $e_i = \omega_i - \hat{\omega}_i$，结合式(4.1)与式(4.2)，有

$$\begin{aligned}
\dot{e}_1 &= (A_1 - l_1(x_1)g_{21}(\overline{x}_1)C_1)e_1 - l_1(x_1)g_{21}(\overline{x}_1)D_1 \\
\dot{e}_2 &= (A_2 - l_2(x_2)g_{22}(\overline{x}_2)C_2)e_2 - l_2(x_2)g_{22}(\overline{x}_2)D_2 \\
&\vdots \\
\dot{e}_n &= (A_n - l_n(x_n)g_{2n}(\overline{x}_n)C_n)e_n - l_n(x_n)g_{2n}(\overline{x}_n)D_n
\end{aligned} \tag{4.10}$$

即

$$\dot{e} = (A - l(x)G_2(x)C)e - l(x)G_2(x)\overline{D}_2 \tag{4.11}$$

式中

$$\begin{aligned}
&e = [e_1, e_2, \cdots, e_n]^{\mathrm{T}}, \quad A = \mathrm{diag}\{A_1, A_2, \cdots, A_n\} \\
&l(x) = \mathrm{diag}\{l_1(x_1), l_2(x_2), \cdots, l_n(x_n)\} \\
&G_2(x) = \mathrm{diag}\{g_{21}(\overline{x}_1), g_{22}(\overline{x}_2), \cdots, g_{2n}(\overline{x}_n)\} \\
&C = \mathrm{diag}\{C_1, C_2, \cdots, C_n\}, \quad \overline{D}_2 = [D_1, D_2, \cdots, D_n]^{\mathrm{T}}
\end{aligned}$$

与式(4.11)类似，式(4.1)可表示为

$$\dot{x} = F(x) + G_1(x)U + G_2(x)(\overline{D}_1 + \overline{D}_2) \tag{4.12}$$

式中

$$\begin{aligned}
&x = [x_1, x_2, \cdots, x_n]^{\mathrm{T}} \in \mathbb{R}^n, \quad F(x) = [F(\overline{x}_1), F(\overline{x}_2), \cdots, F(\overline{x}_n)]^{\mathrm{T}} \\
&F_i(\overline{x}_i) = f_i(\overline{x}_i) + g_{1i}(\overline{x}_i)x_{i+1}, \quad i = 1,2,\cdots,n-1 \\
&F_n(\overline{x}_n) = f_n(\overline{x}_n), \quad G_1(x) = \mathrm{diag}\{1,1,\cdots,1,g_{1n}(\overline{x}_n)\} \\
&G_2(x) = \mathrm{diag}\{g_{21}(\overline{x}_1),\ g_{22}(\overline{x}_2), \cdots, g_{2n}(\overline{x}_n)\} \\
&U = [0,0,\cdots,0,u]^{\mathrm{T}}, \quad \overline{D}_1 = [d_1, d_2, \cdots, d_n]^{\mathrm{T}}, \quad \overline{D}_2 = [D_1, D_2, \cdots, D_n]^{\mathrm{T}}
\end{aligned}$$

接下来选择连续有界函数 $l_i(x)$，$i = 1,2,\cdots,n$，使干扰估计误差一致最终有界

(uniformly ultimately bounded，UUB)。

选取非线性变量 $p_i(x_i)$ 为

$$p_i(x_i) = K_i h_i(x_i) \tag{4.13}$$

式中，K_i 是非线性观测器增益。

根据式(4.8)，得

$$l_i(x_i) = K_i \frac{\partial h_i(x_i)}{\partial x_i} \tag{4.14}$$

于是

$$l_i(x_i) g_{2i}(\overline{x}_i) = K_i n_i(\overline{x}_i) \tag{4.15}$$

由假设 4.4 可知，$n_i(\overline{x}_i)$ 为连续函数。因此，对于任意的 x_i 和时间 t，$n_i(\overline{x}_i)$ 总为正值或负值。不失一般性，假设 $n_i(\overline{x}_i) > 0$，所以 $n_i(\overline{x}_i)$ 可表示为

$$n_i(\overline{x}_i) = n_{0i} + n_{1i}(\overline{x}_i) \tag{4.16}$$

式中，$n_{0i} = \min_{\overline{x}_i} | L_{g_{2i}} h_i(x_i) |$；$n_{1i}(\overline{x}_i)$ 连续且对于 x_i 和 t 满足 $n_{1i}(\overline{x}_i) \geqslant 0$。

将式(4.15)和式(4.16)代入式(4.11)，得

$$\dot{e} = (\overline{A} - Kn(x)C)e - K(n_0 + n(x))\overline{D}_2 \tag{4.17}$$

式中

$$\overline{A} = A - Kn_0 C, \quad K = \mathrm{diag}\{K_1, K_2, \cdots, K_n\}$$
$$n_0 = \mathrm{diag}\{n_{01}, n_{02}, \cdots, n_{0n}\}, \quad n(x) = \mathrm{diag}\{n_{11}(\overline{x}_1), n_{12}(\overline{x}_2), \cdots, n_{1n}(\overline{x}_n)\}$$

假定

$$n_{1i}(\overline{x}_i) \leqslant \overline{n}_{1i}, \quad D_i(\overline{x}_i, t) \leqslant \overline{\xi}_i, \quad i = 1, 2, \cdots, n$$

所以

$$n(x) \leqslant \overline{n}, \quad \overline{D}_2 \leqslant \overline{\xi} \tag{4.18}$$

式中，$\overline{n} = \mathrm{diag}\{\overline{n}_{11}, \overline{n}_{22}, \cdots, \overline{n}_{nn}\}$；$\overline{\xi} = \mathrm{diag}\{\overline{\xi}_1, \overline{\xi}_2, \cdots, \overline{\xi}_n\}$。

定理 4.1　在假设 4.4 的条件下，如果存在矩阵 $P > 0$ 及矩阵 Q，满足：

$$\begin{bmatrix} \varSigma & Q \\ Q^{\mathrm{T}} & -(\overline{n}^2 + (n_0 + \overline{n})^2)^{-1} I \end{bmatrix} < 0 \tag{4.19}$$

式中，$\varSigma = A^{\mathrm{T}} P + PA - C^{\mathrm{T}} n_0^{\mathrm{T}} Q^{\mathrm{T}} - Q n_0 C + C^{\mathrm{T}} C$，则系统(4.17)的状态一致最终有界(UUB)。

证明　根据式(4.19)，有

$$A^{\mathrm{T}}P + PA - C^{\mathrm{T}}n_0^{\mathrm{T}}Q^{\mathrm{T}} - Qn_0C + C^{\mathrm{T}}C + (\overline{n}^2 + (n_0 + \overline{n})^2)QQ^{\mathrm{T}} + \alpha_0 I < 0 \tag{4.20}$$

式中，$\alpha_0 > 0$ 是常数。

选取李雅普诺夫函数：

$$W(e) = e^{\mathrm{T}}Pe \tag{4.21}$$

结合式(4.17)，则式(4.21)关于时间 t 的导数为

$$\begin{aligned}
\dot{W}(e) &= 2e^{\mathrm{T}}P\dot{e} \\
&= 2e^{\mathrm{T}}P[(\overline{A} - Kn(x)C) - K(n_0 + n(x))\overline{D}_2] \\
&= 2e^{\mathrm{T}}P(A - K(n_0 + n(x))C) - 2e^{\mathrm{T}}PK(n_0 + n(x))\overline{D}_2 \\
&\leqslant e^{\mathrm{T}}(\overline{A}^{\mathrm{T}}P + P\overline{A} + \overline{n}^2QQ^{\mathrm{T}} + C^{\mathrm{T}}C)e - 2e^{\mathrm{T}}PK(n_0 + n(x))\overline{D}_2 \\
&= e^{\mathrm{T}}(A^{\mathrm{T}}P + PA - C^{\mathrm{T}}n_0^{\mathrm{T}}Q^{\mathrm{T}} - Qn_0C + C^{\mathrm{T}}C + \overline{n}^2QQ^{\mathrm{T}})e - 2e^{\mathrm{T}}PK(n_0 + n(x))\overline{D}_2
\end{aligned} \tag{4.22}$$

取 $Q = PK$，根据引理 4.1 可得

$$\begin{aligned}
\dot{W}(e) &\leqslant e^{\mathrm{T}}(A^{\mathrm{T}}P + PA - C^{\mathrm{T}}n_0^{\mathrm{T}}Q^{\mathrm{T}} - Qn_0C + C^{\mathrm{T}}C + (\overline{n}^2 + (n_0 + \overline{n})^2)QQ^{\mathrm{T}})e + \overline{\xi}^2 \\
&\leqslant -\alpha_0\|e\|^2 + \overline{\xi}^2 \leqslant -\alpha_0\lambda_{\max}^{-1}(P)W + \overline{\xi}^2
\end{aligned} \tag{4.23}$$

结合式(4.21)，得

$$\|e(t)\|^2 \leqslant \|e(0)\|^2 \exp(-\alpha_0\lambda_{\max}^{-1}(P)t) + \varepsilon \tag{4.24}$$

式中，$\varepsilon = \dfrac{\lambda_{\max}(P)\overline{\xi}^2}{\alpha_0\lambda_{\min}(P)}$，则干扰估计误差系统(4.17)的状态一致最终有界。

4.4 复合自适应控制器及稳定性分析

本节针对闭环系统设计自适应控制器，并对其进行稳定性分析。

4.4.1 复合自适应控制器设计

根据假设 4.3，存在已知正常数 $\varsigma_i > 0$，$i = 1,2,\cdots,n$，使 $\| g_{2i}(\overline{x}_i) \| \leqslant \varsigma_i$。

步骤 1：针对系统(4.1)的第一个子系统，即

$$\dot{x}_1 = f_1(\overline{x}_1) + g_{11}(\overline{x}_1)x_2 + g_{21}(\overline{x}_1)(d_1(t) + D_1(\overline{x}_1, t)) \tag{4.25}$$

引入如下变换：

$$\begin{aligned}
z_1 &= x_1 - 0 = x_1 \\
z_2 &= x_2 - \alpha_1
\end{aligned} \tag{4.26}$$

$\alpha_1(x_1,\hat{d}_1)$是虚拟控制。结合式(4.1)和式(4.26)，可得

$$\dot{z}_1 = f_1(\bar{x}_1) + g_{11}(\bar{x}_1)(z_2 + \alpha_1) + g_{21}(\bar{x}_1)(d_1(t) + D_1(\bar{x}_1,t)) \tag{4.27}$$

选取：

$$V_1^* = \frac{1}{2} z_1^{\mathrm{T}} z_1 \tag{4.28}$$

则有

$$\begin{aligned}\dot{V}_1^* &= z_1^{\mathrm{T}} \dot{z}_1 \\ &= z_1^{\mathrm{T}} (f_1(\bar{x}_1) + g_{11}(\bar{x}_1)(z_2 + \alpha_1) + g_{21}(\bar{x}_1)(d_1(t) + D_1(\bar{x}_1,t))) \\ &\leqslant z_1^{\mathrm{T}} f_1(\bar{x}_1) + z_1^{\mathrm{T}} g_{11}(\bar{x}_1)(z_2 + \alpha_1) + z_1^{\mathrm{T}} g_{21}(\bar{x}_1) d_1(t) + \varsigma_1 z_1^{\mathrm{T}} \rho_1(\bar{x}_1)\Theta_1\end{aligned} \tag{4.29}$$

设计如下虚拟控制律$\alpha_1(x_1,\hat{d}_1)$：

$$\alpha_1(\bar{x}_1,\hat{d}_1) = \frac{1}{g_{11}(\bar{x}_1)}(-k_1 z_1 + r_1 - f_1(\bar{x}_1) - g_{21}(\bar{x}_1)\hat{d}_1 - \varsigma_1\rho_1(\bar{x}_1)\hat{\Theta}_1) \tag{4.30}$$

式中，$k_1 > 0$；$r_1 = -\delta_1 z_1$，$\delta_1 > 0$。

根据引理 4.1，将式(4.30)代入式(4.29)，得

$$\begin{aligned}\dot{V}_1^* &\leqslant -k_1 z_1^{\mathrm{T}} z_1 + z_1^{\mathrm{T}} g_{11}(\bar{x}_1) z_2 + z_1^{\mathrm{T}} g_{21}(\bar{x}_1) C_1 e_1 + z_1^{\mathrm{T}} r_1 - \varsigma_1 z_1^{\mathrm{T}} \rho_1(\bar{x}_1)\tilde{\Theta}_1 \\ &\leqslant -k_1 z_1^{\mathrm{T}} z_1 + z_1^{\mathrm{T}} g_{11}(\bar{x}_1) z_2 + \delta_1 z_1^{\mathrm{T}} z_1 + \frac{1}{\delta_1}(g_{21}(\bar{x}_1) C_1 e_1)^2 + z_1^{\mathrm{T}} r_1 - \varsigma_1 z_1^{\mathrm{T}} \rho_1(\bar{x}_1)\tilde{\Theta}_1 \\ &\leqslant -k_1 z_1^{\mathrm{T}} z_1 + z_1^{\mathrm{T}} g_{11}(\bar{x}_1) z_2 + \varepsilon_1 - \varsigma_1 z_1^{\mathrm{T}} \rho_1(\bar{x}_1)\tilde{\Theta}_1\end{aligned} \tag{4.31}$$

式中，$\varepsilon_1 = \frac{1}{\delta_1}(g_{21}(\bar{x}_1)\tilde{d}_1)^2$，$\tilde{d}_1 = C_1 e_1$。

选择如下李雅普诺夫函数：

$$V_1 = V_1^* + \frac{1}{2}\tilde{\Theta}_1^{-\mathrm{T}} \Lambda_1^{-1} \tilde{\Theta}_1 \tag{4.32}$$

式中，$\Lambda_1 = \Lambda_1^{\mathrm{T}} > 0$；$\tilde{\Theta}_i = \hat{\Theta}_i - \Theta_i$，$i = 1,2,\cdots,n$，$\hat{\Theta}_1$是不确定参数$\Theta_1$的估计值。则有

$$\dot{V}_1 \leqslant -k_1 z_1^{\mathrm{T}} z_1 + z_1^{\mathrm{T}} g_{11}(\bar{x}_1) z_2 + \varepsilon_1 - \varsigma_1 z_1^{\mathrm{T}} \rho_1(\bar{x}_1)\tilde{\Theta}_1 - \tilde{\Theta}_1^{\mathrm{T}} \Lambda_1^{-\mathrm{T}} \hat{\Theta}_1 \tag{4.33}$$

选取如下自适应律$\hat{\Theta}_1$：

$$\dot{\hat{\Theta}}_1 = \Lambda_1(\beta_1 \hat{\Theta}_1 - \varsigma_1 \rho_1(\bar{x}_1) z_1) \tag{4.34}$$

式中，$\beta_1 > 0$。

将式(4.34)代入式(4.33)，结合如下不等式：

$$-\tilde{\Theta}_1^{\mathrm{T}}\hat{\Theta}_1 \leqslant -\frac{\|\tilde{\Theta}_1\|^2}{2}+\frac{\|\Theta_1\|^2}{2} \tag{4.35}$$

得

$$\dot{V}_1 \leqslant -k_1 z_1^{\mathrm{T}} z_1 + z_1^{\mathrm{T}} g_{11}(\overline{x}_1) z_2 + \varepsilon_1 + \frac{\beta_1\|\Theta_1\|^2}{2} - \frac{\beta_1\|\tilde{\Theta}_1\|^2}{2} \tag{4.36}$$

步骤 2：引入变换 $z_3 = x_3 - \alpha_2(\overline{x}_2, \hat{\overline{d}}_2)$，则

$$\dot{z}_2 = f_2(\overline{x}_2) + g_{12}(\overline{x}_2)(z_3 + \alpha_2(\overline{x}_2,\hat{\overline{d}}_2)) + g_{22}(\overline{x}_2)(d_2(t) + D_2(\overline{x}_2,t)) - \dot{\alpha}_1(x_1,\hat{d}_1)$$

考虑李雅普诺夫函数：

$$V_2^* = \frac{1}{2} z_2^{\mathrm{T}} z_2 \tag{4.37}$$

有

$$\begin{aligned}
\dot{V}_2^* &= z_2^{\mathrm{T}} \dot{z}_2 \\
&= z_2^{\mathrm{T}}(f_2(\overline{x}_2) + g_{12}(\overline{x}_2)(z_3 + \alpha_2(\overline{x}_2,\hat{\overline{d}}_2)) + g_{22}(\overline{x}_2)(d_2(t) + D_2(\overline{x}_2,t)) - \dot{\alpha}_1(x_1,\hat{d}_1)) \\
&\leqslant z_2^{\mathrm{T}} f_2(\overline{x}_2) + z_2^{\mathrm{T}} g_{12}(\overline{x}_2)(z_3 + \alpha_2(\overline{x}_2,\hat{\overline{d}}_2)) + z_2^{\mathrm{T}} g_{22}(\overline{x}_2) d_2(t) - z_2^{\mathrm{T}}\dot{\alpha}_1(x_1,\hat{d}_1) + \varsigma_2 z_2^{\mathrm{T}} \rho_2(\overline{x}_2)\Theta_2
\end{aligned} \tag{4.38}$$

选取：

$$\alpha_2(\overline{x}_2,\hat{\overline{d}}_2) = \frac{1}{g_{12}(\overline{x}_2)}(-k_2 z_2 + r_2 - g_{11}(\overline{x}_1) z_1 - f_2(\overline{x}_2) - g_{22}(\overline{x}_2)\hat{d}_2 - \varsigma_2\rho_2(\overline{x}_2)\hat{\Theta}_2 + \dot{\alpha}_1(x_1,\hat{d}_1)) \tag{4.39}$$

式中，可调参数 $k_2 > 0$；$r_2 = -\delta_2 z_2$，$\delta_2 > 0$。

将式(4.39)代入式(4.38)，得

$$\begin{aligned}
\dot{V}_2^* &\leqslant -k_2 z_2^{\mathrm{T}} z_2 - z_2^{\mathrm{T}} g_{11}(\overline{x}_1) z_1 + z_2^{\mathrm{T}} g_{12}(\overline{x}_2) z_3 + z_2^{\mathrm{T}} g_{22}(\overline{x}_2) C_2 e_2 + z_2^{\mathrm{T}} r_2 - \varsigma_2 z_2^{\mathrm{T}} \rho_2(\overline{x}_2)\tilde{\Theta}_2 \\
&\leqslant -k_2 z_2^{\mathrm{T}} z_2 - z_2^{\mathrm{T}} g_{11}(\overline{x}_1) z_1 + z_2^{\mathrm{T}} g_{12}(\overline{x}_2) z_3 + \varepsilon_2 - \varsigma_2 z_2^{\mathrm{T}} \rho_2(\overline{x}_2)\tilde{\Theta}_2
\end{aligned} \tag{4.40}$$

式中，$\varepsilon_2 = \frac{1}{\delta_2}(g_{22}(\overline{x}_2)\tilde{d}_2)^2$，$\tilde{d}_2 = C_2 e_2$。

取增广的李雅普诺夫函数为

$$V_2 = V_1 + V_2^* + \frac{1}{2}\tilde{\Theta}_2^{\mathrm{T}} \varLambda_2^{-1} \tilde{\Theta}_2 \tag{4.41}$$

式中，$\varLambda_2 = \varLambda_2^{\mathrm{T}} > 0$。

构造自适应律：

$$\dot{\hat{\Theta}}_2 = \Lambda_2(\beta_2\hat{\Theta}_2 - \varsigma_2\rho_2(\overline{x}_2)z_2) \tag{4.42}$$

式中，$\beta_2 > 0$。

联立式(4.36)、式(4.40)及式(4.42)，并考虑式(4.35)，得到

$$\begin{aligned}\dot{V}_2 &= \dot{V}_1 + \dot{V}_2^* + \tilde{\Theta}_2^{\mathrm{T}}\Lambda_2^{-1}\dot{\hat{\Theta}}_2 \\ &\leqslant -\sum_{j=1}^{2}k_j z_j^{\mathrm{T}} z_j + z_2^{\mathrm{T}} g_{12}(\overline{x}_2)z_3 + \sum_{j=1}^{2}\varepsilon_j + \sum_{j=1}^{2}\frac{\beta_j\left\|\Theta_j\right\|^2}{2} - \sum_{j=1}^{2}\frac{\beta_j\left\|\tilde{\Theta}_j\right\|^2}{2}\end{aligned} \tag{4.43}$$

步骤 i $(1\leqslant i\leqslant n-1)$：引入变换 $z_{i+1} = x_{i+1} - \alpha_i(\overline{x}_i,\hat{\overline{d}}_i)$，则 z_i 的导数为

$$\dot{z}_i = f_i(\overline{x}_i) + g_{1i}(\overline{x}_i)(z_{i+1} + \alpha_i(\overline{x}_i,\hat{\overline{d}}_i)) + g_{2i}(\overline{x}_i)(d_i(t) + D_i(\overline{x}_i,t)) - \dot{\alpha}_{i-1}$$

考虑李雅普诺夫函数：

$$V_i^* = \frac{1}{2}z_i^{\mathrm{T}} z_i \tag{4.44}$$

根据引理 4.1，对式(4.44)求导，有

$$\begin{aligned}\dot{V}_i^* &= z_i^{\mathrm{T}}\dot{z}_i \\ &= z_i^{\mathrm{T}}(f_i(\overline{x}_i) + g_{1i}(\overline{x}_i)(z_{i+1} + \alpha_i) + g_{2i}(\overline{x}_i)(d_i(t) + D_i(\overline{x}_i,t)) - \dot{\alpha}_{i-1}) \\ &\leqslant z_i^{\mathrm{T}} f_i(\overline{x}_i) + z_i^{\mathrm{T}} g_{1i}(\overline{x}_i)(z_{i+1} + \alpha_i) + z_i^{\mathrm{T}} g_{2i}(\overline{x}_i)d_i(t) - z_i^{\mathrm{T}}\dot{\alpha}_{i-1} + \varsigma_i z_i^{\mathrm{T}}\rho_i(\overline{x}_i)\Theta_i\end{aligned} \tag{4.45}$$

选择如下虚拟控制律：

$$\alpha_i(\overline{x}_i,\hat{\overline{d}}_i) = \frac{1}{g_{1i}(\overline{x}_i)}(-k_i z_i + r_i - g_{1i}(\overline{x}_i)z_{i-1} - f_i(\overline{x}_i) - g_{2i}(\overline{x}_i)\hat{d}_i - \varsigma_i\rho_i(\overline{x}_i)\hat{\Theta}_i + \dot{\alpha}_{i-1}) \tag{4.46}$$

式中，可调参数 $k_i > 0$；$r_i = -\delta_i z_i$，$\delta_i > 0$。

将式(4.46)代入式(4.45)，有

$$\begin{aligned}\dot{V}_i^* &\leqslant -k_i z_i^{\mathrm{T}} z_i - z_i^{\mathrm{T}} g_{1i-1}(\overline{x}_{i-1})z_{i-1} + z_i^{\mathrm{T}} g_{1i}(\overline{x}_i)z_{i+1} + z_i^{\mathrm{T}} g_{2i}(\overline{x}_i)C_i e_i + z_i^{\mathrm{T}} r_i - \varsigma_i z_i^{\mathrm{T}}\rho_i(\overline{x}_i)\tilde{\Theta}_i \\ &\leqslant -k_i z_i^{\mathrm{T}} z_i - z_i^{\mathrm{T}} g_{1i-1}(\overline{x}_{i-1})z_{i-1} + z_i^{\mathrm{T}} g_{1i}(\overline{x}_i)z_{i+1} + \varepsilon_i - \varsigma_i z_i^{\mathrm{T}}\rho_i(\overline{x}_i)\tilde{\Theta}_i\end{aligned} \tag{4.47}$$

式中，$\varepsilon_i = \dfrac{1}{\delta_i}(g_{2i}(\overline{x}_i)\tilde{d}_i)^2$，$\tilde{d}_i = C_i e_i$。

选取如下增广的李雅普诺夫函数：

$$V_i = V_{i-1} + V_i^* + \frac{1}{2}\tilde{\Theta}_i^{\mathrm{T}}\Lambda_i^{-1}\tilde{\Theta}_i \tag{4.48}$$

式中，$\Lambda_i = \Lambda_i^{\mathrm{T}} > 0$。

构造自适应律：

$$\dot{\hat{\Theta}}_i = \Lambda_i(\beta_i\hat{\Theta}_i - \varsigma_i\rho_i(\overline{x}_i)z_i) \tag{4.49}$$

式中，$\beta_i > 0$。

根据式(4.43)、式(4.47)～式(4.49)和式(4.35)，可得

$$\dot{V}_i = \dot{V}_{i-1} + \dot{V}_i^* + \tilde{\Theta}_i^{\mathrm{T}} \Lambda_i^{-1} \dot{\hat{\Theta}}_i$$
$$\leqslant -\sum_{j=1}^{i} k_j z_j^{\mathrm{T}} z_j + z_i^{\mathrm{T}} g_{1i}(\overline{x}_i) z_{i+1} + \sum_{j=1}^{i} \varepsilon_j + \sum_{j=1}^{i} \frac{\beta_j \left\|\Theta_j\right\|^2}{2} - \sum_{j=1}^{i} \frac{\beta_j \left\|\tilde{\Theta}_j\right\|^2}{2} \tag{4.50}$$

步骤 n：取变换 $z_n = x_n - \alpha_{n-1}$，可得

$$\dot{z}_n = f_n(\overline{x}_n) + g_{1n}(\overline{x}_n)u + g_{2n}(\overline{x}_n)(d_n(t) + D_n(\overline{x}_n, t)) - \dot{\alpha}_{n-1} \tag{4.51}$$

考虑如下李雅普诺夫函数：

$$V_n^* = \frac{1}{2} z_n^{\mathrm{T}} z_n \tag{4.52}$$

则有

$$\dot{V}_n^* = z_n^{\mathrm{T}} \dot{z}_n = z_n^{\mathrm{T}} (f_n(\overline{x}_n) + g_{1n}(\overline{x}_n)u + g_{2n}(\overline{x}_n)(d_n(t) + D_n(\overline{x}_n, t)) - \dot{\alpha}_{n-1})$$
$$\leqslant z_n^{\mathrm{T}} f_n(\overline{x}_n) + z_n^{\mathrm{T}} g_{1n}(\overline{x}_n)u + z_n^{\mathrm{T}} g_{2n}(\overline{x}_n) d_n(t) - z_n^{\mathrm{T}} \dot{\alpha}_{n-1} + \varsigma_n z_n^{\mathrm{T}} \rho_n(\overline{x}_n) \Theta_n \tag{4.53}$$

设计如下控制律：

$$u = \frac{1}{g_{1n}(\overline{x}_n)} (-k_n z_n + r_n - g_{1n-1}(\overline{x}_n) z_{n-1} - f_n(\overline{x}_n) - g_{2n}(\overline{x}_n) \hat{d}_n - \varsigma_n \rho_n(\overline{x}_n) \hat{\Theta}_n + \dot{\alpha}_{n-1}) \tag{4.54}$$

式中，可调参数 $k_n > 0$；$r_n = -\delta_n z_n$，$\delta_n > 0$。

将式(4.54)代入式(4.53)，得

$$\dot{V}_n^* = z_n^{\mathrm{T}} \dot{z}_n$$
$$\leqslant -k_n z_n^{\mathrm{T}} z_n - z_n^{\mathrm{T}} g_{1n-1}(\overline{x}_{n-1}) z_{n-1} + z_n^{\mathrm{T}} g_{2n}(\overline{x}_n) C_n e_n + z_n^{\mathrm{T}} r_n - \varsigma_n z_n^{\mathrm{T}} \rho_n(\overline{x}_n) \tilde{\Theta}_n$$
$$\leqslant -k_n z_n^{\mathrm{T}} z_n - z_n^{\mathrm{T}} g_{1n-1}(\overline{x}_{n-1}) z_{n-1} + \varepsilon_n - \varsigma_n z_n^{\mathrm{T}} \rho_n(\overline{x}_n) \tilde{\Theta}_n \tag{4.55}$$

式中，$\varepsilon_n = \dfrac{1}{\delta_n} (g_{2n}(\overline{x}_n) \tilde{d}_n)^2$，$\tilde{d}_n = C_n e_n$。

选取如下增广的李雅普诺夫函数：

$$V_n = V_{n-1} + V_n^* + \frac{1}{2} \tilde{\Theta}_n^{\mathrm{T}} \Lambda_n^{-1} \tilde{\Theta}_n \tag{4.56}$$

式中，$\Lambda_n = \Lambda_n^{\mathrm{T}} > 0$。

构造自适应律：

$$\dot{\hat{\Theta}}_n = \Lambda_n (\beta_n \hat{\Theta}_n - \varsigma_n \rho_n(\overline{x}_n) z_n) \tag{4.57}$$

式中，$\beta_n > 0$。

联立式(4.50)、式(4.55)～式(4.57)，得

$$\begin{aligned}\dot{V}_n &= \dot{V}_{n-1}+\dot{V}_n^*+\tilde{\Theta}_n^{\mathrm{T}}\Lambda_n^{-1}\dot{\hat{\Theta}}_n \\ &\leqslant -\sum_{j=1}^{n}k_j z_j^{\mathrm{T}}z_j+\sum_{j=1}^{n}\varepsilon_j+\sum_{j=1}^{n}\frac{\beta_j\left\|\Theta_j\right\|^2}{2}-\sum_{j=1}^{n}\frac{\beta_j\left\|\tilde{\Theta}_j\right\|^2}{2} \\ &\leqslant -\tau V_n+C \end{aligned} \tag{4.58}$$

式中

$$\begin{aligned}\tau &= \min\left\{2\lambda_{\min}\left(\sum_{j=1}^{n}k_j\right),\sum_{j=1}^{n}\frac{2\beta_j}{\lambda_{\max}(\Lambda_j^{-1})}\right\}>0 \\ C &= \sum_{j=1}^{n}\frac{\beta_j\Theta_j^{\;2}}{2}+\sum_{j=1}^{n}\varepsilon_j>0\end{aligned} \tag{4.59}$$

4.4.2　稳定性分析

定理 4.2　若非线性系统(4.1)满控制律足假设 4.1～假设 4.4，且选取如式(4.30)、式(4.39)、式(4.46)和式(4.54)所示的控制律与如式(4.34)、式(4.42)、式(4.49)和式(4.57)所示的参数自适应律，则有以下结论成立。

(1) z_i、$\hat{\Theta}_i$ 和 x_i 全局一致最终有界。

(2) $z(t)=[z_1,z_2,\cdots,z_n]^{\mathrm{T}}\in\mathbb{R}^n$ 最终收敛到紧集：

$$\Omega_z=\{z\|z\|\leqslant\sqrt{2\rho}\} \tag{4.60}$$

且可以选择恰当的设计参数使紧集 Ω_z 尽可能小。

证明　考虑如下李雅普诺夫函数，即

$$V(t)=\sum_{i=1}^{n}\left(V_i+\frac{1}{2}\tilde{\Theta}_i^{\mathrm{T}}\Lambda_i^{-1}\tilde{\Theta}_i\right) \tag{4.61}$$

式中，$V_i,\tilde{\Theta}_i^{\mathrm{T}},\Lambda_i^{-1}$，$i=1,2,\cdots,n$ 在前面已给出。对式(4.61)求导，得

$$\dot{V}(t)\leqslant-\tau V(t)+C$$

式中，τ 和 C 与式(4.59)中相同。令 $\rho=\dfrac{C}{\tau}$，有

$$0\leqslant V(t)\leqslant(V(0)-\rho)\mathrm{e}^{-\tau t}+\rho\leqslant V(0)+\rho \tag{4.62}$$

式中，$V(0)=\sum_{i=1}^{n}\left(\dfrac{z_i^2(0)}{2}+\dfrac{1}{2}\tilde{\Theta}_i^{\mathrm{T}}(0)\Lambda_i^{-1}\tilde{\Theta}_i(0)\right)$。

考虑式(4.61)和 V_i^*，得

$$\sum_{i=1}^{n} z_i^2 \leqslant 2(V(0)+\rho) \tag{4.63}$$

$$\sum_{i=1}^{n} \left\| \tilde{\Theta}_i \right\|^2 \leqslant \frac{2(V(0)+\rho)}{\lambda_{\min}\{\Lambda_i^{-1}\}} \tag{4.64}$$

由式(4.62)～式(4.64)知，$V(t)$有界。因此，$z_i, \hat{\Theta}_i$，$i=1,2,\cdots,n$全局一致最终有界。此外，由式(4.61)和式(4.62)可得

$$\|z\| \leqslant \sqrt{2((V(0)-\rho)\mathrm{e}^{-\tau t}+\rho)} \tag{4.65}$$

即$\lim\limits_{t\to\infty}\|z\|=\sqrt{2\rho}$。证毕。

4.5 仿真实例

考虑带有多源异质干扰的不确定非线性系统：

$$\begin{aligned} \dot{x}_1 &= x_1 + x_2 + \sin(x_1)(d_1(t)+D_1) \\ \dot{x}_2 &= x_1 x_2 + u + \cos(x_1 x_2)(d_2(t)+D_2) \end{aligned} \tag{4.66}$$

式中，$x=[x_1,x_2]^{\mathrm{T}}$、$u\in\mathbb{R}$分别是状态和控制输入；$d_1(t)$、$d_2(t)$是外部干扰；D_1和D_2是未知时变干扰，令

$$A_1=\begin{bmatrix}0 & -5\\ 5 & 0\end{bmatrix},\quad A_2=\begin{bmatrix}0 & -2\\ 2 & 0\end{bmatrix},\quad C_1=[2\quad 1],\quad C_2=[3\quad 1]$$

$$D_1=0.21\cos x_1^2,\quad D_2=0.11\sin x_2^2$$

设计如下控制器：

$$\begin{aligned} \alpha_1 &= -k_1 z_1 - x_1 - \sin(x_1)\hat{d}_1 + r_1 - \varsigma_1\rho_1(\bar{x}_1)\hat{\Theta}_1 \\ u &= -k_2 z_2 - z_1 - x_1 x_2 - \cos(x_1 x_2)\hat{d}_2 + r_2 - \varsigma_2\rho_2(\bar{x}_2)\hat{\Theta}_2 + \dot{\alpha}_1 \end{aligned} \tag{4.67}$$

式中，可调参数$k_1>0$，$k_2>0$；$r_1=-\delta_1 z_1$，$r_2=-\delta_2 z_2$，$\delta_1>0$，$\delta_2>0$；$\hat{\Theta}_1$、$\hat{\Theta}_2$满足式(4.34)和式(4.42)。选取参数$\beta_1=\beta_2=0.1$，$\delta_1=0.05$，$\delta_2=0.03$，$\hat{\Theta}_1=\hat{\Theta}_2=0.1$，控制器的设计参数选取为$k_1=12$，$k_2=18$，$\Lambda_1=\Lambda_2=0.01$，$\varsigma_1=\varsigma_2=1$。

令$n_0=\begin{bmatrix}4 & 0\\ 0 & 4\end{bmatrix}$，$\bar{n}=\begin{bmatrix}0.5 & 0\\ 0 & 0.5\end{bmatrix}$，根据定理4.1，则有

$$P=\begin{bmatrix}3.3671 & 0.2101 & 0 & 0\\ 0.2101 & 3.9273 & 0 & 0\\ 0 & 0 & 3.1679 & 0.6391\\ 0 & 0 & 0.6391 & 4.1265\end{bmatrix}$$

$$Q=\begin{bmatrix} -0.6037 & 0 \\ -0.3018 & 0 \\ 0 & -0.6296 \\ 0 & -0.2099 \end{bmatrix}$$

$$K=\begin{bmatrix} -0.1751 & 0 \\ -0.0675 & 0 \\ 0 & -0.1946 \\ 0 & -0.0207 \end{bmatrix}$$

选取初始状态 $x_1(0)=-1$， $x_2(0)=5$ 的仿真结果如图 4.1～图 4.4 所示，图 4.1 为采用 NDO 估计干扰 $d(t)$ 的误差曲线，由图 4.1 可以看出，估计误差是一致最终有界的。由图 4.2 可以看出，在有限时间内，非线性系统的状态响应曲线收敛于

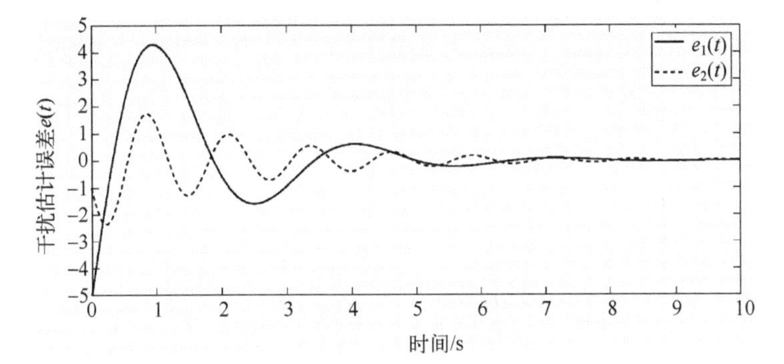

图 4.1　干扰 $d(t)$ 的估计误差曲线

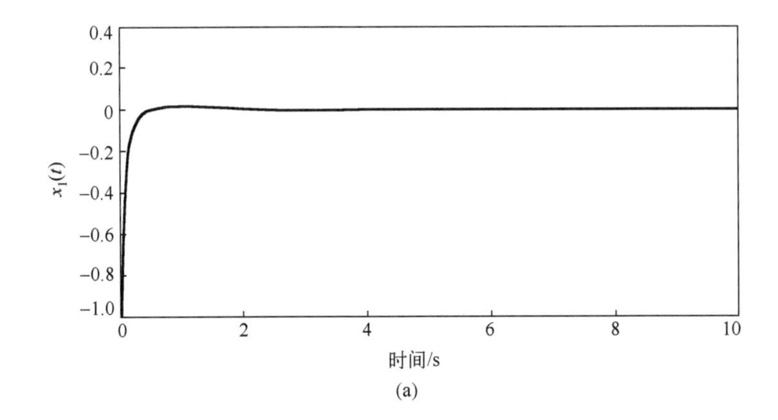

(a)

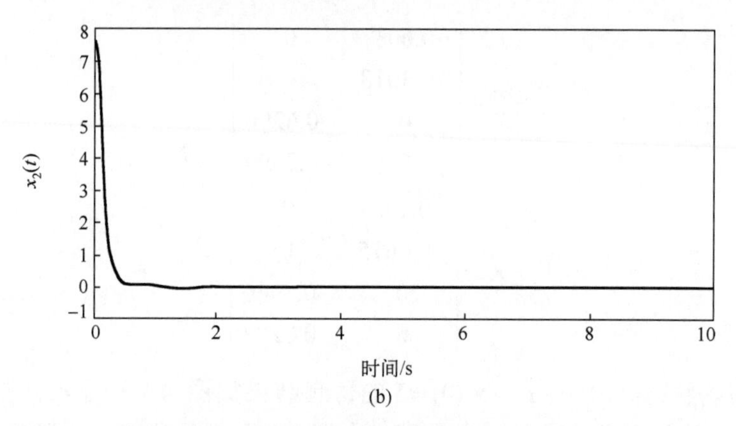

图 4.2　采用复合自适应反推控制系统状态 $x_1(t)$ 和 $x_2(t)$ 的曲线

平衡点。图 4.3 和图 4.4 分别给出了系统干扰 $d(t)$ 和控制输入 $u(t)$ 的响应曲线。由图 4.1～图 4.4 可以看出，本章所提出的控制器具有良好的控制性能。

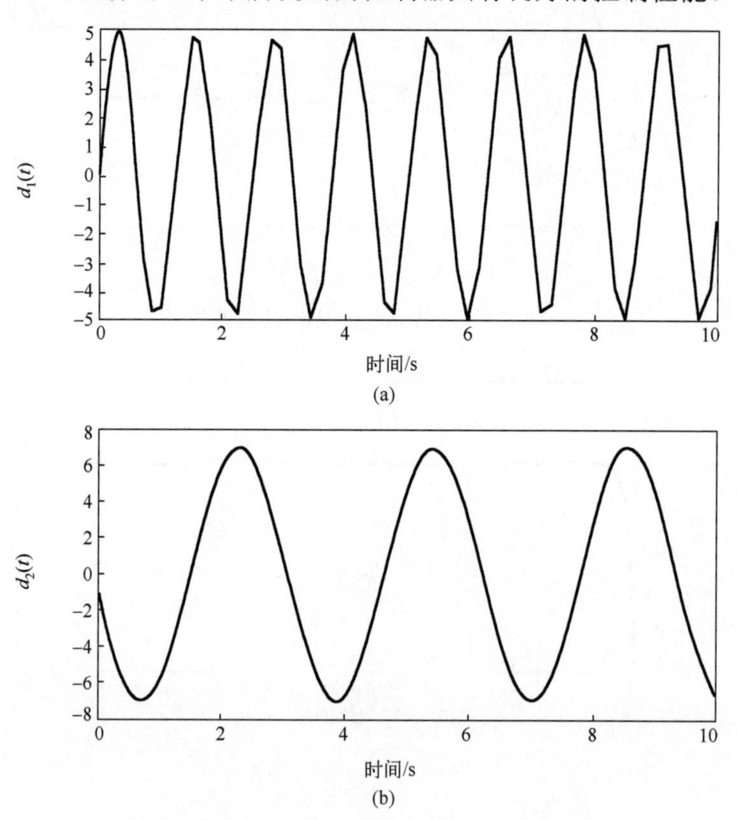

图 4.3　系统干扰 $d_1(t)$ 和 $d_2(t)$ 的曲线

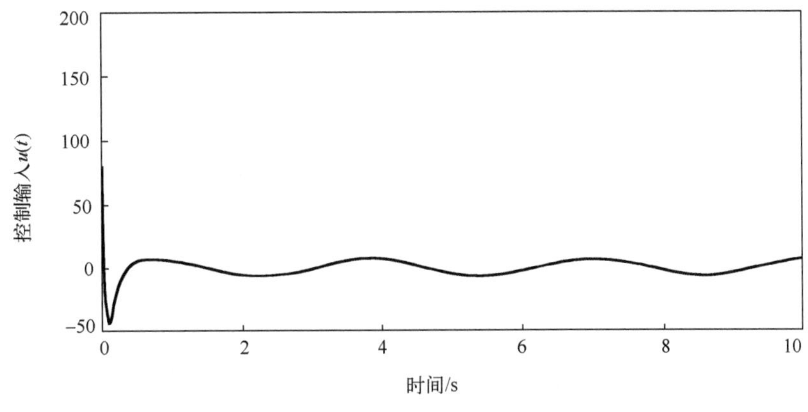

图 4.4　控制输入 $u(t)$ 的曲线

4.6　结　论

本章针对带有多源干扰的非线性系统，提出了一种基于非线性干扰观测器的复合自适应控制方法。系统中的干扰包含两部分：一部分是外部干扰，它可以由一个外源系统生成；另一部分是未知时变干扰。针对第一类干扰，设计 NDO 对其进行在线估计。然后，基于 NDO 和反推技术，提出了一种复合 DOBC 与 Back-stepping 抗干扰控制策略。最后，仿真实例说明该自适应控制器能够保证闭环系统中的所有信号均全局一致最终有界，从而验证了所提控制方法的正确性及有效性。

第5章　非线性系统复合DOBC与模糊抗干扰控制

5.1　引　　言

模糊控制方法具有良好的逼近特性，该方法不需要精确的系统模型，因此可以解决许多不确定非线性系统的控制问题[34,49]。另外模糊系统理论可以结合自适应方法，通过在线调整模糊规则，从而不断改善系统性能[50-52]。文献[53]研究了一类带有未知干扰的严格输出反馈非线性系统，设计自适应Back-stepping模糊控制器，以保证跟踪误差系统渐近稳定。文献[54]针对一类不确定纯反馈形式的非线性系统，在系统状态不可获得的情形下，通过设计模糊状态观测器，提出基于模糊规则的输出反馈控制策略。文献[55]针对一类具有严格反馈形式的非线性系统，利用Back-stepping方法，提出基于自适应模糊规则的神经元网络控制方案，进一步改善了系统的跟踪性能。文献[56]运用自适应模糊控制方法，解决了一类非线性严格反馈系统的输出跟踪控制问题。

本章研究多源干扰下非线性不确定系统的精细抗干扰控制问题，提出了复合DOBC与模糊控制相结合的精细抗干扰控制策略[57-60]。将多源异质干扰分为三类[60-82]，第一类干扰由具有不确定性的外源系统生成[83-90]，第二类干扰满足H_2范数有界[91-102]，第三类干扰为系统模型不确定性[103-110]。通过构造自适应干扰观测器(adaptive disturbance observer，ADO)来估计第一类干扰，利用模糊逻辑系统逼近系统模型中的不确定性。在此基础上，将DOBC与模糊控制相结合，设计复合DOBC与模糊抗干扰控制策略。

5.2　问题描述

考虑如下非线性系统：

$$\dot{x}(t) = G_0 x(t) + H_0(u(t) + d_0(t) + f(x)) + H_1 d_1(t) \tag{5.1}$$

式中，干扰$d_1(t)$为满足H_2范数有界的外部干扰，$d_0(t)$由如下外源系统生成：

$$\begin{cases} d_0(t) = V\omega(t) \\ \dot{\omega}(t) = W\omega(t) + H_2\delta(t) \end{cases} \tag{5.2}$$

式中，$x(t)$、$u(t)$ 分别是系统状态和控制输入；G_0、H_0、H_1、V、W、H_2 是已知矩阵；$\delta(t)$ 表示外源系统的不确定项，满足 H_2 范数有界；$f(x)\in\mathbb{R}$ 是未知非线性函数，可以用如下基于 IF-THEN 规则的模糊逻辑系统进行逼近。

R^l：IF x_1 是 F_1^l，…，x_n 是 F_n^l，THEN y 是 G^l，$l=1,2,\cdots,N$。

其中，$x=[x_1,\cdots,x_n]^{\mathrm{T}}$ 和 y 分别是模糊逻辑系统的状态和控制输入；$F_i^l\ (i=1,2,\cdots,n)$ 和 G^l 分别为与隶属度函数 $\mu_{F_i^l}(x_i)$ 和 $\mu_{G^l}(y)$ 相关的模糊集；N 是模糊规则的个数。

带有单值模糊器、乘积推理器和中心平均解模糊器的模糊逻辑系统可以表示为

$$y(x)=\frac{\sum_{l=1}^{N}\bar{y}_l\prod_{i=1}^{n}\mu_{F_i^l}(x_i)}{\sum_{l=1}^{N}\left(\prod_{i=1}^{n}\mu_{F_i^l}(x_i)\right)}$$

式中，$\bar{y}_l=\max_{y\in\mathbb{R}}\mu G^l(y)$，定义模糊基函数为

$$\varphi_l(x)=\frac{\prod_{i=1}^{n}\mu_{F_i^l}(x_i)}{\sum_{l=1}^{N}\left(\prod_{i=1}^{n}\mu_{F_i^l}(x_i)\right)}$$

令 $\theta=[\bar{y}_1,\bar{y}_2,\cdots,\bar{y}_n]^{\mathrm{T}}=[\theta_1,\theta_2,\cdots,\theta_N]^{\mathrm{T}}$ 和 $\varphi(x)=[\varphi_1(x),\varphi_2(x),\cdots,\varphi_N(x)]^{\mathrm{T}}$，则上述模糊逻辑系统可表示为

$$y(x)=\theta^{\mathrm{T}}\varphi(x) \tag{5.3}$$

依据文献[57]，选取模糊逻辑系统 $y(x)=\hat{f}(x\,|\,\theta)$ 逼近未知函数 $f(x)$，于是有

$$\hat{f}(x\,|\,\theta)=\theta^{\mathrm{T}}\varphi(x) \tag{5.4}$$

定义最优参数向量 θ^* 为

$$\theta^*=\arg\min_{\theta\in\Omega_1}\left[\sup_{x\in\Omega_x}\left\|\hat{f}(x\,|\,\theta)-f(x\,|\,\theta)\right\|\right] \tag{5.5}$$

式中，Ω_1、Ω_x 分别是关于 θ 与 x 的紧集。令模糊最小逼近误差为

$$\varepsilon(x)=f(x)-\hat{f}(x\,|\,\theta^*) \tag{5.6}$$

基于式(5.3)～式(5.6)，系统(5.1)可以描述为

$$\begin{aligned}\dot{x}(t)&=G_0x(t)+H_0[u(t)+d_0(t)+\hat{f}(x\,|\,\theta)+(\hat{f}(x\,|\,\theta^*)-\hat{f}(x\,|\,\theta))\\&\quad+(f(x)-\hat{f}(x\,|\,\theta^*))]+H_1d_1(t)\\&=G_0x(t)+H_0(u(t)+d_0(t)+\theta^{\mathrm{T}}\varphi(x))+H_0\tilde{\theta}^{\mathrm{T}}\varphi(x)+H_0\varepsilon(x)\mathrm{d}t+H_1d_1(t)\end{aligned} \tag{5.7}$$

式中，$\tilde{\theta}=\theta^{*}-\theta$。

注 5.1　系统(5.1)中的未知非线性函数 $f(x)$ 不仅可以用模糊逻辑系统进行逼近，也可以用其他方法逼近，如神经元网络、自适应方法等[111]。

假设 5.1　(G_0,H_0) 能控，(W,H_0V) 能观。

5.3 主要结果

假设系统状态是可测的，下面构造干扰观测器来估计干扰 $d_0(t)$。

5.3.1 自适应干扰观测器

构造如下自适应干扰观测器：

$$\begin{cases}\hat{d}_0(t)=V\hat{\omega}(t)\\ \hat{\omega}(t)=v(t)-Lx(t)\\ \dot{v}(t)=(W+LH_0V)(v(t)-Lx(t))+L(G_0x(t)+H_0u(t)+H_0\theta^{\mathrm{T}}\varphi(x))\end{cases} \tag{5.8}$$

式中，$\hat{d}_0(t)$ 是干扰 $d_0(t)$ 的估计值；$v(t)$ 是干扰观测器的状态向量；L 是要设计的观测器增益矩阵。定义 $e_\omega(t)=\omega(t)-\hat{\omega}(t)$，则干扰估计误差系统为

$$\dot{e}_\omega(t)=(W+LH_0V)e_\omega(t)+LH_0\tilde{\theta}^{\mathrm{T}}\varphi(x)+LH_0\varepsilon(x)+LH_1d_1(t)+H_2\delta(t) \tag{5.9}$$

本章任务是通过设计观测器增益矩阵和自适应律，使系统(5.9)满足期望的稳定性和鲁棒性，从而实现抑制干扰的目的。为此，构建如下控制器：

$$u(t)=Kx(t)-\hat{d}_0(t)-\theta^{\mathrm{T}}\varphi(x) \tag{5.10}$$

式中，K 是控制增益矩阵。将式(5.10)代入式(5.1)，可得

$$\dot{x}(t)=(G_0+H_0K)x(t)+H_0Ve_\omega(t)+H_0\tilde{\theta}^{\mathrm{T}}\varphi(x)+H_0\varepsilon(x)+H_1d_1(t) \tag{5.11}$$

结合式(5.9)和式(5.11)，得到如下复合系统：

$$\begin{aligned}\dot{\bar{x}}(t)&=\bar{G}\bar{x}(t)+\bar{F}\tilde{\theta}^{\mathrm{T}}\varphi(x)+\bar{H}d(t)\\ z(t)&=C\bar{x}(t)\end{aligned} \tag{5.12}$$

式中

$$\bar{x}(t)=\begin{bmatrix}x(t)\\ e_\omega(t)\end{bmatrix},\quad \bar{G}=\begin{bmatrix}G_0+H_0K & H_0V\\ 0 & W+LH_0V\end{bmatrix},\quad \bar{F}=\begin{bmatrix}H_0\\ LH_0\end{bmatrix}$$

$$\bar{H}=\begin{bmatrix}H_0 & H_1 & 0\\ LH_0 & LH_1 & H_2\end{bmatrix},\quad d(t)=\begin{bmatrix}\varepsilon(x)\\ d_1(t)\\ \delta(t)\end{bmatrix}$$

在复合系统(5.12)中，选取参考输出为 $z(t)=C\overline{x}(t)$，$C=[C_1 \quad C_2]$ 是调节系统性能的权重矩阵。

接下来基于干扰观测器的估计值设计模糊自适应控制器，使系统(5.12)稳定，且满足 $\|z(t)\|_2 \leqslant \gamma\|d(t)\|_2$，这里 γ 是给定的干扰衰减性能指标。本章的控制方案是将基于干扰观测器的控制(DOBC)与鲁棒自适应模糊控制器相结合。通过对复合系统进行稳定性分析，得到如下结论。

5.3.2 复合 DOBC 和模糊控制

定理 5.1 对于给定参数 $\gamma>0$，若存在矩阵 $Q_1>0$，$P_2>0$，$\varGamma>0$ 和 R_1，R_2 满足：

$$\varOmega_4=\begin{bmatrix} M_1 & H_0 & H_1 & 0 & Q_1C_1^{\mathrm{T}} & H_0V \\ * & -\gamma^2I & 0 & 0 & 0 & H_0^{\mathrm{T}}R_2^{\mathrm{T}} \\ * & * & -\gamma^2I & 0 & 0 & H_1^{\mathrm{T}}R_2^{\mathrm{T}} \\ * & * & * & -\gamma^2I & 0 & H_2^{\mathrm{T}}P_2 \\ * & * & * & * & -\gamma^2I & C_2 \\ * & * & * & * & * & M_2 \end{bmatrix}<0 \tag{5.13}$$

$$M_1=G_0Q_1+Q_1G_0^{\mathrm{T}}+H_0R_1+R_1^{\mathrm{T}}H_0^{\mathrm{T}}$$
$$M_2=P_2W+W^{\mathrm{T}}P_2+R_2H_0V+V^{\mathrm{T}}H_0^{\mathrm{T}}R_2^{\mathrm{T}}$$

则通过选取观测器增益 $L=P_2^{-1}R_2$ 和控制增益 $K=R_1Q_1^{-1}$，以及自适应律：

$$\dot{\theta}=\varGamma^{-1}\varphi(x)\overline{x}^{\mathrm{T}}(t)P\overline{F} \tag{5.14}$$

使复合系统(5.12)在 $d(t)=0$ 时鲁棒渐近稳定。当 $d(t)\neq 0$ 时，有 $\|z(t)\|_2<\gamma\|d(t)\|_2$。

证明 对于复合系统(5.12)，考虑如下李雅普诺夫函数，即

$$V(t)=\overline{x}^{\mathrm{T}}(t)P\overline{x}(t)+\mathrm{tr}(\tilde{\theta}^{\mathrm{T}}\tau\tilde{\theta}) \tag{5.15}$$

定义：

$$P=\begin{bmatrix} P_1 & 0 \\ 0 & P_2 \end{bmatrix}=\begin{bmatrix} Q_1^{-1} & 0 \\ 0 & P_2 \end{bmatrix}>0 \tag{5.16}$$

当 $d(t)=0$ 时，对式(5.15)求导，得

$$\begin{aligned}
\dot{V}(t)&=2\overline{x}^{\mathrm{T}}(t)P\dot{\overline{x}}(t)-2\mathrm{tr}(\tilde{\theta}^{\mathrm{T}}\varGamma\dot{\theta}) \\
&=\overline{x}^{\mathrm{T}}(t)P(\overline{G}\overline{x}(t)+\overline{F}\tilde{\theta}^{\mathrm{T}}\varphi(x))+(\overline{G}\overline{x}(t)+\overline{F}\tilde{\theta}^{\mathrm{T}}\varphi(x))^{\mathrm{T}}P\overline{x}(t)-2\mathrm{tr}(\tilde{\theta}^{\mathrm{T}}\varGamma\dot{\theta}) \\
&=\overline{x}^{\mathrm{T}}(t)\left(P\overline{G}+\overline{G}^{\mathrm{T}}P\right)\overline{x}(t)+\overline{x}^{\mathrm{T}}(t)P\overline{F}\tilde{\theta}^{\mathrm{T}}\varphi(x)+\varphi(x)^{\mathrm{T}}\tilde{\theta}\overline{F}^{\mathrm{T}}P\overline{x}(t)-2\mathrm{tr}(\tilde{\theta}^{\mathrm{T}}\varGamma\dot{\theta}) \\
&=\overline{x}^{\mathrm{T}}(t)\left(P\overline{G}+\overline{G}^{\mathrm{T}}P\right)\overline{x}(t)+2\mathrm{tr}(\overline{x}^{\mathrm{T}}(t)P\overline{F}\tilde{\theta}^{\mathrm{T}}\varphi(x))-2\mathrm{tr}(\tilde{\theta}^{\mathrm{T}}\varGamma\dot{\theta})
\end{aligned} \tag{5.17}$$

令

$$\mathrm{tr}(\bar{x}^{\mathrm{T}}P\bar{F}\tilde{\theta}^{\mathrm{T}}\varphi(x))=\mathrm{tr}(\tilde{\theta}^{\mathrm{T}}\Gamma\dot{\theta}) \tag{5.18}$$

根据 $\mathrm{tr}(MN)=\mathrm{tr}(NM)$，其中 M、N 是适当维数的已知矩阵，则有

$$\mathrm{tr}(\bar{x}^{\mathrm{T}}(t)P\bar{F}\tilde{\theta}^{\mathrm{T}}\varphi(x))=\mathrm{tr}(\tilde{\theta}^{\mathrm{T}}\varphi(x)\bar{x}^{\mathrm{T}}(t)P\bar{F}) \tag{5.19}$$

选取自适应律：

$$\dot{\theta}=\Gamma^{-1}\varphi(x)\bar{x}(t)P\bar{F} \tag{5.20}$$

则有

$$\dot{V}(t)=\bar{x}^{\mathrm{T}}(t)(P\bar{G}+\bar{G}^{\mathrm{T}}P)\bar{x}(t)=\bar{x}^{\mathrm{T}}(t)\Omega_0\bar{x}(t) \tag{5.21}$$

式中，$\Omega_0=P\bar{G}+\bar{G}^{\mathrm{T}}P$。值得注意的是，通过构造自适应律(式(5.20))，设计带有观测增益 $L=P_2^{-1}R_2$ 的观测器(式(5.8))和控制增益 $K=R_1Q_1^{-1}$ 的控制器(式(5.10))，使 $\Omega_0<0$，即当 $d(t)=0$ 时复合系统(5.12)渐近稳定。

为了证明复合系统(5.12)在 $d(t)\neq 0$ 时满足干扰抑制性能指标，选取辅助函数：

$$J(t)=\int_0^t(z^{\mathrm{T}}(t)z(t)-\gamma^2d^{\mathrm{T}}(t)d(t)+\dot{V}(t))\mathrm{d}t \tag{5.22}$$

定义 $H(t)=z^{\mathrm{T}}(t)z(t)-\gamma^2d^{\mathrm{T}}(t)d(t)+\dot{V}(t)$，结合式(5.12)和式(5.15)得

$$\begin{aligned}H(t)&=\bar{x}^{\mathrm{T}}(t)C^{\mathrm{T}}C\bar{x}(t)-\gamma^2d^{\mathrm{T}}(t)d(t)+\bar{x}^{\mathrm{T}}(t)P(\bar{G}\bar{x}(t)+\bar{F}\tilde{\theta}^{\mathrm{T}}\varphi(x)+\bar{H}d(t))\\&\quad+\left[\bar{G}\bar{x}(t)+\bar{F}\tilde{\theta}^{\mathrm{T}}\varphi(x)+\bar{H}d(t)\right]^{\mathrm{T}}P\bar{x}(t)-2\mathrm{tr}(\tilde{\theta}^{\mathrm{T}}\Gamma\dot{\theta})\\&=\begin{bmatrix}\bar{x}^{\mathrm{T}}(t) & d^{\mathrm{T}}(t)\end{bmatrix}\begin{bmatrix}P\bar{G}+\bar{G}^{\mathrm{T}}P+C^{\mathrm{T}}C & P\bar{H}\\ \bar{H}^{\mathrm{T}}P & -\gamma^2I\end{bmatrix}\begin{bmatrix}\bar{x}(t)\\ d(t)\end{bmatrix}\\&\quad+\bar{x}^{\mathrm{T}}(t)P\bar{F}\tilde{\theta}^{\mathrm{T}}\varphi(x)+\varphi(x)^{\mathrm{T}}\tilde{\theta}\bar{F}^{\mathrm{T}}P\bar{x}(t)-2\mathrm{tr}(\tilde{\theta}^{\mathrm{T}}\Gamma\dot{\theta})\\&=\begin{bmatrix}\bar{x}^{\mathrm{T}}(t) & d^{\mathrm{T}}(t)\end{bmatrix}\begin{bmatrix}P\bar{G}+\bar{G}^{\mathrm{T}}P+C^{\mathrm{T}}C & P\bar{H}\\ \bar{H}^{\mathrm{T}}P & -\gamma^2I\end{bmatrix}\begin{bmatrix}\bar{x}(t)\\ d(t)\end{bmatrix}\\&\quad+2\mathrm{tr}(\bar{x}^{\mathrm{T}}(t)P\bar{F}\tilde{\theta}^{\mathrm{T}}\varphi(x))-2\mathrm{tr}(\tilde{\theta}^{\mathrm{T}}\Gamma\dot{\theta})\end{aligned} \tag{5.23}$$

与式(5.19)类似，令

$$\mathrm{tr}(\bar{x}^{\mathrm{T}}(t)P\bar{F}\tilde{\theta}^{\mathrm{T}}\varphi(x))=\mathrm{tr}(\tilde{\theta}^{\mathrm{T}}\Gamma\dot{\theta}) \tag{5.24}$$

选取自适应律：

$$\dot{\theta}=\Gamma^{-1}\varphi(x)\bar{x}^{\mathrm{T}}(t)P\bar{F} \tag{5.25}$$

则有

$$\begin{aligned}H(t)&=\begin{bmatrix}\bar{x}^{\mathrm{T}}(t) & d^{\mathrm{T}}(t)\end{bmatrix}\begin{bmatrix}P\bar{G}+\bar{G}^{\mathrm{T}}P+C^{\mathrm{T}}C & P\bar{H}\\ \bar{H}^{\mathrm{T}}P & -\gamma^2I\end{bmatrix}\begin{bmatrix}\bar{x}(t)\\ d(t)\end{bmatrix}\\&=X^{\mathrm{T}}\Omega_1X\end{aligned} \tag{5.26}$$

在零初始条件下，若 $\Omega_1<0$ 成立，则有 $H(t)<0$，即 $J(t)<0$，且有 $\|z(t)\|_2\leqslant\gamma\|\bar{d}(t)\|_2$ 成立。另外，$\Omega_1<0$ 使得 $\Omega_0<0$。因此，通过构造带有观测增益 $L=P_2^{-1}R_2$ 的干扰观测器(式(5.8))和带有控制增益 $K=R_1Q_1^{-1}$ 的控制器(式(5.10))，以及自适应律(式 (5.25))，使得复合系统(5.12)满足在 $d(t)=0$ 时鲁棒渐近稳定，在 $d(t)\neq0$ 的情况下满足 $\|z(t)\|_2\leqslant\gamma\|d(t)\|_2$。下面证明 $\Omega_1<0$ 成立。

根据 Schur 补引理，$\Omega_1<0$ 等价于 $\Omega_2<0$，其中：

$$\Omega_2=\begin{bmatrix}\Pi_1 & P_1H_0V & P_1H_0 & P_1H_1 & 0 & C_1^{\mathrm{T}}\\ * & \Pi_2 & P_2LH_0 & P_2LH_1 & P_2H_2 & C_2^{\mathrm{T}}\\ * & * & -\gamma^2I & 0 & 0 & 0\\ * & * & * & -\gamma^2I & 0 & 0\\ * & * & * & * & -\gamma^2I & 0\\ * & * & * & * & * & -I\end{bmatrix}\tag{5.27}$$

$$\Pi_1=P_1(G_0+H_0K)+(G_0+H_0K)^{\mathrm{T}}P_1$$
$$\Pi_2=P_2(W+LH_0V)+(W+LH_0V)^{\mathrm{T}}P_2$$

交换 Ω_2 的行与列，同时左乘和右乘 $\mathrm{diag}\{Q_1,I,I,I,I,I\}$，则有 $\Omega_2<0$ 等价于 $\Omega_3<0$，其中：

$$\Omega_3=\begin{bmatrix}M_1 & H_0 & H_1 & 0 & Q_1C_1^{\mathrm{T}} & H_0V\\ * & -\gamma^2I & 0 & 0 & 0 & H_0^{\mathrm{T}}R_2^{\mathrm{T}}\\ * & * & -\gamma^2I & 0 & 0 & H_1^{\mathrm{T}}R_2^{\mathrm{T}}\\ * & * & * & -\gamma^2I & 0 & H_2^{\mathrm{T}}P_2\\ * & * & * & * & -\gamma^2I & C_2\\ * & * & * & * & * & M_2\end{bmatrix}\tag{5.28}$$

$$M_1=G_0Q_1+Q_1G_0^{\mathrm{T}}+H_0R_1+R_1^{\mathrm{T}}H_0^{\mathrm{T}}$$
$$M_2=P_2W+W^{\mathrm{T}}P_2+R_2H_0V+V^{\mathrm{T}}H_0^{\mathrm{T}}R_2^{\mathrm{T}}$$

令 $K=RQ_1^{-1}$，可得在零初始条件下，$\Omega_3<0\Leftrightarrow\Omega_4<0$。显然，$\Omega_4<0$ 可以得到 $J(t)<0$，从而有 $\|z(t)\|_2^2<\gamma^2\|d(t)\|_2^2$，即 $\|z(t)\|_2<\gamma\|d(t)\|_2$。因此，通过构造带有观测器增益 $L=P_2^{-1}R_2$ 的干扰观测器(式(5.8))和带有控制增益 $K=R_1Q_1^{-1}$ 的控制器(式 (5.10))，以及自适应律(式(5.25))，使复合系统(式(5.12))在 $d(t)=0$ 时鲁棒渐近稳定，在 $d(t)\neq0$ 时，满足 $\|z(t)\|_2\leqslant\gamma\|d(t)\|_2$。证毕。

5.4 仿 真 实 例

在 40000ft 高度以飞行速度达 Ma=0.8 巡航的喷气式运输机可以描述为

$$\mathrm{d}x(t) = G_0 x(t)\mathrm{d}t + H_0(u(t) + d_0(t) + f(x)) + H_1 d_1(t)$$

式中，$x(t) = [x_1(t), x_2(t), x_3(t), x_4(t)]$，$x_1(t)$ 是侧滑角，$x_2(t)$ 是偏航角速度，$x_3(t)$ 是滚转角速度，$x_4(t)$ 是滚转角；$u(t)$ 是方向舵和副翼偏转。该飞机模型的系数矩阵为

$$G_0 = \begin{bmatrix} 0.065 & 32.37 & 0 & 32.2 \\ -0.00014 & -1.475 & 1 & 0 \\ -0.0111 & -34.72 & -2.793 & 0 \\ 0 & 0 & 1 & 0 \end{bmatrix}, \quad H_0 = \begin{bmatrix} 0 \\ -0.1064 \\ -33.8 \\ 0 \end{bmatrix}, \quad H_1 = \begin{bmatrix} 0.01 \\ 0 \\ -0.038 \\ 0.01 \end{bmatrix}$$

与文献[19]类似，假设：

$$f(x) = 2\sin(x_1)x_3^2$$

定义模糊隶属度函数：

$$\mu_{F_i^1}(x_i) = \exp\left[\frac{-0.5(x_i+1)^2}{4}\right], \quad \mu_{F_i^2}(x_i) = \exp\left[\frac{-0.5(x_i+0.5)^2}{4}\right], \quad \mu_{F_i^3}(x_i) = \exp\left[\frac{-0.5x_i^2}{4}\right]$$

$$\mu_{F_i^4}(x_i) = \exp\left[\frac{-0.5(x_i-0.5)^2}{4}\right], \quad \mu_{F_i^5}(x_i) = \exp\left[\frac{-0.5(x-1)^2}{4}\right], \quad i = 1,2,3,4$$

与文献[19]类似，$d_0(t)$ 由系统(5.2)给出，且有

$$W = \begin{bmatrix} 0 & 5 \\ -5 & 0 \end{bmatrix}, \quad V = \begin{bmatrix} 25 \\ 0 \end{bmatrix}, \quad H_2 = \begin{bmatrix} 0.022 \\ 0.015 \end{bmatrix}$$

式中，W 表示干扰信号的频率信息。为了研究需要，考虑外源系统(5.2)中存在不确定性的情况。$\delta(t)$ 是由外源系统(5.2)中的干扰和不确定性引起的附加干扰，满足 H_2 范数有界。在仿真中，考虑 $\delta(t)$ 为正弦信号，其 H_2 范数上界为 1，$d_1(t)$ 作为离散阵风模型，该模型来源于 MATLAB 仿真库中航空航天区块集的环境风，其数学模型为

$$V_{\text{wind}} = \begin{cases} 0, & x < 0 \\ \dfrac{V_m}{2}\left(1 - \cos\left(\dfrac{\pi x}{d_m}\right)\right), & 0 \leqslant x \leqslant d_m \\ V_m, & x > d_m \end{cases}$$

式中，V_m 为阵风振幅；d_m 为阵风长度；x 为行进距离；V_{wind} 为体轴框架内的合成风速。$d_m = [120,120,80]$ 和 $V_m = [3.5,3.5,3.5]$ 是 MATLAB 仿真库浏览器中离散阵风模

型的默认块参数，采样时间为 0.01s。

选取状态初始值为 $x(0)=[2;1;-1;-2]$，根据定理 5.1，取

$$C_1=[0.1 \quad 0 \quad 0.1 \quad 0],\quad C_2=[0.1 \quad 0]$$

求解得

$$Q_1=\begin{bmatrix} 591.9198 & -83.2863 & -491.9893 & 77.3842 \\ -83.2863 & 142.9582 & 69.8142 & -130.2650 \\ -491.9893 & 69.8142 & 594.8976 & -103.2446 \\ 77.3842 & -130.2650 & -103.2446 & 147.1523 \end{bmatrix}$$

$$P_2=\begin{bmatrix} 303.7600 & -27.3107 \\ -27.3107 & 308.9138 \end{bmatrix}$$

$$R_1=\begin{bmatrix} 98.7381 & -138.0270 & -100.8578 & 159.0935 \end{bmatrix}$$

$$R_2=\begin{bmatrix} 0.5880 & -18.7947 & 0.7162 & 0.5878 \\ 0.0126 & -1.7896 & 0.0098 & 0.0126 \end{bmatrix}$$

$$L=\begin{bmatrix} 0.0020 & -0.0629 & 0.0024 & 0.0020 \\ 0.0002 & -0.0114 & 0.0002 & 0.0002 \end{bmatrix}$$

$$K=\begin{bmatrix} 0.1948 & 0.3610 & 0.1987 & 1.4377 \end{bmatrix}$$

图 5.1 为在文献[19]中的 DOBC 方法与本章提出的复合 DOBC 和模糊控制(disturbance observer-based fuzzy control，DOBFC)方法下的系统性能对比曲线，

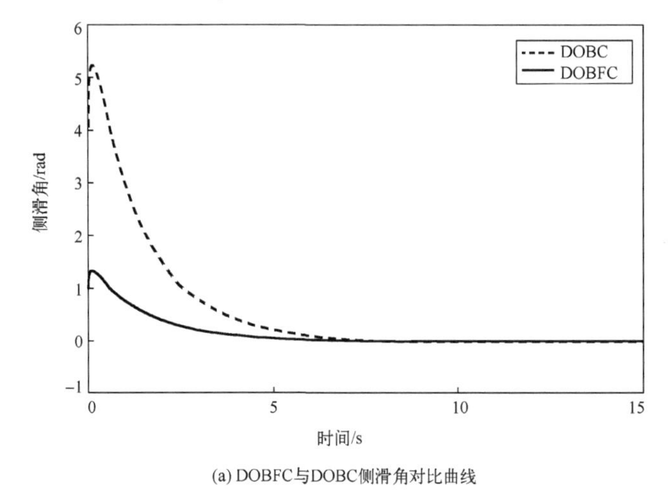

(a) DOBFC与DOBC侧滑角对比曲线

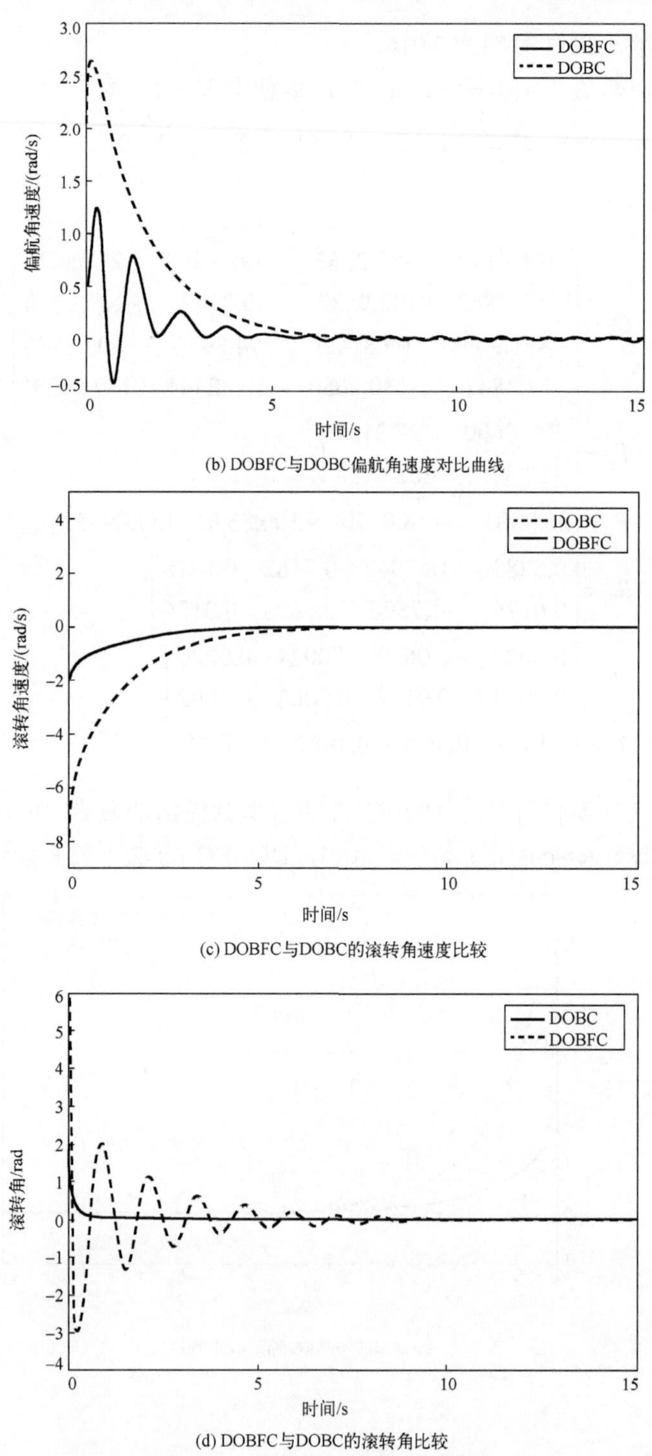

(b) DOBFC与DOBC偏航角速度对比曲线

(c) DOBFC与DOBC的滚转角速度比较

(d) DOBFC与DOBC的滚转角比较

图 5.1　DOBFC 与 DOBC 方法的系统性能比较

图 5.2 为在 DOBC 和 DOBFC 下的系统干扰估计误差对比曲线，图 5.3 为参数 θ 的轨迹曲线。图 5.1 表明，在系统中存在外源干扰的前提下，与单一的 DOBC 方法相比，DOBFC 方法提高了系统的抗干扰性能。图 5.1 说明本章中提出的复合 DOBC 控制器的跟踪能力比单一 DOBC 控制方法更令人满意。

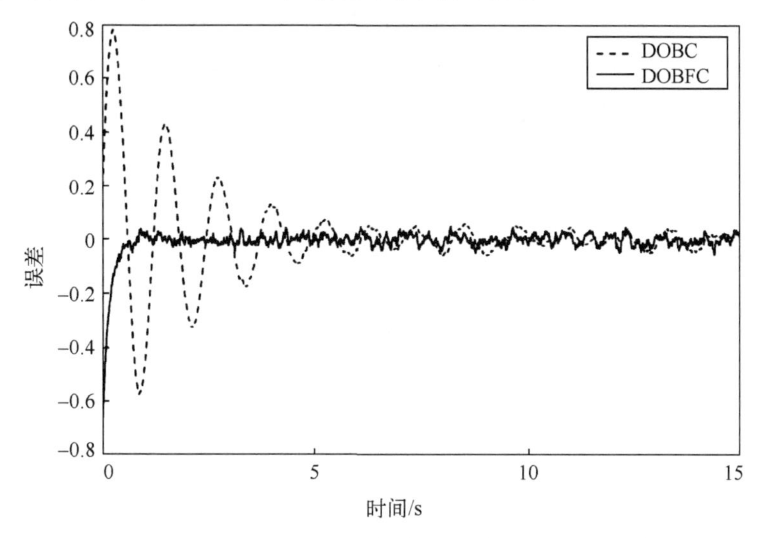

图 5.2　DOBC 与 DOBFC 下系统干扰估计误差对比曲线

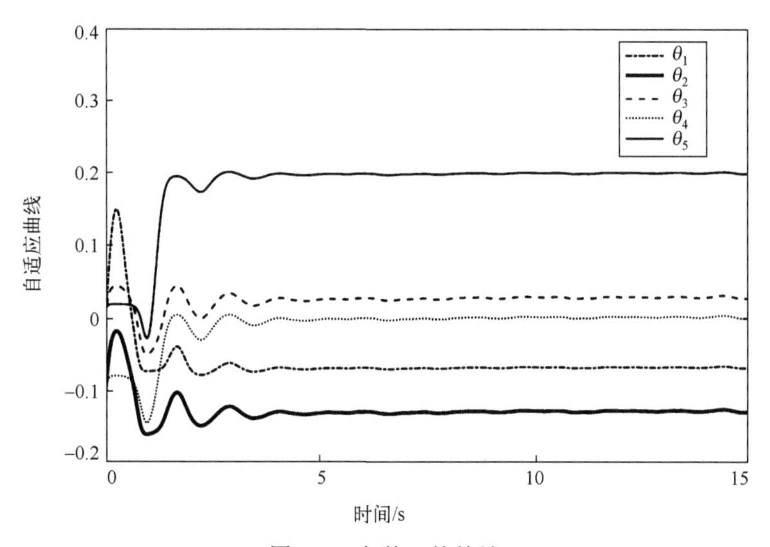

图 5.3　参数 θ 的轨迹

5.5 结　论

众所周知，DOBC 和模糊自适应控制都是行之有效的抗干扰控制方法。本章将这两种控制方法相结合，提出一种新的复合 DOBC 与模糊抗干扰控制方案，简记为 DOBFC。采用本章中所提出的复合分层抗干扰控制方法，可以达到有效抑制和抵消多源异质干扰的目的。

第 6 章　非线性系统复合 DOBC 与随机抗干扰控制

6.1　引　　言

随机变量不能用已知的时间函数描述，只能研究其某些统计特性，所以随机系统一般不能用常微分方程来表示。日本学者 Itô 对布朗(Brownian)运动进行了研究，首次提出了随机微分方程的概念[58]。文献[59]～[61]基于 Riccati 方程，考虑了一类带有状态依赖和噪声的随机系统，对反馈镇定和稳定性问题分别进行了研究。文献[62]中考虑了一类严格反馈随机系统，利用 Back-stepping 方法提出了随机稳定性分析和逆最优控制策略。文献[63]研究了带有不确定有界参数的一类离散时滞随机系统，对其进行了稳定性分析。然而，上述随机控制方法大多只关注单一类型的干扰或将多源干扰整合为单一等价干扰，对多源异质干扰的来源、途径和类型等特征及对系统影响机理等信息的提取与分析不足。

本章研究一类带有多源异质干扰的随机系统精细抗干扰控制问题，系统干扰包含部分信息已知的干扰和白噪声。本章首次将现有的 DOBC 方法运用于随机系统，构造随机干扰观测器来估计部分信息已知的干扰，在此基础上，提出一种基于干扰观测器的精细抗干扰控制策略。研究难点在于系统状态和干扰估计的耦合，本章运用极点配置理论和线性矩阵不等式(linear matrix inequality，LMI)方法实现了干扰观测器设计与控制器设计的有效分离。

6.2　问 题 描 述

考虑如下带有多源异质干扰的随机系统：

$$\dot{x}(t) = Ax(t) + B_0(u(t) + D_0(t)) + B_1\xi_1(t) + B_2x(t)\xi_2(t) \tag{6.1}$$

式中，$x(t)\in\mathbb{R}^n$、$u(t)\in\mathbb{R}^m$ 分别为系统的状态和控制输入；加性噪声 $\xi_1(t)\in\mathbb{R}$ 和乘性噪声 $\xi_2(t)\in\mathbb{R}$ 均为白噪声；$D_0(t)\in\mathbb{R}^m$ 表示一类已知频率、未知振幅和未知相位的随机干扰信号，可由以下外源系统生成：

$$\begin{aligned} &D_0(t) = D_{01}(t) + D_{02}(t), \quad D_{02}(t) = S\xi_3(t) \\ &D_{01} = Cz(t), \quad \dot{z}(t) = Gz(t) + H\delta(t) \end{aligned} \tag{6.2}$$

式中，$z(t) \in \mathbb{R}^{2t}$，$\xi_3(t) \in \mathbb{R}^r$ 是白噪声；$\delta(t) \in \mathbb{R}^r$ 是由干扰和不确定性引起的有界干扰。$\xi_1(t)$、$\xi_2(t)$ 和 $\xi_3(t)$ 相互独立，A、B_0、B_1、B_2、S、C、G 和 H 是已知系数矩阵。

假设系统(6.2)稳定，$G \in \mathbb{R}^{2r \times 2r}$，$H \in \mathbb{R}^{2r \times 2r}$，且有 $G = \mathrm{diag}\{G_1, G_2, \cdots, G_r\}$，$H = \mathrm{diag}\{H_1, H_2, \cdots, H_r\}$，$G_i = \begin{bmatrix} 0 & 2\pi\omega_i \\ -2\pi\omega_i & 0 \end{bmatrix}$，$H_i = [b_{i1}, b_{i2}]^{\mathrm{T}}$，$\omega_i > 0 (i = 1, 2, \cdots, r)$ 表示干扰频率，b_{i1}、b_{i2} 为常数。

将式(6.2)代入式(6.1)，得

$$\dot{x}(t) = Ax(t) + B_0 u(t) + B_0 Cz(t) + B_1 \xi_1(t) + B_2 x(t) \xi_2(t) + B_0 S \xi_3(t) \tag{6.3}$$

记 $\zeta(t) = [\xi_1^{\mathrm{T}}(t), \xi_2^{\mathrm{T}}(t)]^{\mathrm{T}}$，$F = [B_1, B_0 S]$，于是系统(6.3)可以写成

$$\dot{x}(t) = Ax(t) + B_0 Cz(t) + B_0 u(t) + F\zeta(t) + B_2 x(t) \xi_2(t) \tag{6.4}$$

根据文献[64]，通过将 $\zeta(t)$ 替换为 $\dfrac{\mathrm{d}W_1(t)}{\mathrm{d}t}$，$\xi_2(t)$ 替换为 $\dfrac{\mathrm{d}W_2(t)}{\mathrm{d}t}$，有

$$\mathrm{d}x(t) = Ax(t)\mathrm{d}t + B_0 u(t)\mathrm{d}t + B_0 D_{01}(t)\mathrm{d}t + F\mathrm{d}W_1(t) + B_2 x(t)\mathrm{d}W_2(t) \tag{6.5}$$

$$\mathrm{d}z(t) = Gz(t)\mathrm{d}t + H\delta(t)\mathrm{d}t, \quad D_{01} = Cz(t) \tag{6.6}$$

式中，$W_1(t)$ 和 $W_2(t)$ 是独立标准维纳过程。(Ω, F, F_t, P) 为基本完全概率空间，其中 F_t 为满足一般条件的滤波。

假设 6.1　对于系统(6.5)和系统(6.6)，(A, B_0) 可控，$(G, B_0 C)$ 可观。

下面给出随机系统稳定性的定义和判据。

考虑非线性随机微分方程：

$$\mathrm{d}x(t) = f(x(t), t)\mathrm{d}t + g(x(t), t)\mathrm{d}B(t), \quad t \geqslant t_0 \tag{6.7}$$

式中，$f: \mathbb{R}^n \times \mathbb{R}_+ \to \mathbb{R}^n$ 和 $g: \mathbb{R}^n \times \mathbb{R}_+ \to \mathbb{R}^{n \times m}$ 满足局部利普希茨(Lipschitz)条件，且有 $f(0,t) = 0$，$g(0,t) = 0$。$B(t)$，$t \geqslant 0$ 是 m 维独立标准维纳过程(或布朗运动)。

定义 6.1[8]　设 $p > 0$，如果存在正常数 H 对所有 $(t_0, x_0) \in \mathbb{R}_+ \times \mathbb{R}^n$ 满足：

$$\limsup_{t \to \infty} E|x(t, t_0, x_0)|^p \leqslant H \tag{6.8}$$

则系统(6.7) p 阶矩渐近有界。当 $p = 2$ 时，该系统均方渐近有界。

定义 6.2[65]　如果对任意 $\varepsilon > 0$，存在 κ 类函数 $\gamma(\cdot)$ 使：

$$P\{\|x(t)\| < \gamma(x_0)\} \geqslant 1 - \varepsilon, \quad \forall t \geqslant 0, \forall x_0 \in \mathbb{R}^n \setminus \{0\} \tag{6.9}$$

则称系统(6.7)在平衡点 $x(t) = 0$ 依概率全局稳定。

如果系统(6.7)是依概率全局稳定的，且有

$$P\{\lim_{t\to\infty}\|x(t)\|=0\}=1,\quad \forall x_0\in\mathbb{R}^n \tag{6.10}$$

那么该系统在平衡点 $x(t)=0$ 依概率全局渐近稳定。

引理 6.1[8]　假设存在函数 $V\in C^{2.1}(\mathbb{R}^n\times\mathbb{R}_+)$，$\kappa\in\kappa_v\subset\kappa_\infty$ 和正数 p，β，λ，使得对所有 $(x,t)\in\mathbb{R}^n\times\mathbb{R}_+$，有

$$\begin{aligned}&\kappa(|x|^p)\leqslant V(x,t)\\&\mathrm{LV}(x,t)\leqslant -\lambda V(x,t)+\beta\end{aligned} \tag{6.11}$$

成立，那么对所有 $(x,t)\in\mathbb{R}^n\times\mathbb{R}_+$，有

$$\lim_{t\to\infty}\sup E|t;t_0,x_0|^p\leqslant \kappa^{-1}\left(\frac{\beta}{\lambda}\right) \tag{6.12}$$

即系统(6.7) p 阶矩渐近有界。

引理 6.2[65]　对于系统(6.7)，如果存在 C^2 函数 $V(x)$，κ_∞ 类函数 α_1、α_2 和 κ 类函数 α_3，使得对所有的 $x(t)\in\mathbb{R}^n$，$t\geqslant 0$，满足：

$$\alpha_1\left(\|x(t)\|\right)\leqslant V(x,t)\leqslant \alpha_2\left(\|x(t)\|\right) \tag{6.13}$$

$$\begin{aligned}\mathrm{LV}(x,t)&=\frac{\partial V}{\partial x}f(x,t)\mathrm{d}t+\frac{1}{2}\mathrm{tr}\{g(x,t)^{\mathrm{T}}\frac{\partial^2 V}{\partial x^2}g(x,t)\}\\&\leqslant -\alpha_3\left(\|x(t)\|\right)\end{aligned} \tag{6.14}$$

则系统的平衡点 $x(t)=0$ 依概率全局渐近稳定。

6.3　主要结果

假设系统状态 $x(t)$ 可测，本章结合极点配置理论和线性矩阵不等式方法，提出了一种基于干扰观测器的复合抗干扰控制(disturbance observer-based disturbance attenuation control，DOBDAC)方案。

6.3.1　随机干扰观测器

构造如下随机干扰观测器(stochastic disturbance observer，SDO)：

$$\begin{aligned}&\mathrm{d}v(t)=(G+LB_0C)\hat{z}(t)\mathrm{d}t+L(Ax(t)+B_0u(t))\mathrm{d}t\\&\hat{D}_{01}(t)=C\hat{z}(t),\quad \hat{z}(t)=v(t)-Lx(t)\end{aligned} \tag{6.15}$$

式中，$\hat{z}(t)$ 是式(6.6)中 $z(t)$ 的估计；$v(t)$ 是辅助变量，为随机干扰观测器的状态。定义估计误差为 $e_z(t)=z(t)-\hat{z}(t)$。基于式(6.5)、式(6.6)和式(6.15)，有

$$\mathrm{d}e_z(t)=(G+LB_0C)e_z(t)\mathrm{d}t+LF\mathrm{d}W_1(t)+LB_2x(t)\mathrm{d}W_2(t)+H\delta(t) \tag{6.16}$$

由于(G,B_0C)可观，因此可以通过调整式(6.16)中的L将极点配置在任意选择的位置，以使得 SDO 满足相应的性能指标。

下面构造基于干扰观测器的控制器：

$$u(t)=-\hat{D}_{01}(t)+Kx(t) \tag{6.17}$$

将式(6.17)代入式(6.5)，得

$$\mathrm{d}x(t)=(A+B_0K)x(t)\mathrm{d}t+B_0Ce_z(t)\mathrm{d}t+F\mathrm{d}W_1(t)+B_2x(t)\mathrm{d}W_2(t) \tag{6.18}$$

联立式(6.16)与式(6.18)，得到复合系统：

$$\mathrm{d}\bar{x}(t)=\bar{A}\bar{x}(t)\mathrm{d}t+\bar{B}_1\mathrm{d}W_1(t)+\bar{B}_2x(t)\mathrm{d}W_2(t)+\bar{H}\delta(t)\mathrm{d}t \tag{6.19}$$

式中

$$\begin{gathered}\bar{x}(t)=\begin{bmatrix}x(t)\\e_z(t)\end{bmatrix},\quad \bar{A}=\begin{bmatrix}A+B_0K & B_0C\\0 & G+LB_0C\end{bmatrix}\\ \bar{B}_1=\begin{bmatrix}F\\LF\end{bmatrix},\quad \bar{B}_2=\begin{bmatrix}B_2 & 0\\LB_2 & 0\end{bmatrix},\quad \bar{H}=\begin{bmatrix}0\\H\end{bmatrix}\end{gathered} \tag{6.20}$$

6.3.2 基于干扰观测器的抗干扰控制

本节的目的是设计基于干扰观测器的抗干扰控制器，使复合系统(6.19)的状态$\bar{x}(t)$均方渐近有界。

定理 6.1 基于假设 6.1，考虑带有干扰(式(6.6))的随机系统(6.5)，如果存在正定矩阵$Q_1>0$、$Q_2>0$，常数$\alpha>0$，矩阵R_1、L，满足：

$$\Theta=\begin{bmatrix}M_1 & Q_1B_2^{\mathrm{T}} & Q_1B_2^{\mathrm{T}}L & 0 & B_0CQ_2\\ * & -Q_1 & 0 & 0 & 0\\ * & * & -Q_2 & 0 & 0\\ * & * & * & -\alpha I & H^{\mathrm{T}}\\ * & * & * & * & M_2\end{bmatrix}<0 \tag{6.21}$$

$$\begin{aligned}M_1&=AQ_1+Q_1A^{\mathrm{T}}+B_0R_1+R_1^{\mathrm{T}}B_0^{\mathrm{T}}\\ M_2&=GQ_2+Q_2^{\mathrm{T}}G^{\mathrm{T}}+LB_0CQ_2+Q_2^{\mathrm{T}}C^{\mathrm{T}}B_0^{\mathrm{T}}L^{\mathrm{T}}\end{aligned}$$

则可以通过设计带有观测增益L的随机干扰观测器(式(6.15))和带有控制增益$L=R_1Q_1^{-1}$的复合控制器(式(6.17))，使复合系统(6.19)均方渐近有界。

证明 对于复合系统(6.19)，考虑如下李雅普诺夫函数，即

$$V(\bar{x}(t)) = \bar{x}^{\mathrm{T}}(t)P\bar{x}(t) \tag{6.22}$$

式中

$$P = \begin{bmatrix} P_1 & \\ & P_2 \end{bmatrix} = \begin{bmatrix} Q_1^{-1} & 0 \\ 0 & Q_2^{-1} \end{bmatrix} > 0 \tag{6.23}$$

沿系统(6.19)对式(6.22)求导，得

$$\begin{aligned} \mathrm{LV}(\bar{x}(t)) &= \frac{\partial V}{\partial \bar{x}}(\bar{A}\bar{x}(t) + \bar{H}\delta(t)) + \mathrm{tr}(\bar{B}_1^{\mathrm{T}} P \bar{B}_1) + \mathrm{tr}(\bar{x}^{\mathrm{T}}(t)\bar{B}_2^{\mathrm{T}} P \bar{B}_2 \bar{x}(t)) \\ &\leqslant \bar{x}^{\mathrm{T}}(t)(P\bar{A} + \bar{A}^{\mathrm{T}}P + \bar{B}_2^{\mathrm{T}} P \bar{B}_2)\bar{x}(t) + \alpha\delta^{\mathrm{T}}(t)\delta(t) \\ &\quad + \alpha^{-1}\bar{x}^{\mathrm{T}}(t)P\bar{H}\bar{H}^{\mathrm{T}}P\bar{x}(t) + \mathrm{tr}(\bar{B}_1^{\mathrm{T}} P \bar{B}_1) \\ &= \bar{x}^{\mathrm{T}}(t)\Theta_1\bar{x}(t) + \gamma(t) \end{aligned} \tag{6.24}$$

式中，$\alpha > 0$，且有

$$\begin{aligned} &\Theta_1 = P\bar{A} + \bar{A}^{\mathrm{T}}P + \bar{B}_2^{\mathrm{T}} P \bar{B}_2 + \alpha^{-1} P\bar{H}\bar{H}^{\mathrm{T}}P \\ &\gamma(t) = \alpha\delta^{\mathrm{T}}(t)\delta(t) + \mathrm{tr}(\bar{B}_1^{\mathrm{T}} P \bar{B}_1) \end{aligned} \tag{6.25}$$

考虑式(6.25)，由于 $\delta(t)$ 是有界非随机干扰，$\bar{B}_1$ 和 P 是有界矩阵，于是存在常数 $\beta \geqslant 0$ 使得 $0 \leqslant \gamma(t) \leqslant \beta$。因此，可以得到

$$\mathrm{LV}(\bar{x}(t)) \leqslant \bar{x}^{\mathrm{T}}(t)\Theta_1\bar{x}(t) + \gamma(t) \leqslant \bar{x}^{\mathrm{T}}(t)\Theta_1\bar{x}(t) + \beta \tag{6.26}$$

下面将证明 $\Theta < 0 \Leftrightarrow \Theta_1 < 0$。

(1) $\Theta_1 < 0 \Leftrightarrow \Theta_2 < 0$。基于式(6.20)、式(6.25)和 Schur 补引理，$\Theta_1 < 0$ 等价于 $\Theta_2 < 0$。其中：

$$\Theta_2 = \begin{bmatrix} \Pi_1 & P_1B_0C & B_2^{\mathrm{T}} & B_2^{\mathrm{T}}L^{\mathrm{T}} & 0 \\ * & \Pi_2 & 0 & 0 & P_2H \\ * & * & -P_1^{-1} & 0 & 0 \\ * & * & * & -P_2^{-1} & 0 \\ * & * & * & * & -\alpha I \end{bmatrix} \tag{6.27}$$

$$\begin{aligned} &\Pi_1 = P_1A + A^{\mathrm{T}}P_1 + P_1B_0K + K^{\mathrm{T}}B_0^{\mathrm{T}}P_1 \\ &\Pi_2 = P_2G + G^{\mathrm{T}}P_2 + P_2LB_0C + C^{\mathrm{T}}B_0^{\mathrm{T}}L^{\mathrm{T}}P_2 \end{aligned}$$

(2) $\Theta_2 < 0 \Leftrightarrow \Theta_3 < 0$。$\Theta_2 < 0$ 同时左乘和右乘 $\mathrm{diag}\{Q_1, Q_2, I, I, I\}$，然后交换相应的行和列，得到 $\Theta_3 < 0$，其中：

$$\Theta_3 = \begin{bmatrix} M_1 & Q_1B_2^{\mathrm{T}} & Q_1B_2^{\mathrm{T}}L & 0 & B_0CQ_2 \\ * & -Q_1 & 0 & 0 & 0 \\ * & * & -Q_2 & 0 & 0 \\ * & * & * & -\alpha I & H^{\mathrm{T}} \\ * & * & * & * & M_2 \end{bmatrix} \tag{6.28}$$

$$M_1 = AQ_1 + Q_1A^{\mathrm{T}} + B_0KQ_1 + Q_1K^{\mathrm{T}}B_0^{\mathrm{T}}$$
$$M_2 = GQ_2 + Q_2^{\mathrm{T}}G^{\mathrm{T}} + LB_0CQ_2 + Q_2^{\mathrm{T}}C^{\mathrm{T}}B_0^{\mathrm{T}}L^{\mathrm{T}}$$

(3) $\Theta_3 < 0 \Leftrightarrow \Theta < 0$。在式(6.28)中，令 $K = R_1Q_1^{-1}$ 即可得到 $\Theta_3 < 0 \Leftrightarrow \Theta < 0$。

由(1)～(3)得，$\Theta < 0 \Leftrightarrow \Theta_3 < 0 \Leftrightarrow \Theta_2 < 0 \Leftrightarrow \Theta_1 < 0$。因此，存在常数 $\alpha > 0$，有

$$\Theta < 0 \Leftrightarrow \Theta_1 < 0 \Rightarrow \Theta_1 + \alpha < 0 \tag{6.29}$$

基于式(6.22)、式(6.26)和式(6.29)，选取函数 $\kappa = \lambda_{\min}(P)|\bar{x}|^p$，正数 $p = 2$，$\sigma = \dfrac{\alpha}{\lambda_{\max}(P)}$，得

$$\kappa(|\bar{x}|^p) = \lambda_{\min}(P)|\bar{x}|^2 \leqslant \bar{x}^{\mathrm{T}}(t)P\bar{x}(t) = V(\bar{x}(t)) \tag{6.30}$$

$$\mathrm{L}V(\bar{x}(t)) \leqslant -\sigma V(\bar{x}(t)) + \beta \tag{6.31}$$

根据引理 6.1，复合系统(6.19)均方渐近有界。证毕。

在定理 6.1 中，针对一类带有加性噪声和乘性噪声的多源干扰系统，提出了一种 DOBDAC 策略。如果系统(6.5)中只存在如式(6.6)的乘性噪声，则有下面的结论。

推论 6.1 在满足假设 6.1 的前提下，考虑带有如式(6.6)所示干扰的随机系统(6.5)，且有 $B_1 = 0$，$H = 0$，$S = 0$。如果存在正定矩阵 $Q_1 > 0$、$Q_2 > 0$，以及矩阵 R_1、L，满足：

$$\begin{bmatrix} \Sigma_1 & Q_1B_2^{\mathrm{T}} & Q_1B_2^{\mathrm{T}}L^{\mathrm{T}} & B_0CQ_2 \\ * & -Q_1 & 0 & 0 \\ * & * & -Q_2 & 0 \\ * & * & * & \Sigma_2 \end{bmatrix} < 0 \tag{6.32}$$

$$\Sigma_1 = AQ_1 + Q_1A^{\mathrm{T}} + B_0R_1 + R^{\mathrm{T}}B_0^{\mathrm{T}}$$
$$\Sigma_2 = GQ_2 + Q_2^{\mathrm{T}}G^{\mathrm{T}} + LB_0CQ_2 + Q_2^{\mathrm{T}}C^{\mathrm{T}}B_0^{\mathrm{T}}L^{\mathrm{T}}$$

则通过设计带有观测增益 L 的随机干扰观测器(式(6.15))和带有控制增益 $K = R_1Q_1^{-1}$ 的复合控制器(式(6.17))，使得系统(6.19)在平衡点 $\bar{x}(t) = 0$ 依概率全局渐近稳定。

证明 在式(6.5)和式(6.6)中，考虑到 $B_1 = 0,\ H = 0,\ S = 0$，可以得到 $\mathrm{L}V(\bar{x}(t)) \leqslant \bar{x}^{\mathrm{T}}\Theta\bar{x}(t)$。根据引理 6.2 可证得系统的平衡点 $\bar{x}(t) = 0$ 依概率全局渐近稳定。证毕。

6.4 仿真实例

考虑带有如下参数的随机系统(6.1)：

$$A=\begin{bmatrix}-2 & 1 & 0\\ 0.2 & -5 & -1\\ 0.3 & 0.3 & -1.2\end{bmatrix},\quad B_0=\begin{bmatrix}1\\0\\1\end{bmatrix},\quad B_2=\begin{bmatrix}0.1 & 0 & 1\\ 0 & 1 & 0\\ 0 & 0 & 0.2\end{bmatrix}$$

随机干扰 $D_0(t)$ 由系统(6.2)给出，其矩阵参数为 $G=\begin{bmatrix}0 & 5\\ -5 & 0\end{bmatrix}$，$C=[2\quad 0]$。选取系统的初始状态为 $x(0)=[2,2,-1]^{\mathrm{T}}$。仿真中，选取 $\xi_1(t)$、$\xi_2(t)$ 和 $\xi_3(t)$ 为 MATLAB 中的带限白噪声。

(1) 当 $B_1\neq 0$，$H\neq 0$，$S\neq 0$ 时：假设系统(6.1)和系统(6.2)中 $B_1=[1,1,1]^{\mathrm{T}}$，$H=[0.1,1]^{\mathrm{T}}$，$S=2$。将 J_1 的极点配置到$[-3,-4]$，可得

$$L=\begin{bmatrix}-1.7500 & 0 & -1.7500\\ 0.6500 & 0 & 0.6500\end{bmatrix}$$

根据定理 6.1 解得

$$R_1=[-2.5708\quad -0.3587\quad -2.3345],\quad \alpha=2.4217$$
$$K=[-10.9332\quad -1.7482\quad 1.8546]$$

图 6.1 验证了本章所提控制策略的有效性。换言之，尽管系统中存在多种类型的干扰，复合系统(6.19)仍然均方渐近有界。另外，采用本章所设计的干扰观测器，可使干扰估计误差系统达到令人满意的系统性能。

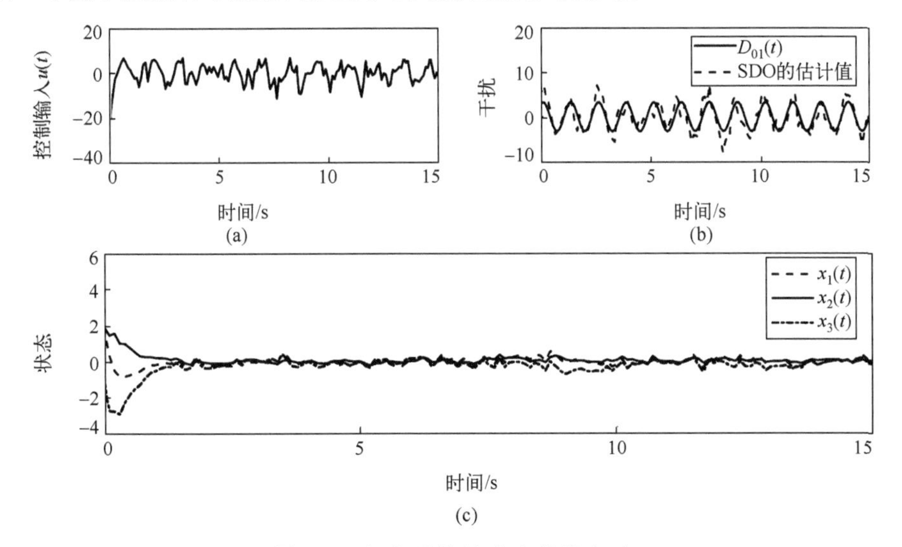

图 6.1 复合系统的响应曲线(一)

(2) 当 $B_1=0$，$H=0$，$S=0$ 时：假设系统(6.1)和系统(6.2)中的 $B_1=0$，$H=0$，$S=0$，将极点 J_1 配置到$[-5,-6]$，可得

$$L=\begin{bmatrix}-2.7500 & 0 & -2.7500\\ -0.2500 & 0 & -0.2500\end{bmatrix}$$

根据定理 6.1 解得

$$R_1=[-7.5037 \quad -1.6191 \quad -7.1542]$$
$$K=[-12.9459 \quad -2.1216 \quad 2.5710]$$

图 6.2 表明尽管系统受多源干扰的影响，但运用本章所提出的 DOBDAC 方案，依然可使复合系统(6.19)依概率全局渐近稳定。

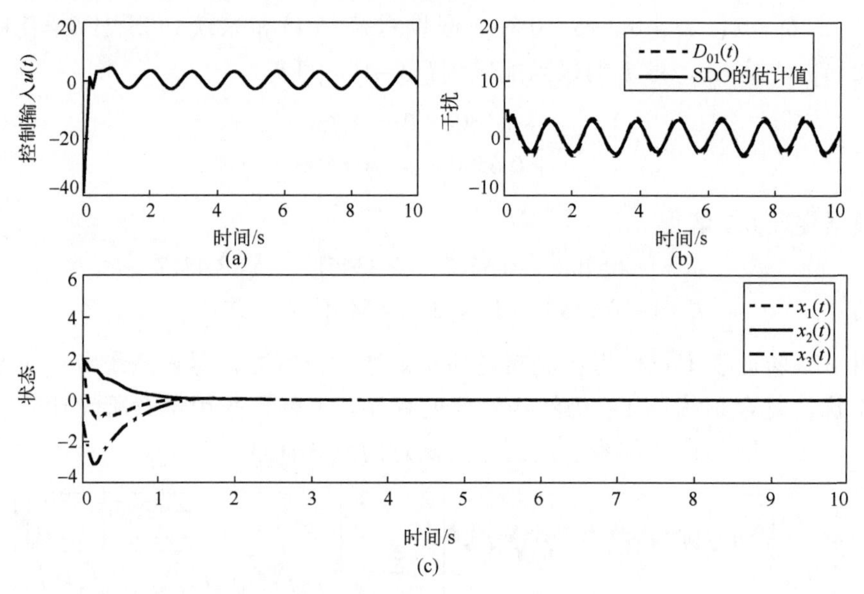

图 6.2　复合系统的响应曲线(二)

6.5　结　　论

本章研究了一类带有多源干扰的随机系统抗干扰控制问题，提出的 DOBDAC 方案可使复合系统在不同条件下满足均方渐近有界或者依概率渐近稳定。如果式 (6.6) 中的 $\delta(t)$ 是乘性噪声而不是加性噪声，如何设计干扰观测器来估计 $D_{01}(t)$ 将是未来研究中一项具有挑战性的工作。

第7章　随机系统复合DOBC与自适应抗干扰控制

7.1　引　　言

自适应方法已成功应用于抑制频率、相位和振幅未知的周期性干扰信号[66-69]。Ding提出了一种基于观测器的自适应估计方法[66]。Jafari等提出了一种鲁棒自适应控制方法来抑制干扰中的未知周期分量[67]。Pin等提出了一种基于自适应观测器的估计器[68]，实现了未知正弦干扰的自适应估计和抵消。在文献[69]中，Yilmaz和Basturk结合k-滤波技术和自适应反推方法，针对具有未知周期干扰的线性系统提出了自适应输出反馈方法。然而，目前的控制方法大多只关注单一类型干扰或将多源异质干扰整合为单一等价干扰，对多源异质干扰的分析与研究不足。

本章研究自适应DOBC与随机控制相结合的精细抗干扰控制问题。通过设计自适应干扰观测器(ADO)来估计频率和振幅未知的干扰，在此基础上，结合自适应技术和线性矩阵不等式(LMI)方法提出了一种基于ADO的复合抗干扰控制方法。

7.2　问 题 描 述

考虑具有多源异质干扰的随机系统：

$$\dot{x}(t)=Ax(t)+B_0(u(t)+D_0(t))+B_1\xi_1(t)+B_2x(t)\xi_2(t) \tag{7.1}$$

式中，$x(t)\in\mathbb{R}^n$和$u(t)\in\mathbb{R}$分别为系统状态和控制输入；$A\in\mathbb{R}^{n\times n}$和$B_2\in\mathbb{R}^{n\times n}$是系数矩阵；$B_0\in\mathbb{R}^n$和$B_1\in\mathbb{R}^n$为已知向量；白噪声包含加性噪声$\xi_1(t)\in\mathbb{R}$和乘性噪声$\xi_2(t)\in\mathbb{R}$；随机干扰$D_0(t)\in\mathbb{R}$表示一类未知频率和幅值的信号，可表示为

$$\begin{gathered}D_0(t)=D_{01}(t)+D_{02}(t),\quad D_{02}(t)=S\xi_3(t)\\ \dot{z}(t)=Gz(t),\quad D_{01}(t)=Cz(t)\end{gathered} \tag{7.2}$$

式中，$z(t)\in\mathbb{R}^r$是状态向量；$\xi_3(t)\in\mathbb{R}$，且$\xi_1(t)$、$\xi_2(t)$和$\xi_3(t)$是相互独立的白噪声；$G\in\mathbb{R}^{r\times r}$的所有特征值均在虚轴上；$C\in\mathbb{R}^{p\times r}$是未知常数向量；$S\in\mathbb{R}$是已知常数。此外，外源系统(7.2)的干扰$D_0(t)$和状态$z(t)$均不可测量。

注7.1　外源系统(7.2)可以描述实际工程系统中的一大类干扰，如未知常值干扰、未知相位和振幅的谐波、周期干扰等[70,71]。与现有部分信息已知的干扰模型相

比[30,35,72-75]，外源系统(7.2)中维数 r 是已知的，而矩阵 G 和 C 是未知的，因此拓展了干扰的描述范围。

将式(7.2)代入式(7.1)，得

$$\dot{x}(t)=Ax(t)+B_0u(t)+B_0Cz(t)+B_1\xi_1(t)+B_2x(t)\xi_2(t)+B_0S\xi_3(t) \tag{7.3}$$

令 $\zeta(t)=[\xi_1^{\mathrm{T}}(t),\xi_3^{\mathrm{T}}(t)]^{\mathrm{T}}$, $F=[B_1,B_0S]$，则系统(7.3)等同于

$$\dot{x}(t)=Ax(t)+B_0u(t)+B_0Cz(t)+F\zeta(t)+B_2x(t)\xi_2(t) \tag{7.4}$$

运用文献[76]中的方法，用 $\dfrac{\mathrm{d}W_1(t)}{\mathrm{d}(t)}$ 代替 $\xi_1(t)$， $\dfrac{\mathrm{d}W_2(t)}{\mathrm{d}(t)}$ 代替 $\xi_2(t)$，可得如下与式 (7.4)和式(7.2)等价的方程：

$$\mathrm{d}x(t)=Ax(t)\mathrm{d}t+B_0u(t)\mathrm{d}t+B_0D_{01}(t)\mathrm{d}t+F\mathrm{d}W_1(t)+B_2x(t)\mathrm{d}W_2(t) \tag{7.5}$$

$$\mathrm{d}z(t)=Gz(t)\mathrm{d}t,\quad D_{01}(t)=Cz(t) \tag{7.6}$$

式中，$W_1(t)$ 和 $W_2(t)$ 为独立标准维纳过程，基本完备概率空间 $(\varOmega,F,F_t,P)$ 被认为是四重子空间。下面，给出本章需要用到的定义和引理。

定义 7.1[77] 考虑如下线性系统：

$$\mathrm{d}x(t)=Ax(t)\mathrm{d}t+Bu(t)\mathrm{d}t \tag{7.7}$$

设 A 是 $n\times n$ 矩阵，B 是 $n\times k$ 矩阵。如果系统(7.7)完全可控，则称 (A,B) 是完全可控的。系统(7.7)的可控子空间是由可以在有限时间内达到零状态的系统状态组成的线性子空间。

引理 7.1[75] 考虑 Sylvester 矩阵方程：

$$X\varPi-EX=\varPsi\varXi \tag{7.8}$$

式中，$X\in\mathbb{R}^{r_1\times r_1}$；$\varPi\in\mathbb{R}^{r_1\times r_1}$；$E\in\mathbb{R}^{r_1\times r_1}$；$\varPsi\in\mathbb{R}^{r_1\times r_2}$；$\varXi\in\mathbb{R}^{r_2\times r_1}$。假设 $\varPi$ 和 E 没有共同的特征值，$(E,\varPsi)$ 是可控的，$(\varPi,\varXi)$ 是可观测的，则 Sylvester 矩阵方程(7.8)有唯一非奇异解。

根据定义 7.1 和引理 7.1，我们做出以下假设。

假设 7.1 (A,B_0) 可控，(G,C) 可观。

7.3 主 要 结 果

在本节中，假设系统状态 $x(t)$ 可获得。首先，设计 ADO 来估计干扰，在此基础上，提出一种基于自适应干扰观测器的控制(adaptive disturbance observer-based control，ADOBC)方法来抑制和抵消多源异质干扰。

7.3.1 自适应干扰观测器

根据文献[78]和[79]，可得以下结论。

定理 7.1　系统(7.6)中干扰 $D_{01}(t)$ 可以表示为以下状态滤波器的输出：

$$\mathrm{d}\eta(t)=M\eta(t)\mathrm{d}t+ND_{01}(t)\mathrm{d}t \tag{7.9}$$

$$D_{01}(t)=\theta^{\mathrm{T}}\eta(t) \tag{7.10}$$

式中，M 是 $r\times r$ 的 Hurwitz 矩阵；N 是 $r\times p$ 的向量，(M,N) 可控；$\theta=(CT^{-1})^{\mathrm{T}}\in\mathbb{R}^r$ 是未知向量；$\eta(t)\in\mathbb{R}^r$ 与系统(7.6)中 $z(t)$ 的关系由下式给出：

$$\eta(t)=Tz(t) \tag{7.11}$$

式中，$T\in\mathbb{R}^{r\times r}$ 为下面 Sylvester 矩阵方程的解：

$$TG-MT=NC \tag{7.12}$$

由于 G 的特征值位于虚轴上，矩阵 M 是 Hurwitz 矩阵，所以矩阵 G 和 M 没有共同的特征值。考虑到 (M,N) 能控，(G,C) 能观，根据引理 7.1，Sylvester 矩阵方程(7.12)存在唯一的非奇异解 T。

证明　根据式(7.6)、式(7.11)和式(7.12)，有

$$\begin{aligned}\mathrm{d}\eta(t)&=TGz(t)\mathrm{d}t=MTz(t)\mathrm{d}t+NCz(t)\mathrm{d}t\\&=M\eta(t)\mathrm{d}t+ND_{01}(t)\mathrm{d}t\end{aligned} \tag{7.13}$$

因此式(7.9)成立，将 $z(t)=T^{-1}\eta(t)$ 代入式(7.6)，得

$$D_{01}(t)=CT^{-1}\eta(t)=\theta^{\mathrm{T}}\eta(t) \tag{7.14}$$

于是，式(7.10)成立。证毕。

注 7.2　从式(7.9)和式(7.10)可以看出，式(7.6)中干扰 $D_{01}(t)$ 的不确定性转换为式(7.10)中的不确定参数 θ。由于干扰 $D_{01}(t)$ 无法测量，因此式(7.9)的状态无法获得。为了克服这一困难，针对式(7.9)中的 $\eta(t)$ 构造如下自适应干扰观测器：

$$\hat{\eta}(t)=v(t)+Lx(t) \tag{7.15}$$

$$\mathrm{d}v(t)=Mv(t)\mathrm{d}t+(ML-LA)x(t)\mathrm{d}t-LB_0u(t)\mathrm{d}t \tag{7.16}$$

式中，$v(t)\in\mathbb{R}^r$ 是辅助向量；矩阵 $L\in\mathbb{R}^{r\times n}$ 满足：

$$LB_0=N \tag{7.17}$$

式中，B_0 是列满秩矩阵。根据文献[80]，当 $\mathrm{rank}(B_0^{\mathrm{T}}\vdots N^{\mathrm{T}})=\mathrm{rank}(B_0^{\mathrm{T}})$ 时，式(7.17)成立。

令误差估计为 $e_\eta=\eta(t)-\hat{\eta}(t)$，基于式(7.5)、式(7.9)和式(7.15)～式(7.17)，

得误差系统：

$$\mathrm{d}e_\eta(t) = Me_\eta(t)\mathrm{d}t - LF\mathrm{d}W_1(t) - LB_2x(t)u(t)\mathrm{d}W_2(t) \tag{7.18}$$

此外，基于式(7.10)，有

$$D_{01}(t) = \theta^{\mathrm{T}}\hat{\eta}(t) + \theta^{\mathrm{T}}e_\eta(t) \tag{7.19}$$

注 7.3　由式(7.17)可以看出矩阵 L 的解不唯一。为了方便起见，选取 $L = NB_0^{\mathrm{T}}(B_0B_0^{\mathrm{T}})^{-1}$。另外，由式(7.19)可知，通过自适应控制技术能够实现 $D_{01}(t)$ 的干扰补偿。

7.3.2　基于 ADO 的控制

本节提出一种基于 ADO 的控制策略，使系统(7.5)的状态 $x(t)$ 均方渐近有界。

设计基于 ADO 的控制器为

$$u(t) = Kx(t) - \hat{D}_{01}(t), \quad \hat{D}_{01}(t) = \hat{\theta}^{\mathrm{T}}\hat{\eta}(t) \tag{7.20}$$

式中，$\hat{D}_{01}(t) \in \mathbb{R}$ 是 $D_{01}(t)$ 的估计；K 为控制增益；$\hat{\theta} \in \mathbb{R}^r$ 是 θ 的估计。

将式(7.19)、式(7.20)代入式(7.5)，得闭环系统：

$$\mathrm{d}x(t) = (A+B_0K)x(t)\mathrm{d}t + B_0(\tilde{\theta}^{\mathrm{T}}\hat{\eta}(t) + \theta^{\mathrm{T}}e_\eta(t))\mathrm{d}t + F\mathrm{d}W_1(t) + B_2x(t)\mathrm{d}W_2(t) \tag{7.21}$$

式中，$\tilde{\theta} = \theta - \hat{\theta}$。结合式(7.18)和式(7.21)，得复合系统：

$$\mathrm{d}\bar{x}(t) = \bar{A}\bar{x}(t)\mathrm{d}t + \bar{B}\Theta\bar{x}(t) + \bar{B}_1\tilde{\theta}^{\mathrm{T}}\hat{\eta}(t)\mathrm{d}t + \bar{F}\mathrm{d}W_1(t) + \bar{B}_2\bar{x}(t)\mathrm{d}W_2(t) \tag{7.22}$$

式中

$$\bar{x}(t) = \begin{bmatrix} x(t) \\ e(t) \end{bmatrix}, \quad \bar{A} = \begin{bmatrix} A+B_0K & 0 \\ 0 & M \end{bmatrix}, \quad \bar{B}_0 = \begin{bmatrix} 0 & B_0 \\ 0 & 0 \end{bmatrix}$$

$$\bar{B}_1 = \begin{bmatrix} B_0 \\ 0 \end{bmatrix}, \quad \Theta = \begin{bmatrix} 0 & \theta^{\mathrm{T}} \\ 0 & 0 \end{bmatrix}, \quad \bar{B}_2 = \begin{bmatrix} B_2 & 0 \\ -LB_2 & 0 \end{bmatrix}, \quad \bar{F} = \begin{bmatrix} F \\ -LF \end{bmatrix} \tag{7.23}$$

注 7.4　ADOBC 的基本思想如图 7.1 所示。通过构造 ADO 来估计未知频率和幅值的干扰，基于干扰估计值，在前馈通道内将其加以补偿。反馈控制器主要用来抑制乘性白噪声，可以通过设置边界来处理加性白噪声[35]。

通过对复合系统(7.22)进行稳定性分析，可得以下结论。

定理 7.2　考虑带有如式(7.6)所示的干扰的随机系统(7.5)，如果存在正定矩阵 $Q_1 > 0$，$Q_2 > 0$，矩阵 R_1 和常数 $\alpha > 0$，满足：

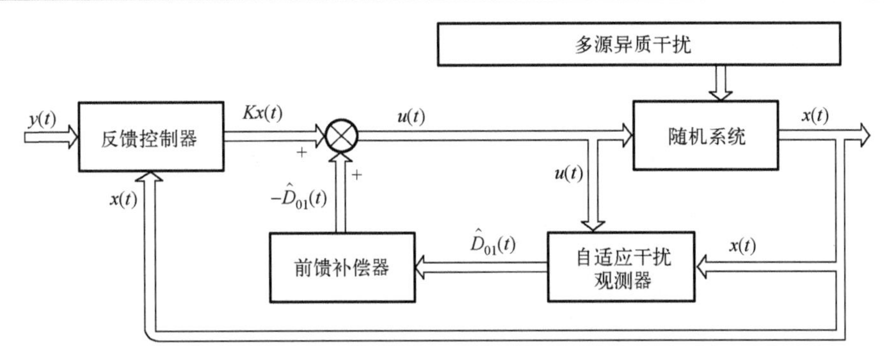

图 7.1　基于 ADO 的控制策略示意图

$$
\Omega=\begin{bmatrix} \Sigma_1 & 0 & 0 & B_0 & Q_1B_2^{\mathrm{T}} & Q_1B_2^{\mathrm{T}}L^{\mathrm{T}} \\ * & \Sigma_2 & 0 & 0 & 0 & 0 \\ * & * & -\alpha I & 0 & 0 & 0 \\ * & * & * & -\alpha I & 0 & 0 \\ * & * & * & * & -Q_1 & 0 \\ * & * & * & * & 0 & -Q_2 \end{bmatrix}<0 \tag{7.24}
$$

$$
\Sigma_1=AQ_1+Q_1A^{\mathrm{T}}+B_0R_1+R_1^{\mathrm{T}}B_0^{\mathrm{T}}
$$
$$
\Sigma_2=MQ_2+Q_2M^{\mathrm{T}}+\alpha I
$$

则通过构造带有观测增益 L 的 ADO(式(7.15)和式(7.16))，带有控制增益 $K=R_1Q_1^{-1}$ 的 ADOBC 控制器(式(7.20))及如式(7.25)所示的自适应律，使闭环系统(7.22)均方渐近有界。

$$
\dot{\hat{\theta}}=-\rho\hat{\theta}+2\gamma\hat{\eta}(t)x^{\mathrm{T}}(t)P_1B_0 \tag{7.25}
$$

式中，$\rho>0$、$\gamma>0$ 为设计参数。

证明　对于复合系统(7.22)，选择李雅普诺夫函数为

$$
V=\bar{x}^{\mathrm{T}}(t)P\bar{x}(t)+\frac{\tilde{\theta}^{\mathrm{T}}\tilde{\theta}}{2\gamma} \tag{7.26}
$$

令

$$
P=\begin{bmatrix} P_1 & 0 \\ 0 & \sigma P_2 \end{bmatrix}=\begin{bmatrix} Q_1^{-1} & 0 \\ 0 & \sigma Q_2^{-1} \end{bmatrix}>0 \tag{7.27}
$$

式中，$\sigma=\lambda_{\max}(\theta^{\mathrm{T}}\theta)$。

基于式(7.22)，可得

$$
\begin{aligned}
\mathrm{LV} &= \frac{\partial V}{\partial t} + \frac{\partial V}{\partial x}(\bar{A}\bar{x}(t) + \bar{B}_0\Theta\bar{x}(t) + \bar{B}_1\tilde{\theta}^{\mathrm{T}}\hat{\eta}(t)) + \mathrm{tr}(\bar{F}^{\mathrm{T}}P\bar{F}) + \mathrm{tr}(\bar{x}^{\mathrm{T}}(t)\bar{B}_2^{\mathrm{T}}P\bar{B}_2\bar{x}(t)) \\
&= \frac{\tilde{\theta}^{\mathrm{T}}\dot{\hat{\theta}}}{\gamma} + \frac{\partial V}{\partial \bar{x}}(\bar{A}\bar{x}(t) + \bar{B}_0\Theta\bar{x}(t) + \bar{B}_1\tilde{\theta}^{\mathrm{T}}\hat{\eta}(t)) + \mathrm{tr}(\bar{F}^{\mathrm{T}}P\bar{F}) + \mathrm{tr}(\bar{x}^{\mathrm{T}}(t)\bar{B}_2^{\mathrm{T}}P\bar{B}_2\bar{x}(t)) \\
&\leqslant \bar{x}(t)(P\bar{A} + \bar{A}^{\mathrm{T}}P + \bar{B}_2^{\mathrm{T}}PB_2)\bar{x}(t) + \mathrm{tr}(\bar{F}^{\mathrm{T}}P\bar{F}) + 2\bar{x}^{\mathrm{T}}(t)P\bar{B}_0\Theta\bar{x}(t) \\
&\quad + 2\bar{x}^{\mathrm{T}}(t)P\bar{B}_1\tilde{\theta}^{\mathrm{T}}\hat{\eta}(t) - \frac{\tilde{\theta}^{\mathrm{T}}\dot{\hat{\theta}}}{\gamma} \\
&\leqslant \bar{x}(t)(P\bar{A} + \bar{A}^{\mathrm{T}}P + \bar{B}_2^{\mathrm{T}}PB_2 + \alpha^{-1}P\bar{B}_0\bar{B}_0{}^{\mathrm{T}}P)\bar{x}(t) + \mathrm{tr}(\bar{F}^{\mathrm{T}}P\bar{F}) \\
&\quad + \alpha\Theta^{\mathrm{T}}\Theta + 2\bar{x}^{\mathrm{T}}(t)P\bar{B}_1\tilde{\theta}^{\mathrm{T}}\hat{\eta}(t) - \frac{\tilde{\theta}^{\mathrm{T}}\dot{\hat{\theta}}}{\gamma} \\
&\leqslant \bar{x}^{\mathrm{T}}(t)\Omega_1\bar{x}(t) - \tilde{\theta}^{\mathrm{T}}\left[\frac{\dot{\hat{\theta}}}{\gamma} - 2\bar{x}^{\mathrm{T}}(t)P\bar{B}_1\hat{\eta}(t)\right] + \beta(t)
\end{aligned} \tag{7.28}
$$

式中，$\alpha > 0$；且有

$$
\begin{aligned}
&\Omega_1 = P\bar{A} + \bar{A}^{\mathrm{T}}P + \bar{B}_2^{\mathrm{T}}P\bar{B}_2 + \alpha^{-1}P\bar{B}_0\bar{B}_0^{\mathrm{T}}P + \alpha\sigma H \\
&H = \begin{bmatrix} 0 & 0 \\ 0 & I \end{bmatrix}, \quad \beta(t) = \mathrm{tr}(\bar{F}^{\mathrm{T}}P\bar{F})
\end{aligned} \tag{7.29}
$$

设计自适应律为

$$
\dot{\hat{\theta}} = -\rho\hat{\theta} + 2\gamma\bar{x}^{\mathrm{T}}(t)P\bar{B}_1\hat{\eta}(t) \tag{7.30}
$$

考虑到 $\bar{B}_1 = [B_0 \quad 0]^{\mathrm{T}}$，则如式(7.30)所示的自适应律可以写成

$$
\dot{\hat{\theta}} = -\rho\hat{\theta} + 2\gamma\bar{x}^{\mathrm{T}}(t)P_1B_0\hat{\eta}(t) \tag{7.31}
$$

将式(7.31)代入式(7.28)，有

$$
\mathrm{LV} \leqslant \bar{x}^{\mathrm{T}}(t)\Omega_1\bar{x}(t) + \frac{\rho\tilde{\theta}^{\mathrm{T}}\hat{\theta}}{\gamma} + \beta(t) \tag{7.32}
$$

因为

$$
2\tilde{\theta}^{\mathrm{T}}\hat{\theta} = -2\tilde{\theta}^{\mathrm{T}}\tilde{\theta} + 2\tilde{\theta}^{\mathrm{T}}\theta \leqslant -\tilde{\theta}^{\mathrm{T}}\tilde{\theta} + \theta^{\mathrm{T}}\theta \leqslant -\tilde{\theta}^{\mathrm{T}}\tilde{\theta} + \sigma \tag{7.33}
$$

则式(7.32)满足：

$$
\mathrm{LV} \leqslant \bar{x}^{\mathrm{T}}(t)\Omega_1\bar{x}(t) - \frac{\rho\tilde{\theta}^{\mathrm{T}}\tilde{\theta}}{2\gamma} + \frac{\rho\sigma}{2\gamma} + \beta(t) \tag{7.34}
$$

在式(7.29)和式(7.34)中，考虑到$\bar{F}$、P是有界矩阵，ρ、σ、γ是正常数，则存在常数$\beta \geqslant 0$，使$0 \leqslant \dfrac{\rho\sigma}{2\gamma} + \beta(t) \leqslant \beta$。因此，有

$$\mathrm{LV} \leqslant \bar{x}^{\mathrm{T}}(t)\Omega_1\bar{x}(t) - \frac{\rho\tilde{\theta}^{\mathrm{T}}\tilde{\theta}}{2\gamma} + \beta \tag{7.35}$$

下面，将证明$\Omega < 0 \Leftrightarrow \Omega_1 < 0$。

(1) $\Omega_1 < 0 \Leftrightarrow \Omega_2 < 0$。基于式(7.23)、式(7.29)和 Schur 补引理，$\Omega_1 < 0$等同于$\Omega_2 < 0$。这里：

$$\Omega_2 = \begin{bmatrix} \Pi_1 & 0 & 0 & P_1B_0 & B_2^{\mathrm{T}} & B_2^{\mathrm{T}}L^{\mathrm{T}} \\ * & \Pi_2 & 0 & 0 & 0 & 0 \\ * & * & -\alpha I & 0 & 0 & 0 \\ * & * & * & -\alpha I & 0 & 0 \\ * & * & * & * & -P_1^{-1} & 0 \\ * & * & * & * & * & -\sigma P_2^{-1} \end{bmatrix} \tag{7.36}$$

$$\Pi_1 = P_1A + A^{\mathrm{T}}P_1 + P_1B_0K + K^{\mathrm{T}}B_0^{\mathrm{T}}P_1$$
$$\Pi_2 = \sigma P_2M + \sigma M^{\mathrm{T}}P_2 + \sigma\alpha I$$

(2) $\Omega_2 < 0 \Leftrightarrow \Omega_3 < 0$。$\Omega_2$两边分别左乘和右乘$\mathrm{diag}\left\{Q_1, \dfrac{1}{\sigma}Q_2, I, I, I, \dfrac{1}{\sigma}I\right\}$，然后交换相应的行和列，有$\Omega_2 < 0$等价于$\Omega_3 < 0$，其中：

$$\Omega_3 = \begin{bmatrix} \Sigma_1 & 0 & 0 & B_0 & Q_1B_2^{\mathrm{T}} & Q_1B_2^{\mathrm{T}}L^{\mathrm{T}} \\ * & \Sigma_2 & 0 & 0 & 0 & 0 \\ * & * & -\alpha I & 0 & 0 & 0 \\ * & * & * & -\alpha I & 0 & 0 \\ * & * & * & * & -Q_1 & 0 \\ * & * & * & * & * & -Q_2 \end{bmatrix} \tag{7.37}$$

$$\Sigma_1 = AQ_1 + Q_1A^{\mathrm{T}} + B_0KQ_1 + Q_1K^{\mathrm{T}}B_0^{\mathrm{T}}$$
$$\Sigma_2 = MQ_2 + Q_2M^{\mathrm{T}} + \alpha I$$

(3) $\Omega_3 < 0 \Leftrightarrow \Omega < 0$。在式(7.37)中，取$K = R_1Q_1^{-1}$，得$\Omega_3 < 0 \Leftrightarrow \Omega < 0$。由步骤(1)～步骤(3)，可得$\Omega < 0 \Leftrightarrow \Omega_3 < 0 \Leftrightarrow \Omega_2 < 0 \Leftrightarrow \Omega_1 < 0$。因此，存在常数$\varepsilon > 0$，满足：

$$\Omega < 0 \Leftrightarrow \Omega_1 < 0 \Rightarrow \Omega_1 + \varepsilon < 0 \tag{7.38}$$

于是基于式(7.26)、式(7.35)和式(7.38)，可以选取函数 $\kappa=\lambda_{\min}(P)|\bar{x}|^{p}$，$p=2$，$\chi=\min\left\{\dfrac{\varepsilon}{\lambda_{\max}(P)},\rho\right\}$，满足：

$$\kappa(|\bar{x}|^{p})=\lambda_{\min}(P)|\bar{x}|^{2}\leqslant V(\bar{x}(T)) \tag{7.39}$$

$$\mathrm{LV}(\bar{x}(T))\leqslant-\chi V(\bar{x}(T))+\beta(T) \tag{7.40}$$

根据引理 6.1[8]，复合系统(7.22)均方渐近有界。证毕。

定理 7.2 给出了一类带有多源异质干扰的随机系统的抗干扰控制策略，如果不考虑式(7.5)中的加性干扰，有以下结论成立。

推论 7.1　考虑带有如式(7.6)所示干扰的随机系统(7.5)，当 $B_1=0$，$S=0$ 时，如果存在矩阵 $Q_1>0$，$Q_2>0$，矩阵 R 和常数 $\alpha>0$，满足：

$$\Omega_3=\begin{bmatrix}\Lambda_1 & Q_1B_2^{\mathrm{T}}L^{\mathrm{T}} & 0 & B_0 & Q_1B_2^{\mathrm{T}} & 0\\ * & -Q_2 & 0 & 0 & 0 & 0\\ * & * & -\alpha I & 0 & 0 & 0\\ * & * & 0 & -\alpha I & 0 & 0\\ * & * & * & 0 & -Q_1 & 0\\ * & * & * & * & * & \Lambda_2\end{bmatrix}<0 \tag{7.41}$$

式中

$$\Lambda_1=AQ_1+Q_1A^{\mathrm{T}}+B_0R+R^{\mathrm{T}}B_0^{\mathrm{T}}$$
$$\Lambda_2=MQ_2+Q_2M^{\mathrm{T}}+\alpha I$$

则通过设计带有观测增益 L 的 ADO(式(7.15)和式(7.16))，带有控制增益 $K=RQ_1^{-1}$ 的复合抗干扰控制器(式(7.20))，以及自适应律：

$$\dot{\hat{\theta}}=2\gamma\hat{\eta}(t)x^{\mathrm{T}}(t)P_1B_0 \tag{7.42}$$

使系统(7.22)在平衡点 $\bar{x}(t)=0$ 依概率全局渐近稳定。

证明　考虑到式(7.5)中 $B_1=0$，$S=0$，与定理 7.2 证明类似，得 $\mathrm{LV}(\bar{x}(t))\leqslant\bar{x}^{\mathrm{T}}(t)\Omega_1\bar{x}(t)$。根据引理 6.2[65]，有推论 7.1 成立。证毕。

7.4　仿 真 实 例

在本节中，我们将给出两个仿真例子来证明本章所提控制方法的有效性。

例 7.1　考虑随机系统(7.1)，选取如下参数：

$$A=\begin{bmatrix}-2 & 1\\ 3 & 2\end{bmatrix},\quad B_0=\begin{bmatrix}0.5\\ 0.8\end{bmatrix},\quad B_2=\begin{bmatrix}0.01 & 0.02\\ 0.01 & 0.03\end{bmatrix}$$

取随机干扰 $D_{01}(t)$ 的参数为

$$G=\begin{bmatrix}0 & 3\\ -3 & 0\end{bmatrix},\quad C=\begin{bmatrix}10 & 0\end{bmatrix}$$

(1) 当 $B_1\neq 0$，$S\neq 0$ 时：在系统(7.1)和系统(7.2)中，取 $B_1=[0.1,0.1]^{\mathrm{T}}$，$S=0.5$。根据定理 7.2，解得

$$L=\begin{bmatrix}0.5000 & 0.8000\\ 1.0000 & 1.6000\end{bmatrix},\quad Q_1=\begin{bmatrix}20.9976 & -4.8231\\ -4.8231 & 15.3059\end{bmatrix}$$

$$K=[-2.3476\quad -7.3105],\quad R_1=[-14.0342\quad -100.5710],\quad \alpha=47.1408$$

仿真结果如图 7.2～图 7.4 所示。图 7.2 为采用 ADOBC 方法和 H_∞ 控制方法的

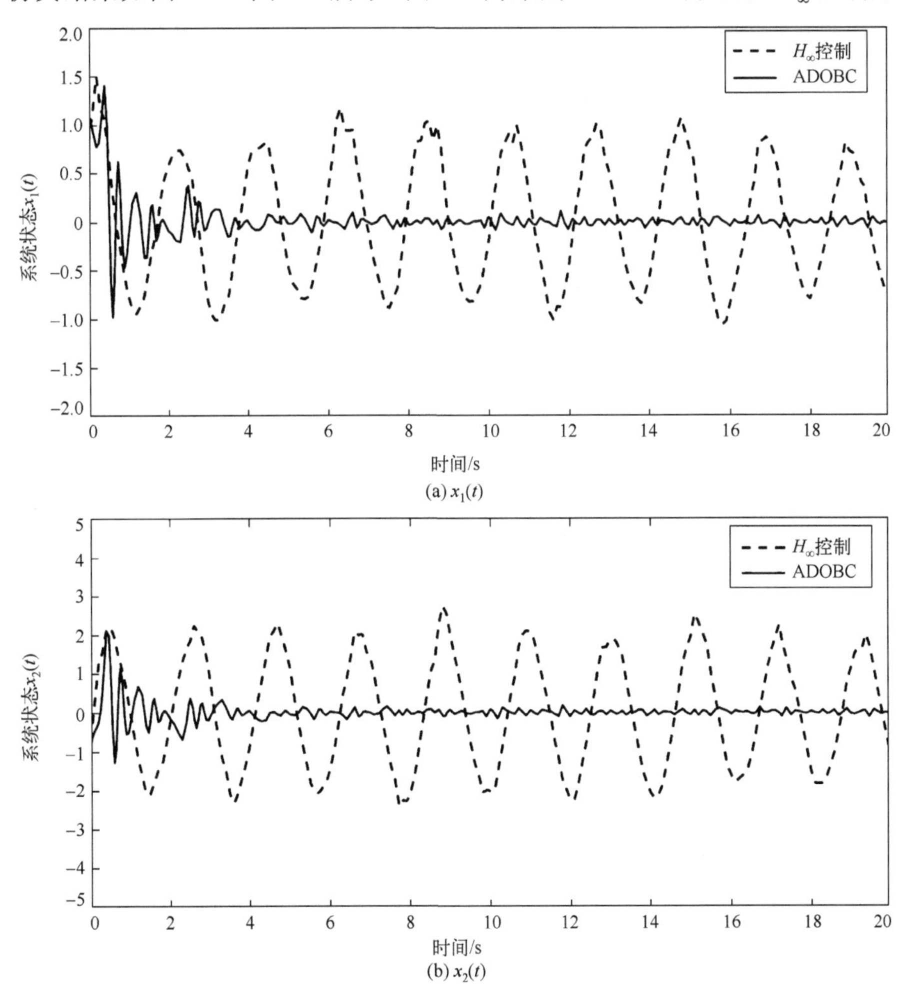

(a) $x_1(t)$

(b) $x_2(t)$

图 7.2　H_∞ 控制和 ADOBC 策略下系统状态响应曲线(一)

系统状态响应曲线；图 7.3 为自适应参数的轨迹曲线；图 7.4 为运用 ADO 的干扰及其估计曲线。从仿真图像可以看出，与传统的 H_∞ 控制方法相比，本章所提出的 ADOBC 方法具有更好的抗干扰能力。从图 7.3 和图 7.4 可以看出，本章所设计的 ADO 具有良好的估计性能。

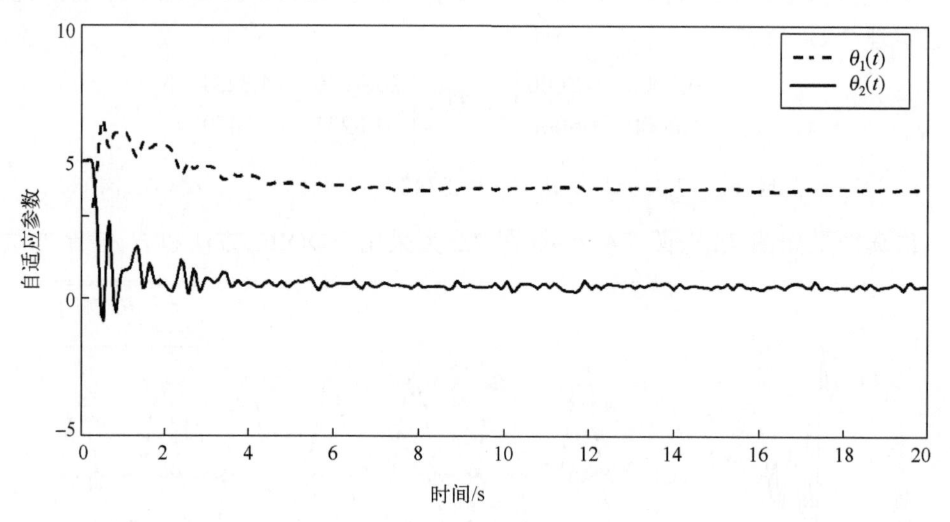

图 7.3　自适应参数的轨迹曲线(一)

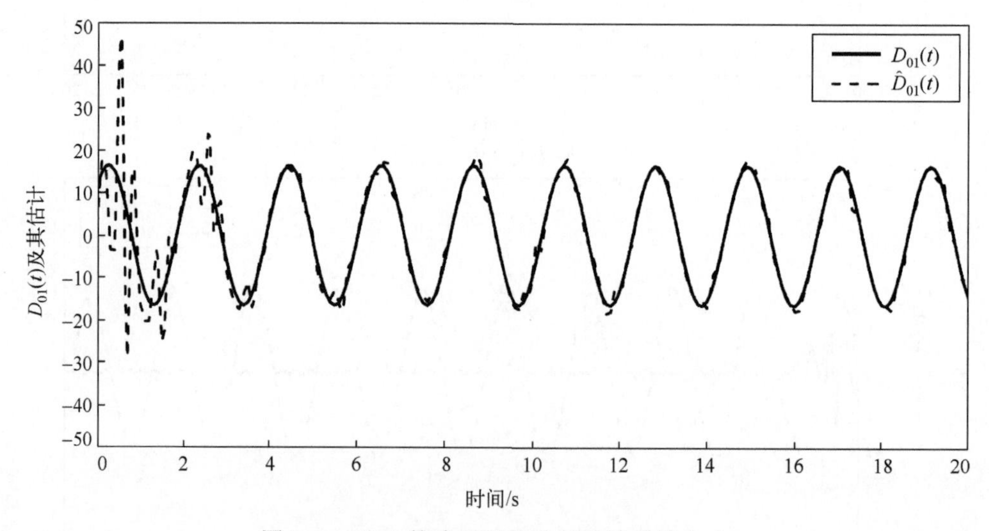

图 7.4　ADO 策略下干扰及其估计曲线(一)

(2) 当 $B_1 = 0$ ， $S = 0$ 时：假设系统(7.1)和系统(7.2)中的 $B_1 = 0$ ， $S = 0$ ，根据推论 7.1，解得

$$L=\begin{bmatrix}0.4000 & 0.6400\\ 1.0000 & 1.6000\end{bmatrix},\quad Q_1=\begin{bmatrix}20.9988 & -4.8031\\ -4.8031 & 15.3552\end{bmatrix}$$

$$K=[-2.3330 \quad -7.2774],\quad R=[-14.0364 \quad -100.5402],\quad \alpha=47.0864$$

图 7.5～图 7.7 表明，尽管随机系统中存在乘性干扰，但利用本章所提出的 ADOBC 方法，仍然能使复合系统(7.22)依概率全局渐近稳定。通过与传统的 H_∞ 控制方法相对比，说明本章所提出的复合控制方法可以达到更高的抗干扰控制精度。

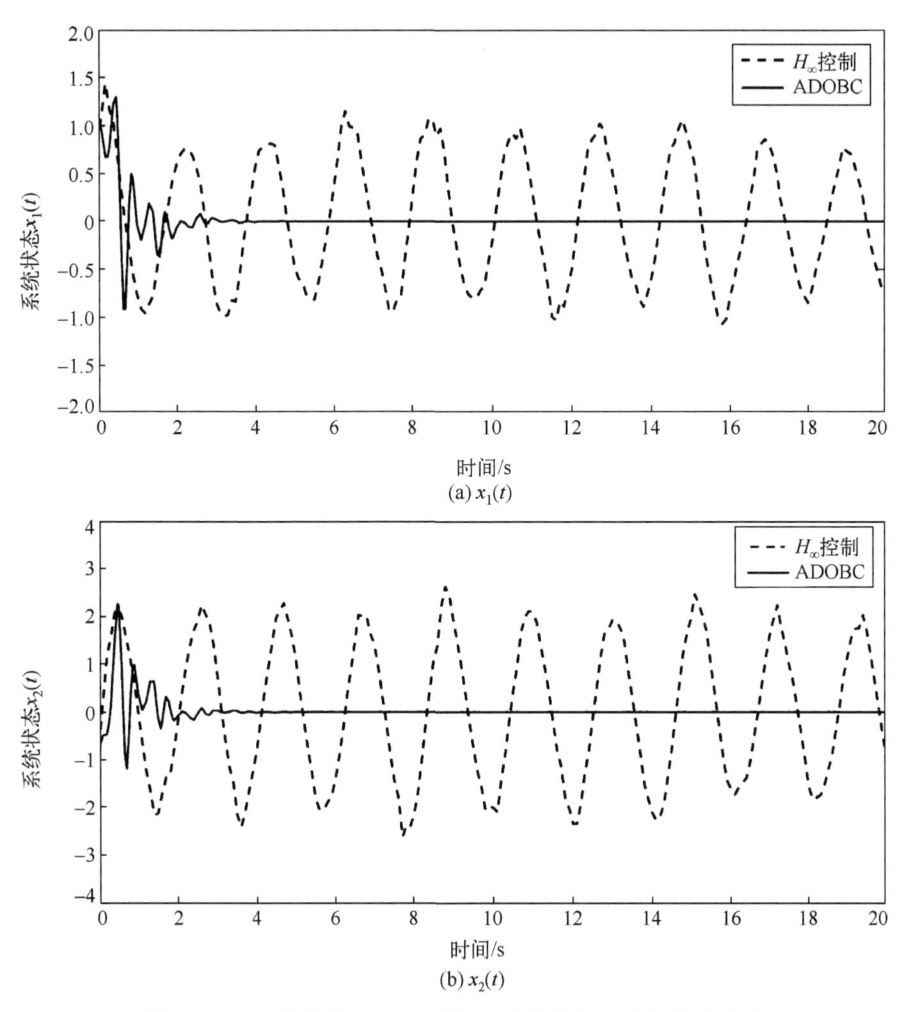

图 7.5　H_∞ 控制和 ADOBC 策略下系统状态响应曲线(二)

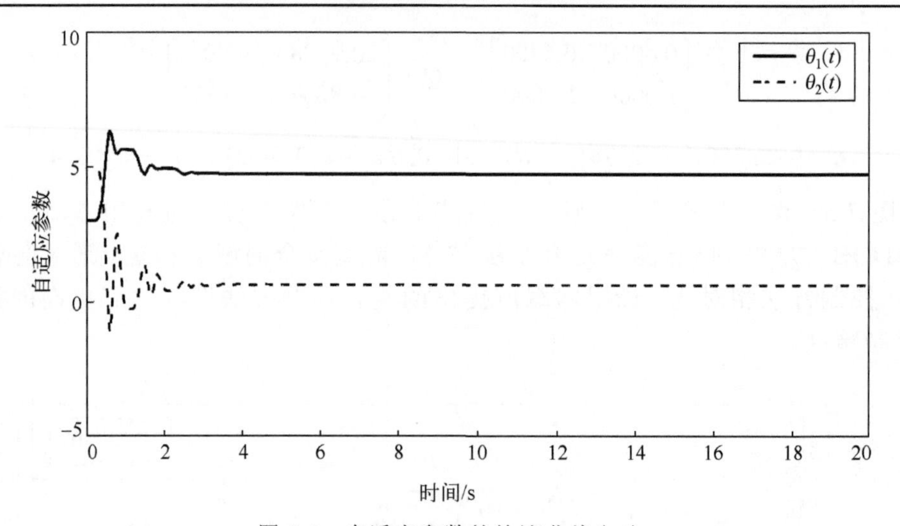

图 7.6　自适应参数的轨迹曲线(二)

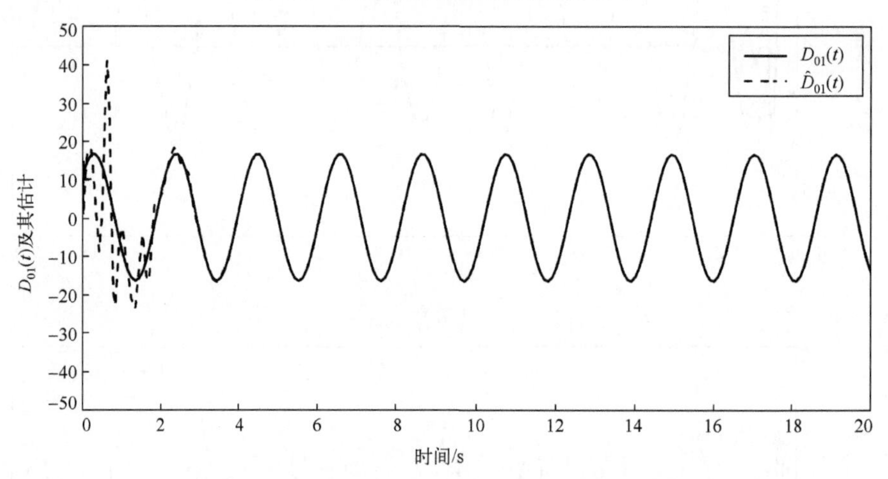

图 7.7　ADO 策略下干扰及其估计曲线(二)

例 7.2　本节以前端调速风力发电机(front-end speed controlled wind turbine，FSCWT)为例进行仿真，图 7.8 为前端调速风力发电机无刷电力励磁同步示意图。

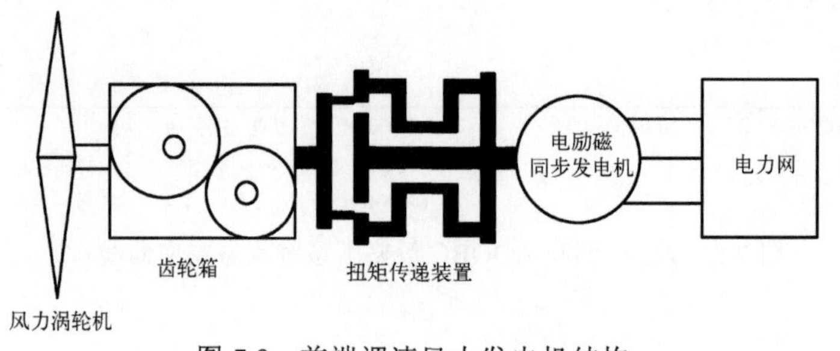

图 7.8　前端调速风力发电机结构

同步发电机的物理模型如图 7.9 所示。在 abc 坐标系下发电机定子上有三相对称分布绕组，其轴线分别用 a,b,c 来表示，转子上有 d 轴集中励磁绕组 f，以及 d 轴和 q 轴上的分布阻尼绕组 D 和 Q。u_a、u_b、u_c 分别为定子绕组 a、b、c 相端电压，单位为 V；i_a、i_b、i_c 分别为定子绕组 a、b、c 相端电流，单位为 A。与文献[82]和[83]类似，为便于分析，将 abc 坐标系转换为 $dq0$ 坐标系。在 $dq0$ 坐标系下，风力发电机的详细建模过程如下。

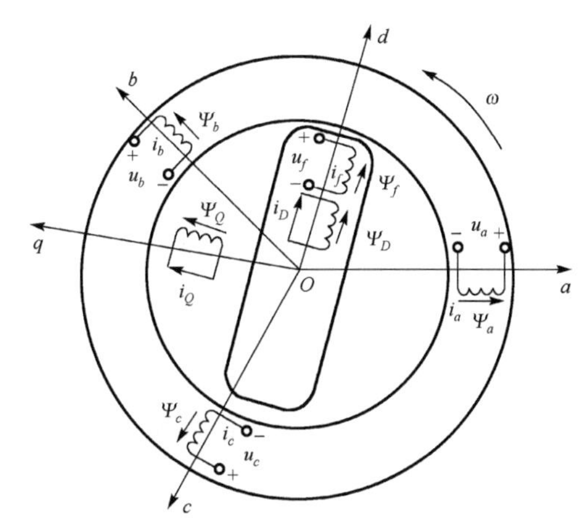

图 7.9　同步发电机的物理模型

取变换矩阵为

$$P=\frac{2}{3}\times\begin{bmatrix}\cos\theta & \cos(\theta-120^\circ) & \cos(\theta+120^\circ)\\ -\sin\theta & -\sin(\theta-120^\circ) & -\sin(\theta+120^\circ)\\ \frac{1}{2} & \frac{1}{2} & \frac{1}{2}\end{bmatrix} \tag{7.43}$$

式中，θ 为定、转子之间的互感随转角。根据式(7.43)，电压方程和磁链方程可以描述为

$$\begin{bmatrix}u_d\\u_q\\u_0\\u_f\\u_D\\u_Q\end{bmatrix}=\begin{bmatrix}r_s+L_dp & -L_q\omega_r & 0 & L_{af}p & L_{aD}p & -L_{aQ}\omega_r\\ L_d\omega_r & r_s+L_qp & 0 & L_{af}\omega_r & L_{aD}\omega_r & L_{aQ}p\\ 0 & 0 & r_s+L_0p & 0 & 0 & 0\\ \frac{3}{2}L_{af}p & 0 & 0 & r_f+L_fp & L_{fD}p & 0\\ \frac{3}{2}L_{aD}p & 0 & 0 & L_{aD}p & r_D+L_Dp & 0\\ 0 & \frac{3}{2}L_{aq}p & 0 & 0 & 0 & r_Q+L_Qp\end{bmatrix}\begin{bmatrix}-i_d\\-i_q\\-i_0\\i_f\\i_D\\i_Q\end{bmatrix} \tag{7.44}$$

$$\begin{bmatrix}\Psi_d\\\Psi_q\\\Psi_0\\\Psi_f\\\Psi_D\\\Psi_Q\end{bmatrix}=\begin{bmatrix}L_d & 0 & 0 & L_{af} & L_{aD} & 0\\ 0 & L_q & 0 & 0 & 0 & L_{aQ}\\ 0 & 0 & L_0 & 0 & 0 & 0\\ \frac{3}{2}L_{af} & 0 & 0 & L_f & L_{fD} & 0\\ \frac{3}{2}L_{aD} & 0 & 0 & L_{Df} & L_D & 0\\ 0 & \frac{3}{2}L_{aQ} & 0 & 0 & 0 & L_Q\end{bmatrix}\begin{bmatrix}-i_d\\-i_q\\-i_0\\i_f\\i_D\\i_Q\end{bmatrix} \tag{7.45}$$

式中，i_d、i_q、i_0、i_f、i_D、i_Q分别为各绕组的电流；u_d、u_q、u_0、u_f、u_D、u_Q分别为各绕组的电压；r_s为定子绕组的电阻；r_f为励磁绕组的电阻；r_D为d轴阻尼绕组的电阻；r_Q为q轴阻尼绕组的电阻；$L_{ij}(i=a, f, D; j=q, f, D, Q)$表示绕组$i$和绕组$j$之间的互感系数；$L_i(i=d, q, f, D, Q)$表示绕组$i$自感系数；$\varPsi_i(i=d, q, f, D, Q)$表示$d$、$q$轴定子绕组、阻尼绕组和励磁绕组磁链[83]。于是，有

$$T_e = 1.5n_p(\varPsi_d i_q - \varPsi_q i_q), \quad T_m = T_e + B_m\omega_r + Jp\omega_r \tag{7.46}$$

式中，B_m为发电机旋转阻力系数；ω_r为机械转子角速度；n_p为极对数；T_e为发电机电磁力矩；J为转子的转动惯量。发电机有功功率和无功功率输出分别为

$$P_{\text{gen}} = \frac{3}{2}(u_d i_d + u_q i_q), \quad Q_{\text{gen}} = \frac{3}{2}(u_d i_d - u_q i_q) \tag{7.47}$$

假设直轴电枢无功，采用电抗参考值(X_{ab}参考值)得前端调速发电机数学模型，即

$$\begin{cases} \varPsi_d^* = -X_d^* i_d^* + X_{ad}^* i_f^* + X_{ad}^* i_D^* \\ \varPsi_q^* = -X_d^* i_d^* + X_{aq}^* i_Q^* \\ \varPsi_0^* = -X_0^* i_0^* \\ \varPsi_f^* = -X_{ad}^* i_d^* + X_f^* i_f^* + X_{fD}^* i_D^* \\ \varPsi_D^* = -X_{ad}^* i_d^* + X_{fD}^* i_f^* + X_{DD}^* i_D^* \\ \varPsi_Q^* = -X_{aq}^* i_q^* + X_{ad}^* i_f^* + X_{ad}^* i_D^* \end{cases} \tag{7.48}$$

$$\begin{cases} u_d^* = -r_s^* i_d^* + \dfrac{1}{\omega_b} \cdot \dfrac{\mathrm{d}\varPsi_d^*}{\mathrm{d}t} - \varPsi_q^* \omega_r^* \\ u_q^* = -r_s^* i_q^* + \dfrac{1}{\omega_b} \cdot \dfrac{\mathrm{d}\varPsi_q^*}{\mathrm{d}t} - \varPsi_d^* \omega_r^* \\ u_0^* = -r_s^* i_0^* + \dfrac{1}{\omega_b} \cdot \dfrac{\mathrm{d}\varPsi_0^*}{\mathrm{d}t} \\ u_f^* = r_f^* i_f^* + \dfrac{1}{\omega_b} \cdot \dfrac{\mathrm{d}\varPsi_f^*}{\mathrm{d}t} \\ 0 = r_D^* i_D^* + \dfrac{1}{\omega_b} \cdot \dfrac{\mathrm{d}\varPsi_D^*}{\mathrm{d}t} \\ 0 = r_Q^* i_Q^* + \dfrac{1}{\omega_b} \cdot \dfrac{\mathrm{d}\varPsi_Q^*}{\mathrm{d}t} \end{cases} \tag{7.49}$$

式中，ω_b是角频率基值，$\omega_b = 2\pi f_N(\text{rad/s})$，$f_N$是电源的额定频率。式(7.48)和

式 (7.49) 分别为流链方程和电压方程。进而，有

$$\begin{cases} X_{af}^{*} = X_{aD}^{*} = X_{ad}^{*} \\ X_{aQ}^{*} = X_{ad}^{*} \end{cases} \tag{7.50}$$

励磁绕组 f 和阻尼绕组 d 间的互感标幺值等同于

$$X_{fD}^{*} = X_{ad}^{*} \tag{7.51}$$

电磁转矩方程和转子运动方程可以描述为

$$T_e = \Psi_d^{*} i_q^{*} - \Psi_q^{*} i_d^{*} \tag{7.52}$$

$$T_m^{*} = T_e^{*} + B_m^{*} \omega_r^{*} + \frac{2H}{\omega_b} \cdot \frac{\mathrm{d}\omega_r^{*}}{\mathrm{d}t} \tag{7.53}$$

式中，H 为惯性常数，且有 $H = \dfrac{J^{*}}{2} = \dfrac{J\omega_{mb}^{2}}{2P_b}$。在此基础上，功角 δ 和转子角速度 ω_r 之间的关系为

$$\frac{\mathrm{d}\delta^{*}}{\mathrm{d}t^{*}} = \omega_r^{*} - 1 \tag{7.54}$$

将磁链方程代入电压方程和转矩方程，得到以电流和转子角速度为状态变量的状态空间描述：

$$\begin{bmatrix} \dot{i}_d \\ \dot{i}_q \\ \dot{i}_0 \\ \dot{i}_f \\ \dot{i}_D \\ \dot{i}_Q \end{bmatrix} = \begin{bmatrix} \dfrac{-r_s G_1}{G_d} & \dfrac{\omega_r X_q G_1}{G_d} & 0 & \dfrac{-r_f G_4}{G_d} & \dfrac{-r_D G_5}{G_d} & \dfrac{-\omega_r X_{mq} G_1}{G_d} \\ \dfrac{-\omega_r X_d X_Q}{G_q} & \dfrac{-r_s X_Q}{G_q} & 0 & \dfrac{\omega_r X_{md} X_Q}{G_q} & \dfrac{\omega_r X_{mq} X_Q}{G_q} & \dfrac{-r_Q X_{mq}}{G_q} \\ 0 & 0 & \dfrac{-r_s}{X_{1s}} & 0 & 0 & 0 \\ \dfrac{-r_s G_4}{G_d} & 0 & \dfrac{\omega_r X_q G_4}{G_d} & \dfrac{-r_f G_2}{G_d} & \dfrac{r_D G_6}{G_d} & \dfrac{-\omega_r X_{mq} G_4}{G_d} \\ \dfrac{-r_s G_5}{G_d} & 0 & \dfrac{\omega_r X_q G_5}{G_d} & \dfrac{-r_f G_6}{G_d} & \dfrac{-r_D G_3}{G_d} & \dfrac{-\omega_r X_{mq} G_5}{G_d} \\ \dfrac{-\omega_r X_d X_{mq}}{G_q} & 0 & \dfrac{-r_s X_{mq}}{G_q} & \dfrac{\omega_r X_{md} X_{mq}}{G_q} & \dfrac{\omega_r X_{md} X_{mq}}{G_q} & \dfrac{-r_Q X_q}{G_q} \end{bmatrix} \begin{bmatrix} i_d \\ i_q \\ i_0 \\ i_f \\ i_D \\ i_Q \end{bmatrix}$$

$$
+\begin{bmatrix}
\frac{-G_1}{G_d} & 0 & 0 & \frac{G_4}{G_d} & \frac{G_5}{G_d} & 0 \\
0 & \frac{-X_Q}{G_q} & 0 & 0 & 0 & \frac{X_{mq}}{G_q} \\
0 & 0 & \frac{-1}{X_{1s}} & 0 & 0 & 0 \\
\frac{-G_4}{G_d} & 0 & 0 & \frac{G_2}{G_d} & \frac{-G_6}{G_d} & 0 \\
\frac{G_5}{G_d} & 0 & 0 & \frac{-G_6}{G_d} & \frac{G_3}{G_d} & 0 \\
0 & \frac{X_{mq}}{G_q} & 0 & 0 & 0 & \frac{X_q}{G_q}
\end{bmatrix}
\begin{bmatrix} u_d \\ u_q \\ u_0 \\ u_f \\ 0 \\ 0 \end{bmatrix} \tag{7.55}
$$

式中

$$
G_1 = X_f X_D - X_{md}^2,\quad G_2 = X_d X_D - X_{md}^2,\quad G_3 = X_d X_f - X_{md}^2,\quad G_5 = X_{md} X_{lf}
$$

$$
G_6 = X_{md} X_{ls},\quad G_d = X_d X_f X_D - X_{md}^2 (X_d + X_{lf} + X_{lD}),\quad G_q = X_q X_Q - X_{mq}^2
$$

下标 d 和 q 表示 d 轴和 q 轴分量。l 和 m 分别表示漏电感和互感，f 表示励磁绕组。取

$$
x^{\mathrm{T}}(t) = [i_d(t)\quad i_q(t)\quad i_0(t)\quad i_f(t)\quad i_D(t)\quad i_Q(t)]
$$

$$
u^{\mathrm{T}}(t) = [u_d(t)\quad u_q(t)\quad u_0(t)\quad u_f(t)\quad 0\quad 0]
$$

则 FSCWT 的状态空间模型可以简化为

$$
\dot{x}(t) = Ax(t) + Bu(t) \tag{7.56}
$$

式中

$$
A = \begin{bmatrix}
\frac{-r_s G_1}{G_d} & \frac{\omega_r X_q G_1}{G_d} & 0 & \frac{-r_f G_4}{G_d} & \frac{-r_D G_5}{G_d} & \frac{-\omega_r X_{mq} G_1}{G_d} \\
\frac{-\omega_r X_d X_Q}{G_q} & \frac{-r_s X_Q}{G_q} & 0 & \frac{\omega_r X_{md} X_Q}{G_q} & \frac{\omega_r X_{mq} X_Q}{G_q} & \frac{-r_Q X_{mq}}{G_q} \\
0 & 0 & \frac{-r_s}{X_{ls}} & 0 & 0 & 0 \\
\frac{-r_s G_4}{G_d} & 0 & \frac{\omega_r X_q G_4}{G_d} & \frac{-r_f G_2}{G_d} & \frac{r_D G_6}{G_d} & \frac{-\omega_r X_{mq} G_4}{G_d} \\
\frac{-r_s G_5}{G_d} & 0 & \frac{\omega_r X_q G_5}{G_d} & \frac{-r_f G_6}{G_d} & \frac{-r_D G_3}{G_d} & \frac{-\omega_r X_{mq} G_5}{G_d} \\
\frac{-\omega_r X_d X_{mq}}{G_q} & 0 & \frac{-r_s X_{mq}}{G_q} & \frac{\omega_r X_{md} X_{mq}}{G_q} & \frac{\omega_r X_{md} X_{mq}}{G_q} & \frac{-r_Q X_q}{G_q}
\end{bmatrix}
$$

$$
B=\begin{bmatrix}
\frac{-G_1}{G_d} & 0 & 0 & \frac{G_4}{G_d} & \frac{G_5}{G_d} & 0 \\
0 & \frac{-X_Q}{G_q} & 0 & 0 & 0 & \frac{X_{mq}}{G_q} \\
0 & 0 & \frac{-1}{X_{ls}} & 0 & 0 & 0 \\
\frac{-G_4}{G_d} & 0 & 0 & \frac{G_2}{G_d} & \frac{-G_6}{G_d} & 0 \\
\frac{G_5}{G_d} & 0 & 0 & \frac{-G_6}{G_d} & \frac{G_3}{G_d} & 0 \\
0 & \frac{X_{mq}}{G_q} & 0 & 0 & 0 & \frac{X_q}{G_q}
\end{bmatrix}
$$

风力涡轮机大多长期工作于沿海、荒野、高原等恶劣环境下，系统干扰通常包括风力机的振动、电磁干扰、谐波噪声及环境干扰等[82-86]。另外，转子在运行过程中会产生振动，在风力机内部的并网过程中会产生谐波噪声，它是不可测量的，此噪声可由未知频率和振幅的干扰来描述。影响风力机系统的外部复杂环境和内部电磁环境可由加性白噪声表示[85,86]。此外，在转子运行过程中干扰与状态耦合，严重影响了风力机的效率[82,86]，此类干扰可表示为乘性干扰。于是，具有干扰的 FSCWT 状态空间模型可由系统(7.1)描述，选择如下风力涡轮机系数矩阵：

$$
A=\begin{bmatrix}
0.0057 & -1.1498 & 0 & 0.0153 & 0.0164 & 0.6989 \\
-7.9167 & 0.0396 & 0 & 7.5469 & 4.8125 & -0.2685 \\
0 & 0 & -0.0633 & 0 & 0 & 0 \\
0.0049 & -0.9888 & 0 & 0.0165 & 0.0096 & 0.6011 \\
0.0063 & -0.8298 & 0 & -0.0114 & 0.0127 & 0.7698 \\
-6.8885 & -0.0344 & 0 & 6.5668 & 6.5668 & -0.2894
\end{bmatrix}
$$

$$
B_0=\begin{bmatrix}
0.7564 & 0 & 0 & -0.6505 & -0.8331 & 0 \\
0 & 5.2083 & 0 & 0 & 0 & 4.5319 \\
0 & 0 & 8.3333 & 0 & 0 & 0 \\
0.6505 & 0 & 0 & -0.7014 & 0.4879 & 0 \\
0.6505 & 0 & 0 & 0.4879 & -0.6456 & 0 \\
0 & -4.5319 & 0 & 0 & 0 & 4.8851
\end{bmatrix}
$$

$$B_2=\begin{bmatrix} 0.0900 & 0.0300 & 0 & 0.0120 & 1.0300 & 0.0210 \\ 0.0020 & 0.0400 & 0 & -0.0340 & 0.0430 & 0.0100 \\ 0 & 0 & -0.0300 & 0 & 0 & 0 \\ -0.0400 & -0.0140 & 1 & -0.0080 & 0.1 & 0.0213 \\ 0.0400 & 0.0020 & 0 & -0.0310 & -0.0410 & 0.0100 \\ 0.0800 & 0.0020 & 0 & 0.0040 & 0.0300 & -0.2010 \end{bmatrix}$$

$$B_1=[0.5012,0.4220,0.4321,0.5102,0.5000,0.5031]^{\mathrm{T}}$$

考虑到 FSCWT 干扰中存在 6 个频率，干扰 $D_0(t)$ 可以由式(7.2)给出，且有

$$G=\begin{bmatrix} 0 & 0 & 2 \\ 0 & -2 & 0 \\ -2 & 0 & 0 \end{bmatrix},\quad C=\begin{bmatrix} 3 & 0 & 0 & -3 & 0 & 2 \\ 0 & 0 & 3 & 0 & 0 & 0 \\ 0 & -3 & 0 & 0 & 3 & 0 \end{bmatrix}^{\mathrm{T}},\quad S=0.5$$

选取系统的初始状态为 $x(0)=[2.445,-3.322,2,1.022,-1,-1.904]^{\mathrm{T}}$。$\xi_1(t)$、$\xi_2(t)$、$\xi_3(t)$ 为带限白噪声。根据式(7.9)，选取：

$$M=\begin{bmatrix} -20 & -5 & 0 \\ -30 & -15 & -15 \\ -5 & 0 & -25 \end{bmatrix},\quad N=\begin{bmatrix} 3 & 0 & 0 & 5 & 0 & 3 \\ 0 & 0 & 3 & 0 & 0 & 0 \\ 0 & 6 & 0 & 0 & 0 & 1 \end{bmatrix}$$

当 $\alpha=628.2974$ 时，根据定理 7.2 解得

$$L=\begin{bmatrix} -0.9833 & 13.5957 & 0 & -1.5555 & 4.3910 & 14.6553 \\ 0 & 0 & 24.9990 & 0 & 0 & 0 \\ 0 & 35.7817 & 0 & 0 & 0 & -22.3063 \end{bmatrix}$$

$$K=\begin{bmatrix} -18.6828 & 3.0943 & 15.6999 & -1.9829 & -5.1274 & 0.5132 \\ 1.5796 & -0.8106 & -1.3816 & 0.1529 & 0.5641 & -0.1439 \\ 0.2726 & 0.1046 & -0.3852 & -0.0097 & -0.0688 & 0.1514 \\ -5.5027 & 1.2831 & 4.8239 & -2.3154 & -7.3743 & -1.5134 \\ -7.5260 & 1.7058 & 6.6397 & -2.9530 & -5.8444 & -0.3279 \\ 1.1789 & 0.0384 & -0.3131 & -1.6918 & -1.4071 & -0.1610 \end{bmatrix}$$

$$R_1=\begin{bmatrix} -1.8798 & 0.1832 & -0.0042 & -0.4982 & -0.7028 & 0.2260 \\ 0.1832 & -0.1426 & 0.0451 & 0.0242 & 0.0738 & -0.0687 \\ -0.0042 & 0.0451 & -0.0476 & -0.0100 & -0.0117 & 0.0862 \\ -0.4982 & 0.0242 & -0.0100 & -0.8314 & -1.1933 & -0.8574 \\ -0.7028 & 0.0738 & -0.0117 & -1.1933 & -0.8771 & -0.1970 \\ 0.2260 & -0.0687 & 0.0862 & -0.8574 & -0.1970 & -0.0784 \end{bmatrix}\times 10^3$$

$$
Q_1 = \begin{bmatrix}
219.6130 & -60.3656 & 150.8534 & -4.3086 & -6.5561 & -1.1222 \\
-60.3656 & 248.3443 & -101.4440 & 8.6826 & 18.7349 & -13.8438 \\
150.8534 & -101.4440 & 200.9133 & 16.5270 & -1.7069 & -4.4567 \\
-4.3086 & 8.6826 & 16.5270 & 532.9788 & -37.9514 & -5.4327 \\
-6.5561 & 18.7349 & -1.7069 & -37.9514 & 181.3999 & -3.0591 \\
-1.1222 & -13.8438 & -4.4567 & -5.4327 & -3.0591 & 567.8591
\end{bmatrix}
$$

本章所提出的 ADOBC 方法的有效性如图 7.10 和图 7.11 所示。由图 7.10 可以看出，虽然 FSCWT 系统中存在多源异质干扰，但系统状态在所提出的 ADOBC 方法下，依然可以达到令人满意的系统性能。此外，由图 7.11 可以看出，本章所设计的 ADO 能够有效地对干扰进行估计。

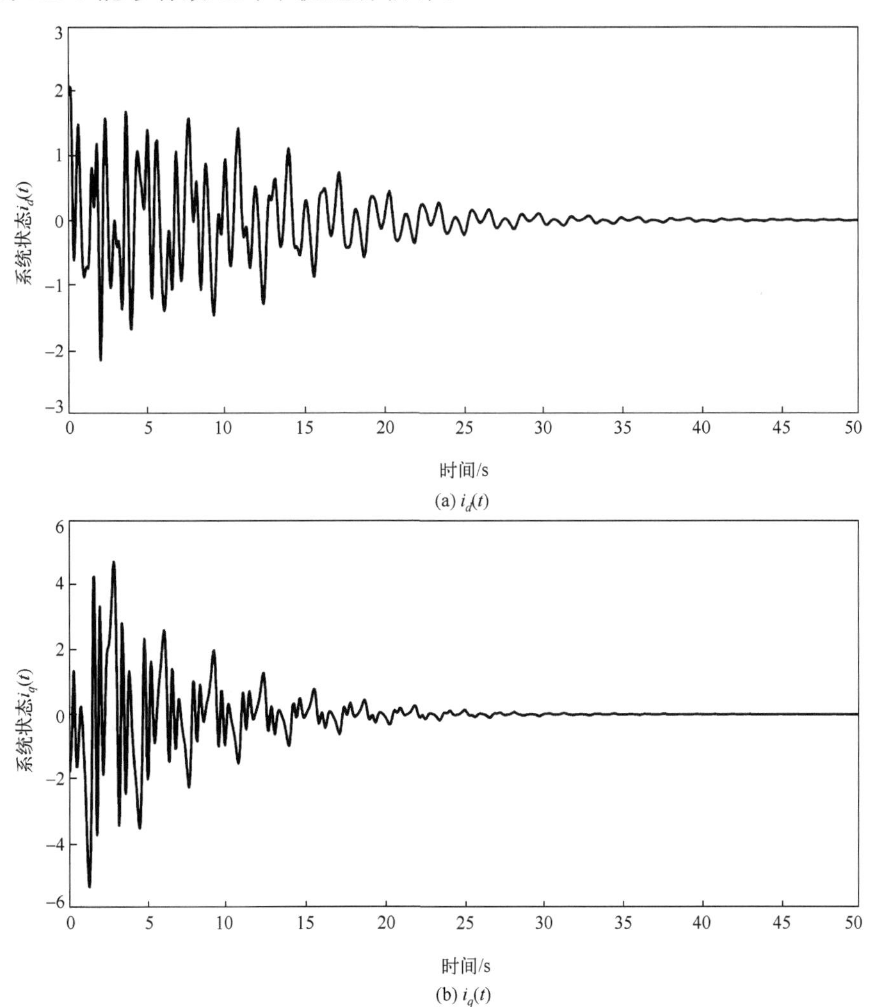

(a) $i_d(t)$

(b) $i_q(t)$

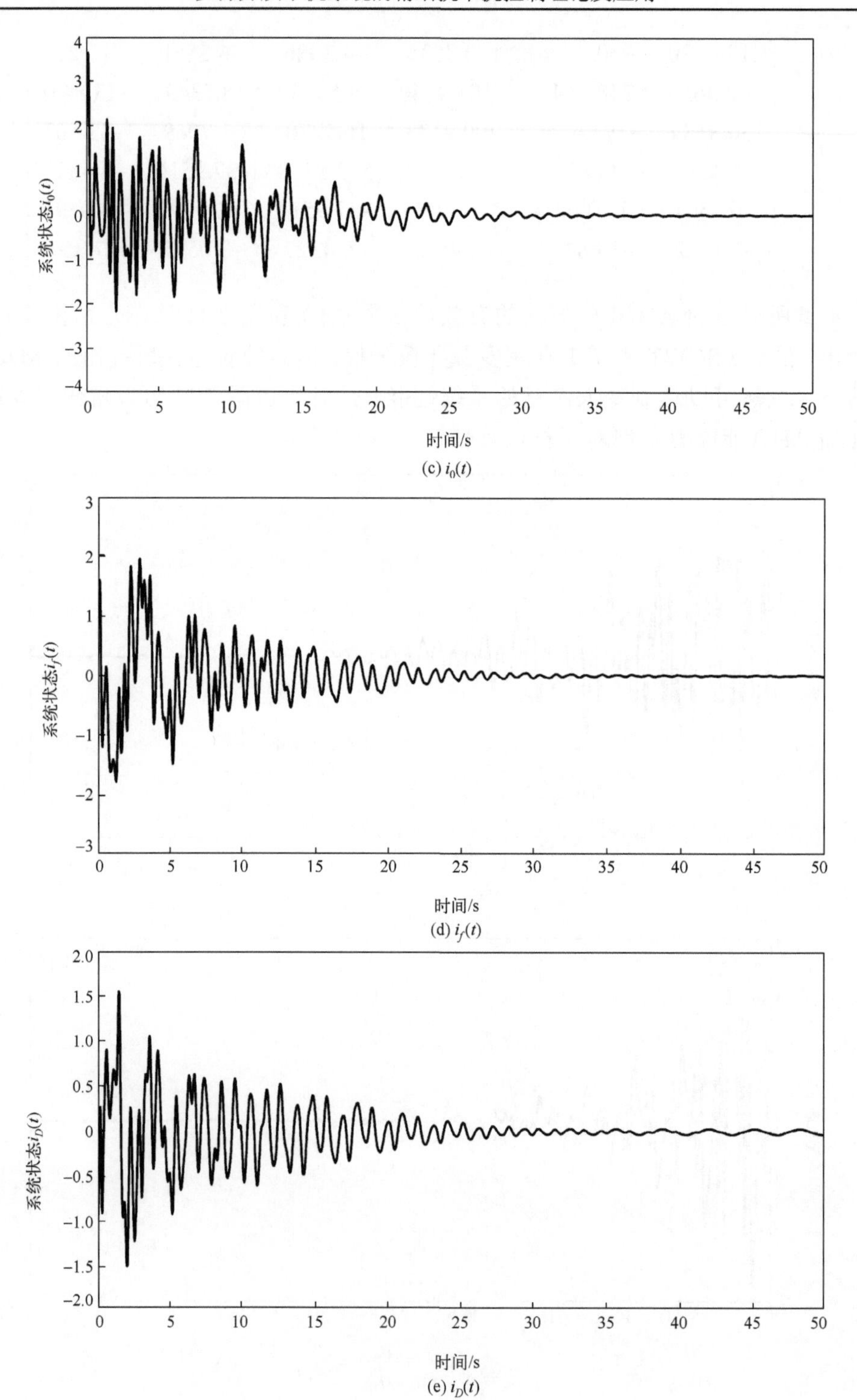

(c) $i_0(t)$

(d) $i_f(t)$

(e) $i_D(t)$

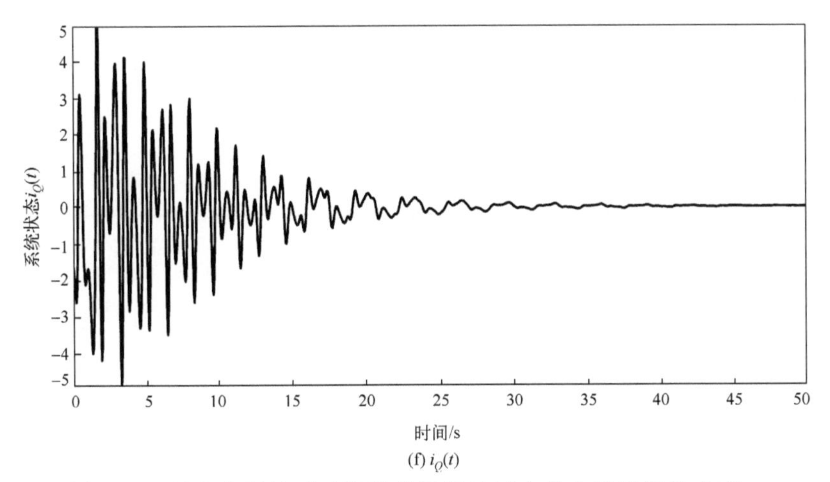

(f) $i_Q(t)$

图 7.10　具有多源异质干扰的前端调速风力发电机系统的响应

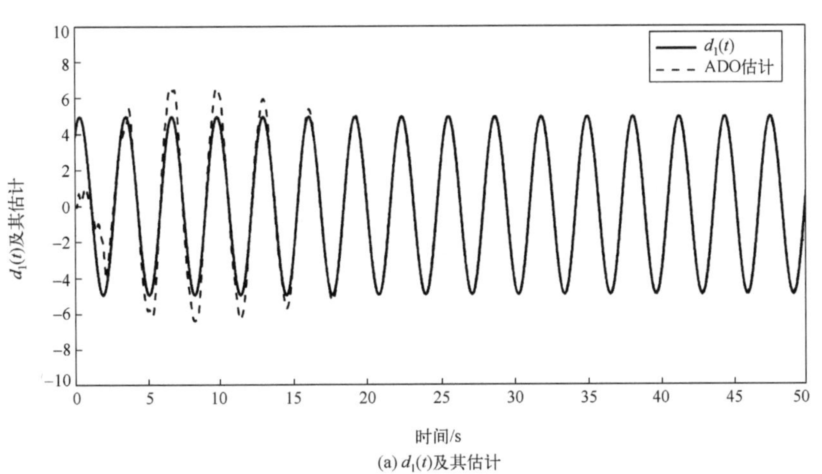

(a) $d_1(t)$及其估计

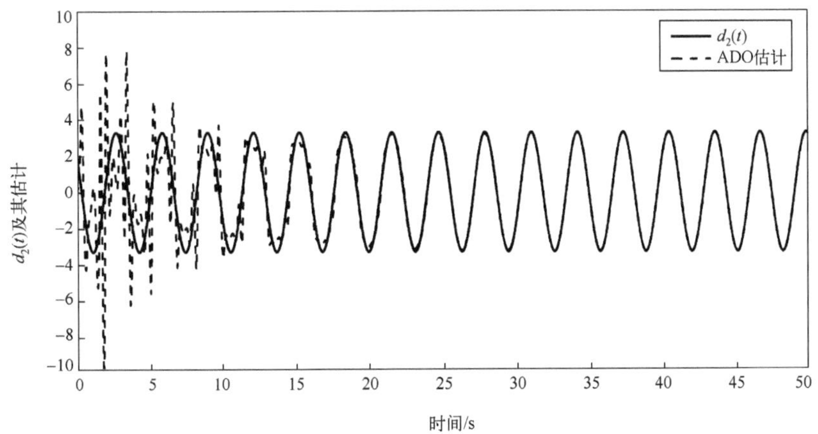

(b) $d_2(t)$及其估计

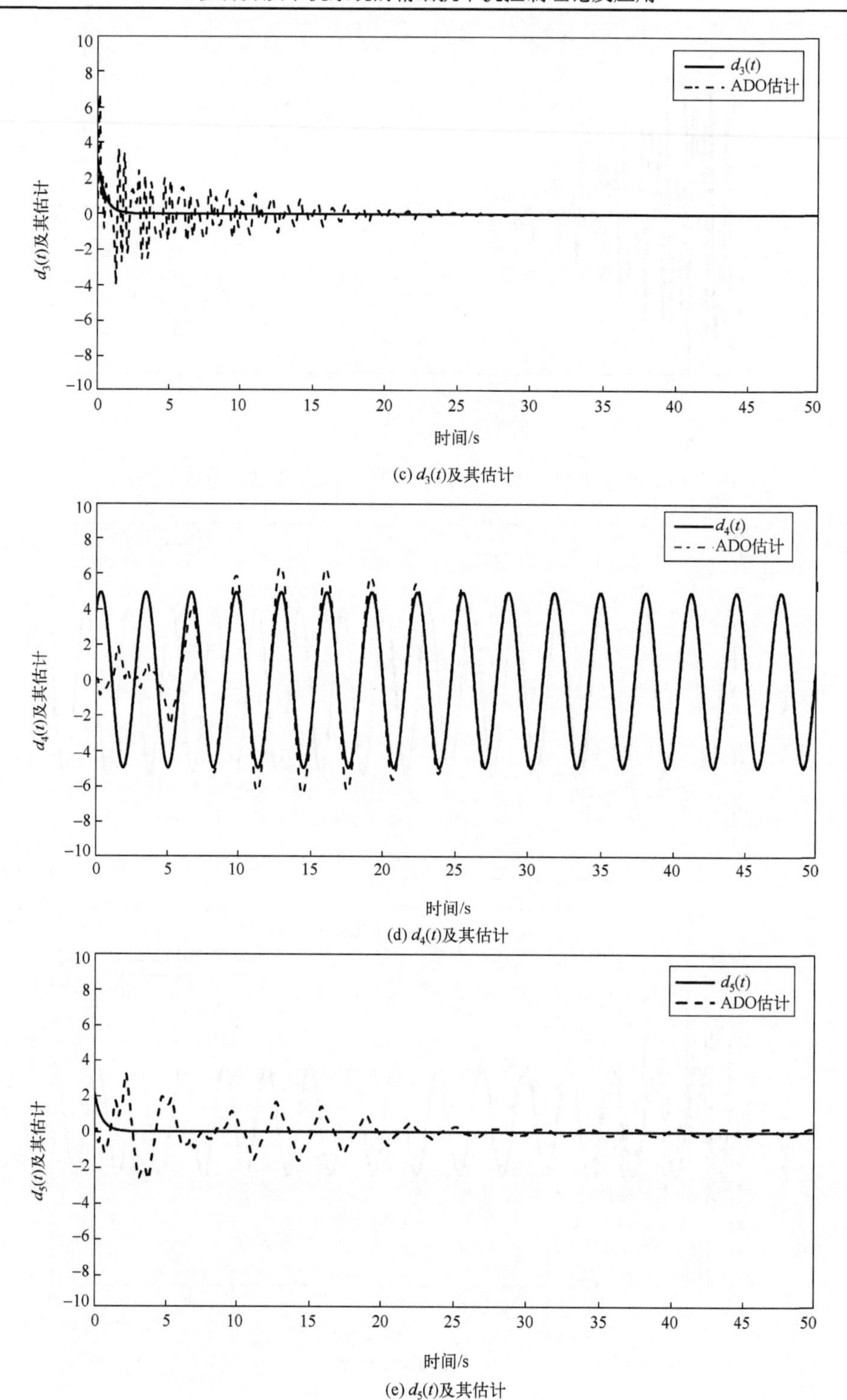

(c) $d_3(t)$及其估计

(d) $d_4(t)$及其估计

(e) $d_5(t)$及其估计

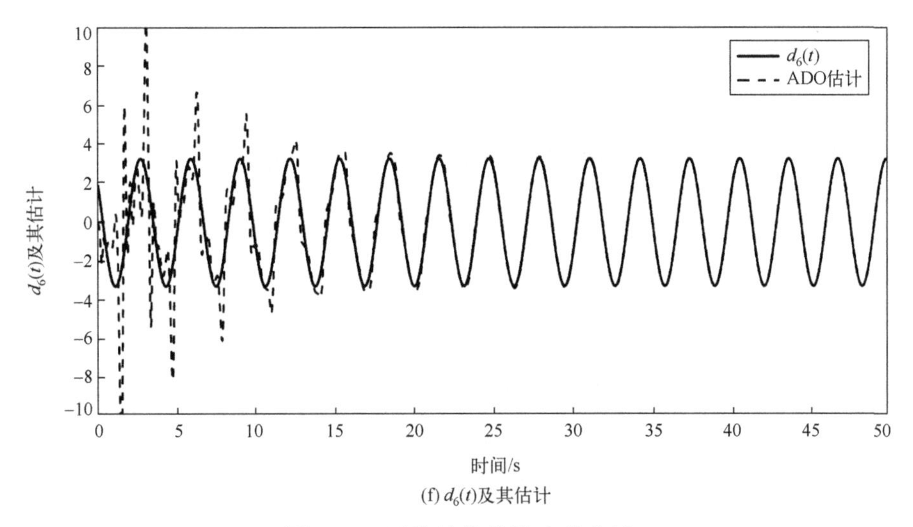

(f) $d_6(t)$及其估计

图 7.11　干扰及其估计响应曲线

7.5　结　　论

本章研究了具有多源异质干扰的随机系统抗干扰控制问题，采用自适应控制技术可以实现对干扰的有效补偿。基于干扰估计值，结合随机控制理论提出了 ADOBC 方法来抑制和抵消多源异质干扰。针对带有多源异质干扰的随机系统的建模问题是今后研究的难点之一。

第 8 章 离散时间随机系统精细抗干扰控制

8.1 引 言

离散时间随机系统在数字信号分析和处理中发挥着重要作用，目前许多学者提出了有效的离散随机系统抗干扰控制方法[87-91]。然而，现有离散时间随机控制方法大多只针对单一类型的干扰或将多源干扰整合为一个新的等效干扰，多源干扰的特性及其对系统性能的影响没有得到足够的重视。因此，具有多源干扰的离散时间随机系统抗干扰控制成为研究热点之一。

本章的目的是研究带有多源干扰与非线性的离散时间随机系统抗干扰控制问题，其中多源干扰包括部分信息已知的干扰和一系列随机变量。本章构造一个随机干扰观测器(SDO)来估计部分信息已知的干扰，基于此，提出了结合极点配置与线性矩阵不等式方法的精细抗干扰控制(elegant anti-disturbance control，EADC)策略，达到抵消和抑制不同类型干扰的目的。

8.2 问 题 描 述

考虑如下离散时间随机系统：

$$x(k+1) = A_0 x(k) + Fh(k, x(k)) + B(u(k) + D_0(k)) + A_1 x(k)\omega(k) \tag{8.1}$$

式中，$x(k) \in \mathbb{R}^n$、$u(k) \in \mathbb{R}^m (m < n)$ 分别是系统状态和控制输入；$A_0 \in \mathbb{R}^{n\times n}$、$F \in \mathbb{R}^{n\times p}$、$B \in \mathbb{R}^{n\times m}$、$A_1 \in \mathbb{R}^{n\times n}$ 是系数矩阵；$h(k, x(k))$ 为有界非线性函数；干扰包括 $D_0(k)$ 和 $\omega(k)$ 两种类型，其中 $\omega(k)$ 表示定义在完全概率空间 (Ω, Γ, P) 上与 $x(k)$ 无关的独立正态分布的随机变量，描述外部随机环境干扰，$D_0(k)$ 表示一类已知频率、未知振幅和相位的信号，且满足假设 8.1。

假设 8.1 $D_0(k)$ 由如下外源系统表述：

$$\begin{aligned} z(k+1) &= Gz(k) + H\delta(k) \\ D_0(k) &= Cz(k) \end{aligned} \tag{8.2}$$

式中，$G \in \mathbb{R}^{r\times r}$、$H \in \mathbb{R}^{r\times \varsigma}$、$C \in \mathbb{R}^{m\times r}$ 为已知矩阵；$\delta(k)$ 为外源系统的干扰与不确定性引起的附加有界干扰。

假设 8.2　(A_0,B) 能控，(G,BC) 能观。

定义 8.1[92]　考虑如下离散时间随机系统：

$$\begin{aligned}&x(k+1)=A_0x(k)+A_1x(k)\omega(k)\\&x(0)=x_0\in\mathbb{R}^n\end{aligned}\tag{8.3}$$

式中，$x(k)\in\mathbb{R}^m$ 为状态；$A_0\in\mathbb{R}^{n\times n}$、$A_1\in\mathbb{R}^{n\times n}$ 为系数矩阵；$\omega(k)$ 是定义在完全概率空间 (Ω,Γ,P) 上的独立正态分布随机向量。若对于任意 $x_0\in\mathbb{R}^n$，有

$$\lim_{k\to\infty}E\left\|x(k)\right\|^2=0\tag{8.4}$$

则系统 (8.3) 依概率渐近稳定。

引理 8.1[87]　对于随机系统 (8.3)，当且仅当存在一个矩阵 $P>0$ 使得

$$-P+A_0^{\mathrm{T}}PA_0+A_1^{\mathrm{T}}PA_1<0\tag{8.5}$$

成立，则系统 (8.3) 依概率渐近稳定。

8.3　已知非线性的精细抗干扰控制

假设系统状态 $x(k)$ 可获得且非线性函数 $h(k,x(k))$ 已知。本节将构造 SDO 来估计部分信息已知的干扰 $D_0(k)$，基于 SDO，结合极点配置和 LMI 方法，提出一种 EADC 策略，以保证离散时间随机系统达到期望的控制性能。

8.3.1　随机干扰观测器

建立如下 SDO：

$$\begin{cases}v(k+1)=(G+LBC)\hat{z}(k)+L(A_0x(k)+Fh(k,x(k))+B_1u(k))\\\hat{D}_0(k)=C\hat{z}(k),\quad \hat{z}(k)=v(k)-Lx(k)\end{cases}\tag{8.6}$$

式中，$\hat{z}(k)$ 是 $z(k)$ 的估计值；$v(k)$ 为辅助变量，是 SDO 的状态。定义估计误差为 $e_z(k+1)=z(k)-\hat{z}(k)$。根据式 (8.1)、式 (8.2) 和式 (8.6)，可得误差动态系统：

$$e_z(k+1)=(G+LBC)e_z(k)+LA_1x(k)\omega(k)+H\delta(k)\tag{8.7}$$

定义特征方程：

$$f(\lambda)=\left|\lambda I-(G+LBC)\right|=0\tag{8.8}$$

由于 (G,BC) 能观，所以系统 (8.7) 的极点可以配置到任意位置。通过调整式 (8.8) 中的 L，可以实现 SDO 的期望性能。

注 8.1　由于状态和干扰估计误差的耦合，干扰不能被精准地估计和抵消。因此，干扰观测器的设计难以从控制器的设计中分离。引入极点配置和 LMI 方法，

使得复合系统稳定，同时保证误差动态系统稳定。

设计基于 SDO 的 EADC 为

$$u(k) = -\hat{D}_0(k) + Kx(k) \tag{8.9}$$

将式(8.9)代入式(8.1)中，得闭环系统：

$$x(k+1) = (A_0 + BK)x(k) + BCe_z(k) + Fh(k,x(k)) + A_1x(k)\omega(k) \tag{8.10}$$

结合式(8.7)和式(8.10)，得复合系统为

$$\begin{aligned} \bar{x}(k+1) &= \bar{A}\bar{x}(k) + \bar{B}\bar{d}(k) + \bar{A}_1\bar{x}(k)\omega(k) \\ \bar{z}(k) &= T\bar{x}(k) \end{aligned} \tag{8.11}$$

式中，$\bar{z}(k)$ 是参考输出，且有：

$$\begin{aligned} &\bar{x}(k) = \begin{bmatrix} x(k) \\ e_z(k) \end{bmatrix}, \quad \bar{d}(k) = \begin{bmatrix} h(k,x(k)) \\ \delta(k) \end{bmatrix}, \quad \bar{B} = \begin{bmatrix} F & 0 \\ 0 & H \end{bmatrix} \\ &\bar{A} = \begin{bmatrix} A_0 + BK & BC \\ 0 & G + LBC \end{bmatrix}, \quad \bar{A}_1 = \begin{bmatrix} A_1 & 0 \\ LA_1 & 0 \end{bmatrix}, \quad T = [T_1 \quad T_2] \end{aligned} \tag{8.12}$$

式中，T_1 和 T_2 是适当维数的输出权重矩阵。

8.3.2　基于 SDO 的 EADC

下面将设计式(8.9)中的 K 使复合系统(8.11)达到依概率渐近稳定。基于引理 8.1，得以下结论。

定理 8.1　针对受式(8.2)影响的离散时间随机系统(8.1)，在满足假设 8.1 和假设 8.2 的条件下，若存在常数 $\gamma > 0$，以及矩阵 $Q_1 > 0$，$Q_2 > 0$，R_1 满足：

$$\Theta = \begin{bmatrix} -Q_1 & 0 & 0 & 0 & M_1 & 0 & Q_1A_1^{\mathrm{T}} & Q_1A_1^{\mathrm{T}}L^{\mathrm{T}} & Q_1T_1^{\mathrm{T}} \\ * & -Q_2 & 0 & 0 & Q_2C^{\mathrm{T}}B^{\mathrm{T}} & M_2 & 0 & 0 & Q_2T_2^{\mathrm{T}} \\ * & * & -\gamma^2 I & 0 & F^{\mathrm{T}} & 0 & 0 & 0 & 0 \\ * & * & * & -\gamma^2 I & 0 & H^{\mathrm{T}} & 0 & 0 & 0 \\ * & * & * & * & -Q_1 & 0 & 0 & 0 & 0 \\ * & * & * & * & * & -Q_2 & 0 & 0 & 0 \\ * & * & * & * & * & * & -Q_1 & 0 & 0 \\ * & * & * & * & * & * & * & -Q_2 & 0 \\ * & * & * & * & * & * & * & * & -I \end{bmatrix} < 0 \tag{8.13}$$

$$M_1 = Q_1A_0^{\mathrm{T}} + R_1B^{\mathrm{T}}, \quad M_2 = Q_2G^{\mathrm{T}} + Q_2^{\mathrm{T}}C^{\mathrm{T}}B^{\mathrm{T}}L^{\mathrm{T}}$$

则通过求解式(8.6)中 SDO 的观测器增益 L 和式(8.9)中 EADC 的控制增益 $K = R_1Q_1^{-1}$，使得复合系统(8.11)在 $\bar{d}(k) = 0$ 时依概率渐近稳定，在 $\bar{d}(k) \neq 0$ 时满足

$\|\bar{z}(k)\| \leqslant \gamma \|\bar{d}(k)\|$。

证明　基于离散时间随机系统(8.11)，构造如下李雅普诺夫函数，即

$$V(\bar{x}(k),k) = \bar{x}^{\mathrm{T}}(k)P\bar{x}(k) \tag{8.14}$$

取

$$P = \begin{bmatrix} P_1 & 0 \\ 0 & P_2 \end{bmatrix} = \begin{bmatrix} Q_1^{-1} & 0 \\ 0 & Q_2^{-1} \end{bmatrix} > 0 \tag{8.15}$$

定义如下差分算子：

$$\mathrm{LV}(k) = E[V(x(k+1),k+1) - V(x(k),k)] \tag{8.16}$$

基于引理 8.1，当 $\bar{d}(k) = 0$ 时，有

$$\begin{aligned}
\mathrm{LV}(k) &= E[\bar{x}^{\mathrm{T}}(k+1)P\bar{x}(k+1) - \bar{x}^{\mathrm{T}}(k)P\bar{x}(k)] \\
&= E[(\bar{A}\bar{x}(k) + \bar{A}_1\bar{x}(k)\omega(k))^{\mathrm{T}} P(\bar{A}\bar{x}(k) + \bar{A}_1\bar{x}(k)\omega(k)) - \bar{x}^{\mathrm{T}}(k)P\bar{x}(k)] \\
&= E[\bar{x}^{\mathrm{T}}(k)(-P + \bar{A}^{\mathrm{T}}P\bar{A} + \bar{B}_2^{\mathrm{T}}P\bar{B}_2)\bar{x}(k)] + E(\bar{B}^{\mathrm{T}}P\bar{B}) \\
&= E[\bar{x}^{\mathrm{T}}(k)\Theta_0\bar{x}(k)]
\end{aligned}$$

式中，$\Theta_0 = -P + \bar{A}^{\mathrm{T}}P\bar{A} + \bar{A}_1^{\mathrm{T}}P\bar{A}_1$。如果 $\Theta_0 < 0$ 成立，则通过求解式(8.6)中 SDO 的 L 和式(8.9)中 EADC 的控制增益 $K = R_1Q_1^{-1}$，使复合系统(8.11)满足在 $\bar{d}(k) = 0$ 的情况下依概率渐近稳定。

接下来，为验证复合系统(8.11)在带有干扰衰减系数 $\gamma > 0$ 的条件下依概率渐近稳定，令 $J_N = \sum_{k=0}^{N} E\|\bar{z}(k)\|^2 - \gamma^2 \sum_{k=0}^{N} E\|\bar{d}(k)\|^2$，则在零初始条件下，有

$$\begin{aligned}
J_N &= E\left\{\sum_{k=0}^{N}\left\{\|\bar{z}(k)\|^2 - \gamma^2\|\bar{d}(k)\|^2 + \mathrm{LV}(k)\right\}\right\} - EV(x(N+1)) \\
&\leqslant E\left\{\sum_{k=0}^{N}\left\{\|\bar{z}(k)\|^2 - \gamma^2\|\bar{d}(k)\|^2 + \mathrm{LV}(k)\right\}\right\} \\
&= E\left\{\sum_{k=0}^{N}\{\bar{x}^{\mathrm{T}}(k)T^{\mathrm{T}}T\bar{x}(k) - \gamma^2\bar{d}^{\mathrm{T}}(k)\bar{d}(k) + \bar{x}^{\mathrm{T}}(k+1)P\bar{x}(k+1) - \bar{x}^{\mathrm{T}}(k)P\bar{x}(k)\}\right\} \\
&= E\left\{\sum_{k=0}^{N}\eta^{\mathrm{T}}(k)\Theta_1\eta(k)\right\}
\end{aligned} \tag{8.17}$$

式中

$$\eta(k)=\begin{bmatrix}\bar{x}(k)\\ \bar{d}(k)\end{bmatrix},\quad \Theta_1=\begin{bmatrix}M_0 & \bar{A}^{\mathrm{T}}P\bar{B}\\ \bar{B}^{\mathrm{T}}P\bar{A} & \bar{B}^{\mathrm{T}}P\bar{B}-\gamma^2 I\end{bmatrix} \tag{8.18}$$

$$M_0=-P+\bar{A}^{\mathrm{T}}P\bar{A}+\bar{A}_1^{\mathrm{T}}P\bar{A}_1+T^{\mathrm{T}}T \tag{8.19}$$

根据 Schur 补引理，有 $\Theta_1<0$ 等价于 $\Theta_2<0$，其中：

$$\Theta_2=\begin{bmatrix}-P & 0 & \bar{A}^{\mathrm{T}}P & \bar{A}_1^{\mathrm{T}}P & T^{\mathrm{T}}\\ * & -\gamma^2 I & \bar{B}^{\mathrm{T}}P & 0 & 0\\ * & * & -P & 0 & 0\\ * & * & * & -P & 0\\ * & * & * & * & -I\end{bmatrix} \tag{8.20}$$

将式(8.12)代入式(8.20)，得到 $\Theta_2<0$ 等价于 $\Theta_3<0$，其中：

$$\Theta_3=\begin{bmatrix}-P_1 & 0 & 0 & 0 & A_0^{\mathrm{T}}P_1+K^{\mathrm{T}}B^{\mathrm{T}}P_1 & 0 & A_1^{\mathrm{T}}P_1 & A_1^{\mathrm{T}}L^{\mathrm{T}}P_2 & T_1^{\mathrm{T}}\\ * & -P_2 & 0 & 0 & C^{\mathrm{T}}B^{\mathrm{T}}P_1 & G^{\mathrm{T}}P_2+C^{\mathrm{T}}B^{\mathrm{T}}L^{\mathrm{T}}P_2 & 0 & 0 & T_2^{\mathrm{T}}\\ * & * & -\gamma^2 I & 0 & F^{\mathrm{T}}P_1 & 0 & 0 & 0 & 0\\ * & * & * & -\gamma^2 I & 0 & H_0^{\mathrm{T}}P_2 & 0 & 0 & 0\\ * & * & * & * & -P_1 & 0 & 0 & 0 & 0\\ * & * & * & * & * & -P_2 & 0 & 0 & 0\\ * & * & * & * & * & * & -P_1 & 0 & 0\\ * & * & * & * & * & * & * & -P_2 & 0\\ * & * & * & * & * & * & * & * & -I\end{bmatrix}$$

将 $\Theta_3<0$ 左右同时乘以 $\mathrm{diag}\{Q_1,\ Q_2,\ I,\ I,\ Q_1,\ Q_2, Q_1,\ Q_2, I\}$，得到 $\Theta_3<0$ 等价于 $\Theta_4<0$，其中：

$$\Theta_4=\begin{bmatrix}-Q_1 & 0 & 0 & 0 & Q_1A_0^{\mathrm{T}}+Q_1K^{\mathrm{T}}B^{\mathrm{T}} & 0 & Q_1A_1^{\mathrm{T}} & Q_1A_1^{\mathrm{T}}L^{\mathrm{T}} & Q_1T_1^{\mathrm{T}}\\ * & -Q_2 & 0 & 0 & Q_2C^{\mathrm{T}}B^{\mathrm{T}} & Q_2G^{\mathrm{T}}+Q_2C^{\mathrm{T}}B^{\mathrm{T}}L^{\mathrm{T}} & 0 & 0 & Q_2T_2^{\mathrm{T}}\\ * & * & -\gamma^2 I & 0 & F^{\mathrm{T}} & 0 & 0 & 0 & 0\\ * & * & * & -\gamma^2 I & 0 & H_0^{\mathrm{T}} & 0 & 0 & 0\\ * & * & * & * & -Q_1 & 0 & 0 & 0 & 0\\ * & * & * & * & * & -Q_2 & 0 & 0 & 0\\ * & * & * & * & * & * & -Q_1 & 0 & 0\\ * & * & * & * & * & * & * & -Q_2 & 0\\ * & * & * & * & * & * & * & * & -I\end{bmatrix}$$

令 $R_1=KQ_1$，$\Theta_4<0$ 可表示成式(8.13)，即 $\Theta<0$。显然 $\Theta<0$ 等价于 $\Theta_1<0$。而 $\Theta_1<0$

保证了 $\Theta_0<0$。同时，$\Theta_1<0$ 可以使 $J_N<0$，进而 $\|\bar{z}(k)\|\leqslant\gamma\|\bar{d}(k)\|$ 成立。于是，定理 8.1 得证。证毕。

8.4　未知非线性的精细抗干扰控制

假设系统状态 $x(k)$ 可获得且非线性函数 $h(k,x(k))$ 未知，与 8.3 节不同，在干扰观测器设计中无法利用 $h(k,x(k))$ 的信息。

8.4.1　随机干扰观测器

建立如下 SDO：

$$\begin{cases}v(k+1)=(G+LBC)\hat{z}(k)+L(A_0x(k)+B_1u(k))\\ \hat{D}_0(k)=C\hat{z}(k),\quad \hat{z}(k)=v(k)-Lx(k)\end{cases}\tag{8.21}$$

式中，$\hat{z}(k)$ 是 $z(k)$ 的估计值；$v(k)$ 为辅助变量，是 SDO 的状态。定义估计误差为 $e_z(k+1)=z(k)-\hat{z}(k)$。根据式 (8.1)、式 (8.2) 和式 (8.21)，可得误差动态系统：

$$e_z(k+1)=(G+LBC)e_z(k)+LFh(k,x(k))+H\delta(k)+LA_1x(k)\omega(k)\tag{8.22}$$

定义特征方程：

$$f(\lambda)=|\lambda I-(G+LBC)|=0\tag{8.23}$$

由于 (G,BC) 是能观的，所以系统 (8.23) 的极点可以配置到任意位置。通过调整式 (8.21) 中的 L，可以使 SDO 达到期望的观测性能。

设计基于 SDO 的 EADC 为

$$u(k)=-\hat{D}_0(k)+Kx(k)\tag{8.24}$$

将式 (8.24) 代入式 (8.1) 中，得到闭环系统：

$$x(k+1)=(A_0+BK)x(k)+BCe_z(k)+Fh(k,x(k))+A_1x(k)\omega(k)\tag{8.25}$$

结合式 (8.22) 和式 (8.25)，得到复合系统为

$$\begin{aligned}\bar{x}(k+1)&=\bar{A}\bar{x}(k)+\bar{B}\bar{d}(k)+\bar{A}_1\bar{x}(k)\omega(k)\\ \bar{z}(k)&=T\bar{x}(k)\end{aligned}\tag{8.26}$$

式中，$\bar{z}(k)$ 是参考输出，且有：

$$\begin{gathered}\bar{x}(k)=\begin{bmatrix}x(k)\\ e_z(k)\end{bmatrix},\quad \bar{d}(k)=\begin{bmatrix}h(k,x(k))\\ \delta(k)\end{bmatrix},\quad \bar{B}=\begin{bmatrix}F & 0\\ LF & H\end{bmatrix}\\ \bar{A}=\begin{bmatrix}A_0+BK & BC\\ 0 & G+LBC\end{bmatrix},\quad \bar{A}_1=\begin{bmatrix}A_1 & 0\\ LA_1 & 0\end{bmatrix},\quad T=[T_1\quad T_2]\end{gathered}\tag{8.27}$$

8.4.2　基于 SDO 的 EADC

为了使复合系统(8.26)达到依概率渐近稳定,我们将设计式(8.24)中的控制增益 K。基于引理 8.1,可以得到以下结论。

定理 8.2　针对受如式(8.2)所示的干扰影响的离散时间随机系统(8.1),在满足假设 8.1 和假设 8.2 的条件下,若存在常数 $\gamma>0$,以及矩阵 $Q_1>0$,$Q_2>0$,R_1 满足:

$$\Theta=\begin{bmatrix} -Q_1 & 0 & 0 & 0 & M_1 & 0 & Q_1A_1^{\mathrm{T}} & Q_1A_1^{\mathrm{T}}L^{\mathrm{T}} & Q_1T_1^{\mathrm{T}} \\ * & -Q_2 & 0 & 0 & Q_2C^{\mathrm{T}}B^{\mathrm{T}} & M_2 & 0 & 0 & Q_2T_2^{\mathrm{T}} \\ * & * & -\gamma^2 I & 0 & F^{\mathrm{T}} & F^{\mathrm{T}}L^{\mathrm{T}} & 0 & 0 & 0 \\ * & * & * & -\gamma^2 I & 0 & H^{\mathrm{T}} & 0 & 0 & 0 \\ * & * & * & * & -Q_1 & 0 & 0 & 0 & 0 \\ * & * & * & * & * & -Q_2 & 0 & 0 & 0 \\ * & * & * & * & * & * & -Q_1 & 0 & 0 \\ * & * & * & * & * & * & * & -Q_2 & 0 \\ * & * & * & * & * & * & * & * & -I \end{bmatrix}<0$$

$$M_1=Q_1A_0^{\mathrm{T}}+R_1B^{\mathrm{T}},\qquad M_2=Q_2G^{\mathrm{T}}+Q_2^{\mathrm{T}}C^{\mathrm{T}}B^{\mathrm{T}}L^{\mathrm{T}}$$

则通过求解式(8.21)中 SDO 的观测器增益 L 和式(8.24)中 EADC 的控制增益 $K=R_1Q_1^{-1}$,使得复合系统(8.26)在 $\bar{d}(k)=0$ 时依概率渐近稳定;在 $\bar{d}(k)\neq 0$ 时满足 $\|\bar{z}(k)\|\leqslant\gamma\|\bar{d}(k)\|$。

证明　证明过程类似于定理 8.1。

8.5　仿 真 实 例

为了证明所提方案的有效性,考虑式(8.1)中的离散时间随机系统,系统参数见文献[88]。

$$A_0=\begin{bmatrix} 1.1062 & 0.10901 \\ 0.40737 & 0.47394 \end{bmatrix},\quad B_0=\begin{bmatrix} 0.34365 \\ 0.47573 \end{bmatrix}$$

$$A_1=\begin{bmatrix} 0.017005 & 0.10801 \\ 0.061999 & 0.14269 \end{bmatrix},\quad F=\begin{bmatrix} -0.1 \\ -0.1 \end{bmatrix}$$

选取式(8.2)中描述的干扰 $D_0(k)$ 的参数如下:

$$G=\begin{bmatrix} 0 & 1 \\ -1 & 0 \end{bmatrix},\quad H=\begin{bmatrix} 0.02 \\ 0.01 \end{bmatrix},\quad C=[2\quad 1],\quad z(0)=\begin{bmatrix} -0.2\sin(k) \\ 0.2\cos(k) \end{bmatrix}$$

$\delta(k)$ 取上限为 1 的带限白噪声，$v(k)$ 的初始值取为 $[0.1,-0.1]$。

8.5.1　已知非线性情形

设定非线性函数 $h(k,x(k))=10\sin(2\pi\times 5k)x_1(k)$。初始状态为 $x(0)=[-1,1]^{\mathrm{T}}$。取式(8.8)中的 $\lambda=[0.1,-0.1]$ 来设计 L，可得观测器增益矩阵为

$$L=\begin{bmatrix}-0.2016 & -0.2790\\ 0.4031 & 0.5580\end{bmatrix}$$

基于定理 8.1 解得

$$Q_1=\begin{bmatrix}0.5778 & 0.6740\\ 0.6740 & 1.3043\end{bmatrix},\quad R_1=[-1.8402\quad -2.5383]$$

$$Q_2=\begin{bmatrix}0.5120 & 0.3229\\ 0.3229 & 0.4062\end{bmatrix},\quad K=[-2.3030\quad -0.7560]$$

本章所提 EADC 方案的有效性如图 8.1 所示。仿真结果表明，尽管系统存在多源干扰，与 H_∞ 控制策略相比，本章提出的 EADC 方案可以获得更理想的系统响应和更高的控制精度。

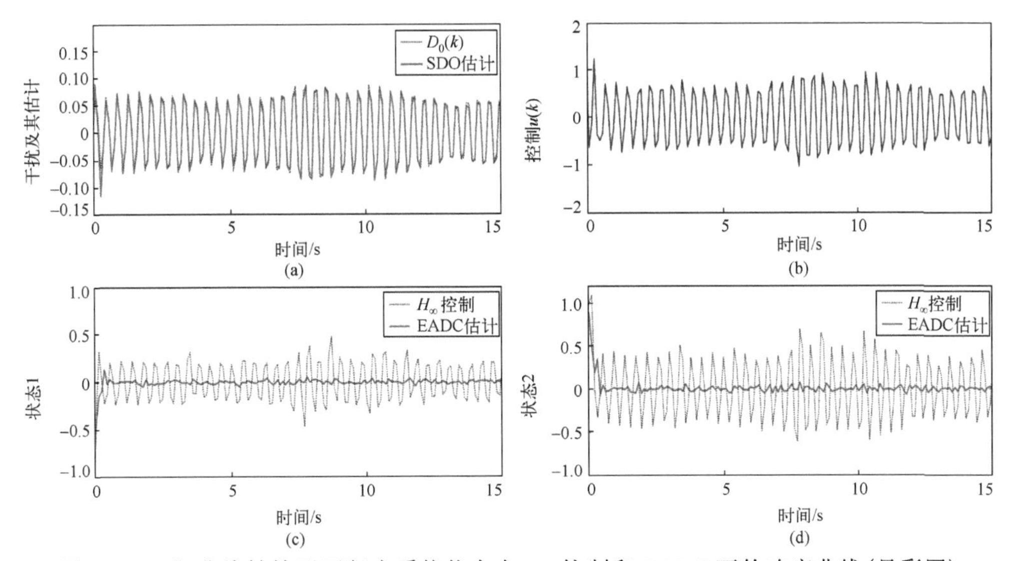

图 8.1　已知非线性情形下复合系统状态在 H_∞ 控制和 EADC 下的响应曲线(见彩图)

8.5.2　未知非线性情形

不同于 8.5.1 节，本节的非线性函数 $h(k,x(k))$ 是未知的。在仿真中，我们假定 $h(k,x(k))=r(k)x_1(k)$，其中 $r(k)$ 被设置为一个上界为 1 的随机输入。取状态初值为

$x(0)=[-1,1]^{\mathrm{T}}$，通过选取式(8.23)中的$\lambda=[-0.5,-0.1]$来设计L，可得观测器增益矩阵为

$$L=\begin{bmatrix}-0.3692 & -0.5111\\ 0.3392 & 0.4696\end{bmatrix}$$

基于定理 8.2 可求得

$$Q_1=\begin{bmatrix}0.5229 & 0.5851\\ 0.5851 & 1.1489\end{bmatrix},\quad R_1=[-1.5933\quad -2.1296]$$

$$Q_2=\begin{bmatrix}0.3960 & 0.3175\\ 0.3175 & 0.4736\end{bmatrix},\quad K=[-2.2621\quad -0.7016]$$

图 8.2 对应未知非线性的情形，仿真结果表明，尽管系统中存在多源干扰，但在所提 EADC 方案下提高了干扰的抵消和抑制性能，与 H_∞ 控制方案相比达到了令人满意的控制效果。

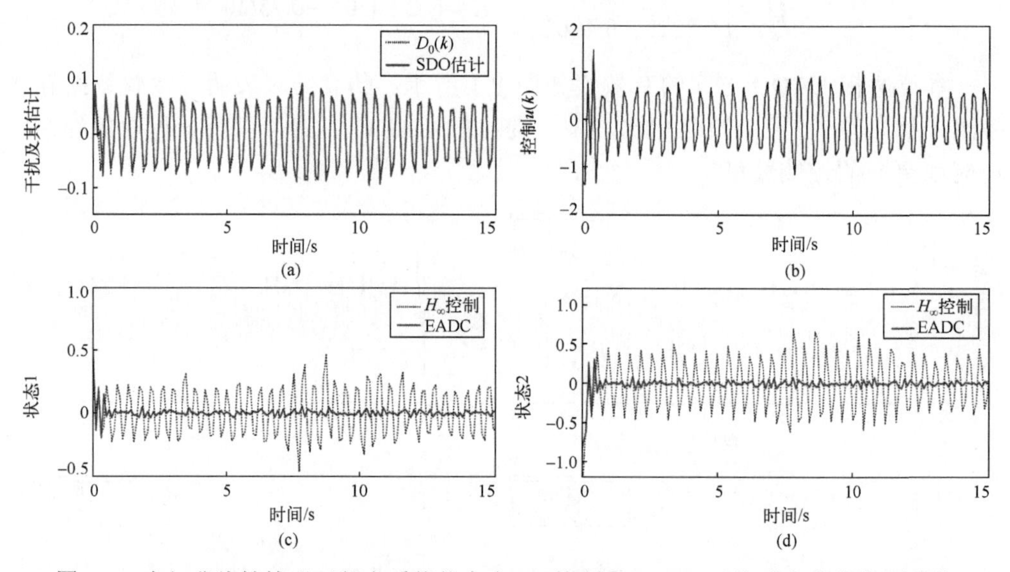

图 8.2　未知非线性情形下复合系统状态在 H_∞ 控制和 EADC 下的响应曲线(见彩图)

8.6　结　　论

本章研究了一类带有多源干扰和非线性的离散时间随机系统的抗干扰控制问题。针对已知和未知非线性两种情况，分别提出了 EADC 方案来抵消和抑制干扰，并且保证系统在不同条件下达到期望的控制性能。由于状态和干扰估计误差相互耦合，提出了复合极点配置和 LMI 方法来解决这一难题。后期研究的难点之一是寻找一种新的方法来解决状态和干扰估计误差的耦合问题。

第9章　随机非线性系统复合DOBC与饱和抗干扰控制

9.1　引　　言

在实际系统中，由于物理元件等限制因素，当输入值增大到一定程度时，系统的输出与输入往往不能保持同步变化，而是趋于某一最大定值，这种现象称为饱和。例如，飞机竖尾翼的转向角不可以超过幅值限制，否则就会引起飞行事故。输入饱和已成为影响系统性能的关键因素[93,94]。近年来，许多饱和控制方法相继出现，如 Pontryagin 极大值原理、基于绝对稳定理论方法等。Pontryagin 极大值原理基于绝对稳定理论方法将饱和限定在特定的非线性扇区中来处理低阶输入受限系统有界控制问题。

本章的目的是研究输入饱和约束下随机非线性系统的精细抗干扰控制问题，干扰包括加性白噪声、乘性白噪声和状态耦合型干扰。本章利用凸多面体边界法逼近系统中的输入饱和项，设计了一种新的随机饱和干扰观测器(stochastic saturated disturbance observer，SSDO)，结合饱和线性反馈的凸包表达，在克服输入饱和影响的同时获得较好的抗干扰性能。

9.2　问 题 描 述

9.2.1　随机系统

考虑如下带有多源异质干扰和输入饱和的随机系统：

$$\dot{x}(t) = Ax(t) + B_0\text{sat}(u(t) + D_0(t)) + B_1\sigma_1(t) + B_2x(t)\sigma_2(t) \tag{9.1}$$

式中，$x(t)\in\mathbb{R}^n$ 和 $u(t)\in\mathbb{R}^m$ 分别是系统状态和控制输入；$\sigma_1(t)\in\mathbb{R}$ 和 $\sigma_2(t)\in\mathbb{R}$ 分别是能量受限的加性白噪声和乘性白噪声；$A\in\mathbb{R}^{n\times n}$、$B_0\in\mathbb{R}^{n\times m}$、$B_1\in\mathbb{R}^{n\times p}$、$B_2\in\mathbb{R}^{n\times n}$ 为已知系统矩阵；$\text{sat}(\cdot)$ 满足以下饱和形式：

$$\text{sat}(\cdot) = [\text{sat}(\cdot)_1,\cdots,\text{sat}(\cdot)_m]^{\mathrm{T}},\quad \text{sat}(\cdot)_i = \text{sign}(\cdot)\min\{|\cdot|,1\}$$

式中，$\text{sat}(\cdot)$ 可表示带有单位饱和度的饱和函数；$\min\{|\cdot|,1\}$ 代表最小值函数；$\text{sign}(\cdot)$

为符号函数。

注 9.1　许多工程应用系统可以用系统(9.1)描述，如风力涡轮机[84,95]、机器总线系统[96]、数字信号处理(digital signal processing，DSP)系统[97]、两区域互联电力系统[98]、飞机系统[99,100]等。

将干扰 $D_0(t)\in\mathbb{R}^m$ 建模为如下形式：

$$\begin{cases}D_0(t)=D_{01}(t)+D_{02}(t)\\D_{01}(t)=Vz(t),\quad \dot{z}(t)=Wz(t)+Gx(t)\sigma_3(t)\\D_{02}(t)=S\sigma_4(t)\end{cases}\tag{9.2}$$

式中，$z(t)\in\mathbb{R}^r$ 是外源系统的状态；$\sigma_3(t)\in\mathbb{R}$ 是独立存在于控制通道内部的加性白噪声；$\sigma_4(t)\in\mathbb{R}$ 为乘性白噪声；$V\in\mathbb{R}^{m\times r}$、$W\in\mathbb{R}^{r\times r}$、$G\in\mathbb{R}^{r\times n}$、$S\in\mathbb{R}$ 是已知矩阵。

注 9.2　由于干扰 $D_0(t)$ 的频率已知，但幅值和相位未知，所以干扰 $D_0(t)$ 表示部分信息已知的干扰。特别是式(9.2)中考虑了状态和干扰相互耦合，这种情况在工程系统中普遍存在[101]。

将式(9.2)代入式(9.1)得

$$\dot{x}(t)=Ax(t)+B_0\mathrm{sat}(u(t)+Vz(t))+B_0S\sigma_4(t)+B_1\sigma_1(t)+B_2x(t)\sigma_2(t)\tag{9.3}$$

在式(9.3)中，令 $\zeta(t)=[\sigma_1^{\mathrm{T}}(t),\sigma_4^{\mathrm{T}}(t)]^{\mathrm{T}}$，$F=[B_1,B_0S]$，则有

$$\dot{x}(t)=Ax(t)+B_0\mathrm{sat}(u(t)+Vz(t))+F\zeta(t)+B_2x(t)\sigma_2(t)\tag{9.4}$$

用 $\dfrac{\mathrm{d}\omega_1(t)}{\mathrm{d}t}$ 代替 $\zeta(t)$，$\dfrac{\mathrm{d}\omega_2(t)}{\mathrm{d}t}$ 代替 $\sigma_2(t)$，$\dfrac{\mathrm{d}\omega_3(t)}{\mathrm{d}t}$ 代替 $\sigma_3(t)$，系统(9.1)和系统(9.2)等价于以下系统：

$$\mathrm{d}x(t)=Ax(t)\mathrm{d}t+B_0\mathrm{sat}(u(t)+Vz(t))\mathrm{d}t+F\mathrm{d}\omega_1(t)+B_2x(t)\mathrm{d}\omega_2(t)\tag{9.5}$$

$$\begin{cases}D_{01}(t)=Vz(t)\\\mathrm{d}z(t)=Wz(t)\mathrm{d}t+Gx(t)\mathrm{d}\omega_3(t)\end{cases}\tag{9.6}$$

式中，$\omega_1(t)$、$\omega_2(t)$、$\omega_3(t)$ 是独立的标准维纳过程。

假设 9.1　(A,B_0) 能控，(W,B_0V) 能观。

9.2.2　凸多面体边界法

考虑 m 阶对角矩阵 E，它包含 2^m 个元素，其内部元素由 0 或 1 组成。假设 E 中的每一个元素为 E_i，$i\in\mathbb{Q}=\{1,2,\cdots,2^m\}$，令 $E_i^-=I-E_i$，显然 E_i^- 也是 E 中的元素，则存在一类标量族 η_i 满足 $0\leqslant\eta_i\leqslant1$ 且 $\sum_{i=1}^{2^m}\eta_i=1$，从而得到

$$\sum_{i=1}^{2^m}\eta_i(E_i+E_i^-)=I,\quad \forall E_i\in E,\quad i=1,2,\cdots,2^m \tag{9.7}$$

接下来，通过正定矩阵 $P\in\mathbb{R}^{n\times n}$ 表示椭球体函数：

$$\Omega(P)=\{x\in\mathbb{R}^n:x^{\mathrm{T}}Px\leqslant 1\} \tag{9.8}$$

并且将一个对称凸多面体表示为

$$\rho(H)=\left\{x\in\mathbb{R}^n:\left|H^l x\right|\leqslant 1,l\in\mathbb{Q}_m\right\} \tag{9.9}$$

式中，$\mathbb{Q}_m=\{1,2,\cdots,m\}$；$H\in\mathbb{R}^{m\times n}$；$H^l$ 表示矩阵 H 的第 l 行。

引理 9.1[102]　基于上述凸多面体表示方法，考虑饱和线性反馈的凸包表示，对于矩阵 K，$H\in\mathbb{R}^{n\times n}$，$x\in\mathbb{R}^{n\times n}$，如果 $x\in\rho(H)$，则有

$$\mathrm{sat}(Kx)\in\mathrm{co}\{E_iKx+E_i^-Hx,i\in\mathbb{Q}\} \tag{9.10}$$

式中，$\mathrm{co}\{\cdot\}$ 是集合的凸包表示。

9.3　主 要 结 果

本章构造 SSDO 来实现输入饱和情况下干扰 $D_{01}(t)$ 的在线估计，在 SSDO 输出的基础上，将饱和线性反馈与 LMI 方法相结合，提出了一种新的复合抗干扰控制策略。

9.3.1　随机饱和干扰观测器

由于输入饱和的存在，在干扰误差系统中出现了饱和项与系统状态的耦合，导致 LMI 方法不再适用。为了消除误差系统中饱和项与状态的耦合，将输入饱和项引入干扰观测器，设计如下 SSDO：

$$\begin{cases}\hat{D}_{01}(t)=V\hat{z}(t)\\ \hat{z}(t)=\mu(t)-Lx(t)\\ \mathrm{d}\mu(t)=(W+LB_0V)\hat{z}(t)+L(Ax(t)+B_0\mathrm{sat}(u(t)))\mathrm{d}t\end{cases} \tag{9.11}$$

式中，$\hat{D}_{01}(t)$ 是外部随机干扰 $D_{01}(t)$ 的估计值；$\mu(t)$ 是随机干扰观测器的内部状态；L 为待求解的观测器增益矩阵。定义 $e_z(t)=z(t)-\hat{z}(t)$，则干扰误差系统为

$$\mathrm{d}e_z(t)=(W+LB_0V)e_z(t)\mathrm{d}t+LF\mathrm{d}\omega_1(t)+LB_2x(t)\mathrm{d}\omega_2(t)+Gx(t)\mathrm{d}\omega_3(t) \tag{9.12}$$

注 9.3　考虑到 (W,B_0V) 是能控的，根据文献[103]和[104]，可利用极点配置方法获得最优干扰观测增益 L，从而使干扰观测器的估计性能达到最优。

9.3.2 复合抗干扰控制器

构建如下复合抗干扰控制器(composite anti-disturbance control，CADC)：

$$u(t) = Kx(t) - \hat{D}_{01}(t) \tag{9.13}$$

将式(9.13)代入式(9.5)中，结合式(9.11)，则有

$$\mathrm{d}x(t) = Ax(t)\mathrm{d}t + B_0\mathrm{sat}(Kx(t) + Ve_z(t))\mathrm{d}t + F\mathrm{d}\omega_1(t) + B_2x(t)\mathrm{d}\omega_2(t) \tag{9.14}$$

基于式(9.7)、式(9.9)、式(9.14)和引理 9.1，对于 $\forall \overline{x}(t) \in \rho(H)$，$H = [H_1, V] \in \mathbb{R}^{m\times(n+r)}$，令 $\psi(t) = [x(t)\ \ e_z(t)]^{\mathrm{T}}$，则式(9.14)中的饱和项满足：

$$\begin{aligned}\mathrm{sat}(Kx(t) + Ve_z(t))\mathrm{d}t &= \mathrm{sat}(K,V)\psi(t)\mathrm{d}t \\ &= \sum_{i=1}^{2^m}\eta_i(E_i(K,V)\psi(t) + E_i^- H\psi(t))\mathrm{d}t \\ &= \sum_{i=1}^{2^m}\eta_i(E_iK + E_i^- H_1)x(t)\mathrm{d}t + Ve_z(t)\mathrm{d}t\end{aligned} \tag{9.15}$$

式中，$\sum_{i=1}^{2^m}\eta_i = 1$，$0 \leqslant \eta_i \leqslant 1$；$K$、$H_1$ 是要设计的控制增益矩阵。

将式(9.15)代入式(9.14)，得到如下闭环系统：

$$\begin{aligned}\mathrm{d}x(t) = &\left(A + \sum_{i=1}^{2^m}\eta_i B_0(E_iK + E_i^- H_1)\right)x(t)\mathrm{d}t \\ &+ B_0Ve_z(t)\mathrm{d}t + F\mathrm{d}\omega_1(t) + B_2x(t)\mathrm{d}\omega_2(t)\end{aligned} \tag{9.16}$$

联立式(9.12)和式(9.16)，得复合系统：

$$\mathrm{d}\psi(t) = \overline{A}\psi(t)\mathrm{d}t + \overline{B}_1\mathrm{d}\omega_1(t) + \overline{B}_2\psi(t)\mathrm{d}\omega_2(t) + \overline{G}\psi(t)\mathrm{d}\omega_3(t) \tag{9.17}$$

式中

$$\begin{gathered}\overline{A} = \begin{bmatrix} A + \sum_{i=1}^{2^m}\eta_i B_0(E_iK + E_i^- H_1) & B_0V \\ 0 & W + LB_0V \end{bmatrix} \\ \psi(t) = \begin{bmatrix} x(t) \\ e_z(t) \end{bmatrix},\quad \overline{B}_1 = \begin{bmatrix} F \\ LF \end{bmatrix},\quad \overline{B}_2 = \begin{bmatrix} B_2 & 0 \\ LB_2 & 0 \end{bmatrix},\quad \overline{G} = \begin{bmatrix} 0 & 0 \\ G & 0 \end{bmatrix}\end{gathered} \tag{9.18}$$

通过对复合系统(9.17)进行稳定性分析，得出以下结论。

定理 9.1 针对带有多源异质干扰和输入饱和的随机非线性系统(9.5)，若存

在矩阵 $Q_1>0$ ，$Q_2>0$ 和 R_1、 R_2、 L ，满足：

$$\Omega_i=\begin{bmatrix}\Theta_1 & B_0VQ_2 & Q_1B_2^{\mathrm{T}} & Q_1B_2^{\mathrm{T}}L^{\mathrm{T}} & 0 & Q_1G^{\mathrm{T}}\\ * & \Theta_2 & 0 & 0 & 0 & 0\\ * & * & -Q_1 & 0 & 0 & 0\\ * & * & * & -Q_2 & 0 & 0\\ * & * & * & * & -Q_1 & 0\\ * & * & * & * & * & -Q_2\end{bmatrix}<0 \tag{9.19}$$

$$\Theta_1=AQ_1+Q_1A^{\mathrm{T}}+B_0E_iR_1+R_1^{\mathrm{T}}E_i^{\mathrm{T}}B_0^{\mathrm{T}}+B_0E_i^{-}R_2+R_2^{\mathrm{T}}E_i^{-\mathrm{T}}B_0^{\mathrm{T}}$$
$$\Theta_2=WQ_2+Q_2W^{\mathrm{T}}+LB_0VQ_2+Q_2V^{\mathrm{T}}B_0^{\mathrm{T}}L^{\mathrm{T}}$$

则通过求解式(9.11)的观测器增益 L 和式(9.15)的控制增益 $K=R_1Q_1^{-1}$ ， $H_1=R_2Q_1^{-1}$ ，使复合系统(9.17)均方渐近有界。

证明　选取如下李雅普诺夫函数，即

$$V(\psi(t),t)=\psi^{\mathrm{T}}(t)P\psi(t) \tag{9.20}$$

定义：

$$P=\begin{bmatrix}P_1 & 0\\ 0 & P_2\end{bmatrix}=\begin{bmatrix}Q_1^{-1} & 0\\ 0 & Q_2^{-1}\end{bmatrix}=Q^{-1}>0 \tag{9.21}$$

则式(9.20)对时间 t 的导数为

$$\begin{aligned}\mathrm{L}V(\psi(t),t)&=\frac{\partial V}{\partial\psi}\bar{A}\psi^{\mathrm{T}}(t)+\mathrm{tr}(\bar{B}_1^{\mathrm{T}}P\bar{B}_1)+\mathrm{tr}(\psi^{\mathrm{T}}(t)\bar{B}_2^{\mathrm{T}}P\bar{B}_2\psi(t))\\&\quad+\mathrm{tr}(\psi^{\mathrm{T}}(t)\bar{G}^{\mathrm{T}}P\bar{G}\psi(t))\\&=\psi^{\mathrm{T}}(t)(P\bar{A}+\bar{A}^{\mathrm{T}}P+\bar{B}_2^{\mathrm{T}}P\bar{B}_2+\bar{G}^{\mathrm{T}}P\bar{G})\psi(t)+\mathrm{tr}(\bar{B}_1^{\mathrm{T}}P\bar{B}_1)\\&=\psi^{\mathrm{T}}(t)\Omega_{i1}\psi(t)+\vartheta(t)\\&\leqslant\max_{i\in Q}\{\eta_i\psi^{\mathrm{T}}(t)\Omega_{i1}\psi(t)\}+\vartheta(t)\end{aligned} \tag{9.22}$$

式中

$$\begin{aligned}\Omega_{i1}&=P\bar{A}+\bar{A}^{\mathrm{T}}P+\bar{B}_2^{\mathrm{T}}P\bar{B}_2+\bar{G}^{\mathrm{T}}P\bar{G}\\ \vartheta(t)&=\mathrm{tr}(\bar{B}_1^{\mathrm{T}}P\bar{B}_1)\end{aligned} \tag{9.23}$$

对于式(9.23)，因为 $0\leqslant\eta_i\leqslant1$ ， $i\in\mathbb{Q}=\{1,2,\cdots,2^m\}$ ， $\bar{B}_1$ 和 P 为有界矩阵，则存在常数 $\varphi>0$ ，使 $0\leqslant\vartheta(t)\leqslant\varphi$ ，从而可以得到

$$\mathrm{L}V(\psi(t),t)\leqslant\max_{i\in\mathbb{Q}}\{\eta_i\psi^{\mathrm{T}}(t)\Omega_{i1}\psi(t)\}+\vartheta(t)\leqslant\max_{i\in\mathbb{Q}}\{\eta_i\psi^{\mathrm{T}}(t)\Omega_{i1}\psi(t)\}+\varphi \tag{9.24}$$

接下来，将证明 $\Omega_{i1}<0 \Leftrightarrow \Omega_i<0$。

(1) 首先证明 $\Omega_{i1}<0 \Leftrightarrow \Omega_{i2}<0$。由式(9.18)、式(9.23)、式(9.24)及 Schur 引理，有 $\Omega_{i1}<0$ 等价于 $\Omega_{i2}<0$，其中：

$$\Omega_{i2}=\begin{bmatrix} \Pi_1 & P_1B_0V & B_2^{\mathrm{T}} & B_2^{\mathrm{T}}L^{\mathrm{T}} & 0 & G^{\mathrm{T}} \\ * & \Pi_2 & 0 & 0 & 0 & 0 \\ * & * & -P_1^{-1} & 0 & 0 & 0 \\ * & * & * & -P_2^{-1} & 0 & 0 \\ * & * & * & * & -P_1^{-1} & 0 \\ * & * & * & * & * & -P_2^{-1} \end{bmatrix} \tag{9.25}$$

$$\Pi_1=P_1A+A^{\mathrm{T}}P_1+P_1B_0E_iK+K^{\mathrm{T}}E_i^{\mathrm{T}}B_0^{\mathrm{T}}P_1+P_1B_0E_i^{-}H_1+H_1^{\mathrm{T}}E_i^{-\mathrm{T}}B_0^{\mathrm{T}}P_1$$
$$\Pi_2=P_2W+W^{\mathrm{T}}P_2+P_2LB_0V+V^{\mathrm{T}}B_0^{\mathrm{T}}L^{\mathrm{T}}P_2$$

(2) 再证明 $\Omega_{i2}<0 \Leftrightarrow \Omega_{i3}<0$。将 Ω_{i2} 左右同乘 $\mathrm{diag}\{Q_1,Q_2,I,I,I,I\}$ 得到 Ω_{i3}，可知 $\Omega_{i2}<0$ 等价于 $\Omega_{i3}<0$，这里：

$$\Omega_{i3}=\begin{bmatrix} \Theta_1 & B_0VQ_2 & Q_1B_2^{\mathrm{T}} & Q_1B_2^{\mathrm{T}}L^{\mathrm{T}} & 0 & Q_1G^{\mathrm{T}} \\ * & \Theta_2 & 0 & 0 & 0 & 0 \\ * & * & -Q_1 & 0 & 0 & 0 \\ * & * & * & -Q_2 & 0 & 0 \\ * & * & * & * & -Q_1 & 0 \\ * & * & * & * & * & -Q_2 \end{bmatrix} \tag{9.26}$$

$$\Theta_1=AQ_1+Q_1A^{\mathrm{T}}+B_0E_iKQ_1+Q_1K^{\mathrm{T}}E_i^{\mathrm{T}}B_0^{\mathrm{T}}+B_0E_i^{-}H_1Q_1+Q_1H_1^{\mathrm{T}}E_i^{-\mathrm{T}}B_0^{\mathrm{T}}$$
$$\Theta_2=WQ_2+Q_2W^{\mathrm{T}}+LB_0VQ_2+Q_2V^{\mathrm{T}}B_0^{\mathrm{T}}L^{\mathrm{T}}$$

(3) 最后证明 $\Omega_{i3}<0 \Leftrightarrow \Omega_i<0$。令式(9.26)中的 $K=R_1Q_1^{-1}$，$H_1=R_2Q_1^{-1}$，便可得 $\Omega_{i3}<0 \Leftrightarrow \Omega_i<0$。

由证明过程(1)～(3)可知，$\Omega_i<0 \Leftrightarrow \Omega_{i3}<0 \Leftrightarrow \Omega_{i2}<0 \Leftrightarrow \Omega_{i1}<0$，因此存在常数 $\alpha>0$ 使得

$$\Omega_i<0 \Leftrightarrow \Omega_{i1}<0 \Rightarrow \Omega_{i1}+\alpha I<0 \tag{9.27}$$

基于式(9.20)、式(9.24)和式(9.27)，选择函数 $\kappa=\lambda_{\min}(P)|\psi|^c$，$c=2$，$\tau=\dfrac{\alpha}{\lambda_{\max}(P)}$，有

$$\kappa(|\psi|^c)=\lambda_{\min}(P)|\psi|^2 \leqslant \psi^{\mathrm{T}}(t)P\psi(t)=V(\psi(t),t) \tag{9.28}$$

$$\mathrm{LV}(\psi(t),t) \leqslant -\tau V(\psi(t))+\varphi \tag{9.29}$$

于是，基于文献[8]得复合系统(9.17)均方渐近有界。证毕。

定理 9.1 中，系统(9.5)包含加性干扰 $\sigma_1(t)$，乘性干扰 $\sigma_2(t)$、$\sigma_3(t)$，当加性干扰 $\sigma_1(t)$ 消失时，运用相同的控制器设计方法，可得推论 9.1。

推论 9.1　对于带有如式(9.6)所示干扰的随机系统(9.5)，当 $B_1=0$，$S=0$ 时，若存在矩阵 $Q_1>0$，$Q_2>0$ 和 R_1、R_2、L，满足：

$$\Xi_i=\begin{bmatrix} \Sigma_1 & Q_1G^{\mathrm{T}} & Q_1B_2^{\mathrm{T}} & Q_1B_2^{\mathrm{T}}L^{\mathrm{T}} & 0 & B_0VQ_2 \\ * & -Q_2 & 0 & 0 & 0 & 0 \\ * & * & -Q_1 & 0 & 0 & 0 \\ * & * & * & -Q_2 & 0 & 0 \\ * & * & * & * & -Q_1 & 0 \\ * & * & * & * & * & \Sigma_2 \end{bmatrix}<0 \tag{9.30}$$

$$\Sigma_1=AQ_1+Q_1A^{\mathrm{T}}+B_0E_iR_1+R_1^{\mathrm{T}}E_i^{\mathrm{T}}B_0^{\mathrm{T}}+B_0E_i^-R_2+R_2^{\mathrm{T}}E_i^{-\mathrm{T}}B_0^{\mathrm{T}}$$

$$\Sigma_2=WQ_2+Q_2W^{\mathrm{T}}+LB_0VQ_2+Q_2V^{\mathrm{T}}B_0^{\mathrm{T}}L^{\mathrm{T}}$$

则通过求解式(9.11)的观测增益 L 和式(9.15)的控制增益 $K=R_1Q_1^{-1}$，$H_1=R_2Q_1^{-1}$，使得复合系统(9.17)依概率渐近稳定。

证明　当 $B_1=0$，$S=0$ 时，复合系统(9.17)可表示为

$$\mathrm{d}\psi(t)=\bar{A}\psi(t)\mathrm{d}t+\bar{B}_2\psi(t)\mathrm{d}\omega_2(t)+\bar{G}\psi(t)\mathrm{d}\omega_3(t) \tag{9.31}$$

式中

$$\bar{A}=\begin{bmatrix} A+\sum_{i=1}^{2^m}\eta_iB_0(E_iK+E_i^-H_1) & B_0V \\ 0 & W+LB_0V \end{bmatrix} \tag{9.32}$$

$$\psi(t)=\begin{bmatrix} x(t) \\ e_z(t) \end{bmatrix},\quad \bar{B}_2=\begin{bmatrix} B_2 & 0 \\ LB_2 & 0 \end{bmatrix},\quad \bar{G}=\begin{bmatrix} 0 & 0 \\ G & 0 \end{bmatrix}$$

对于复合系统(9.31)，选取如下李雅普诺夫函数：

$$V(\psi(t),t)=\psi^{\mathrm{T}}(t)P\psi(t) \tag{9.33}$$

定义：

$$P=\begin{bmatrix} P_1 & 0 \\ 0 & P_2 \end{bmatrix}=\begin{bmatrix} Q_1^{-1} & 0 \\ 0 & Q_2^{-1} \end{bmatrix}=Q^{-1}>0 \tag{9.34}$$

则式(9.33)的导数为

$$\begin{aligned} \mathrm{LV}(\psi(t),t)&=\frac{\partial V}{\partial\psi}\bar{A}\psi^{\mathrm{T}}(t)+\mathrm{tr}(\psi^{\mathrm{T}}(t)\bar{B}_2^{\mathrm{T}}P\bar{B}_2\psi(t))+\mathrm{tr}(\psi^{\mathrm{T}}(t)\bar{G}^{\mathrm{T}}P\bar{G}\psi(t)) \\ &=\psi^{\mathrm{T}}(t)(P\bar{A}+\bar{A}^{\mathrm{T}}P+\bar{B}_2^{\mathrm{T}}P\bar{B}_2+\bar{G}^{\mathrm{T}}P\bar{G})\psi(t) \\ &=\psi^{\mathrm{T}}(t)\Xi_{i1}\psi(t) \end{aligned} \tag{9.35}$$

式中

$$\Xi_{i1} = P\bar{A} + \bar{A}^{\mathrm{T}}P + \bar{B}_2^{\mathrm{T}}P\bar{B}_2 + \bar{G}^{\mathrm{T}}P\bar{G} \tag{9.36}$$

因为$0 \leqslant \eta_i \leqslant 1$，$i \in \mathbb{Q} = \{1,2,\cdots,2^m\}$，于是有

$$\mathrm{LV}(\psi(t),t) \leqslant \max_{i\in\mathbb{Q}}\{\eta_i\psi^{\mathrm{T}}(t)\Xi_{i1}\psi(t)\} \tag{9.37}$$

按照定理 9.1 的证明过程，可得$\Xi_i < 0 \Leftrightarrow \Xi_{i1} < 0$，因此存在常数$\alpha > 0$使得

$$\Xi_i < 0 \Leftrightarrow \Xi_{i1} < 0 \Rightarrow \Xi_{i1} + \alpha I < 0 \tag{9.38}$$

基于式(9.33)、式(9.35)和式(9.37)，对于$\forall\psi(t) \in \mathbb{R}^n$，$t \geqslant 0$，可以选择$\kappa_\infty$函数$\gamma_1(\|\psi\|) = \lambda_{\min}(P)|\psi|^c$，$\gamma_2(\|\psi\|) = \lambda_{\max}(P)|\psi|^c$，使得

$$\lambda_{\min}(P)\|\psi\|^c \leqslant V(\psi(t),t) = \psi^{\mathrm{T}}(t)P\psi(t) \leqslant \lambda_{\max}(P)\|\psi\|^c \tag{9.39}$$

接下来，选择$\gamma_3(\|\psi\|) = \gamma|\psi|^c$和正常数$c = 2$，则有

$$\mathrm{LV}(\psi(t),t) = \psi^{\mathrm{T}}(t)\Xi_{i1}\psi(t) \leqslant \max_{i\in\mathbb{Q}}\{\eta_i\psi^{\mathrm{T}}(t)\Xi_{i1}\psi(t)\} \leqslant -\gamma\|\psi\|^2 \tag{9.40}$$

式中，$\psi(t) \in \mathbb{R}^n$，$t > 0$。基于文献[65]，有复合系统(9.31)依概率渐近稳定。证毕。

9.4 仿真实例

本节分别通过数值仿真和实例仿真，验证所提出的 CADC 策略的正确性和有效性。

9.4.1 数值仿真

选取随机系统(9.1)的系数矩阵为

$$A = \begin{bmatrix} 0.9994 & 0.3209 \\ 0 & 0.9837 \end{bmatrix},\quad B_0 = \begin{bmatrix} -0.3436 & 0.2116 \\ 0.4757 & 0.1223 \end{bmatrix},\quad B_2 = \begin{bmatrix} 0.017005 & 0.10801 \\ 0.061999 & 0.14269 \end{bmatrix}$$

$$W = \begin{bmatrix} 0 & 5 \\ -5 & 0 \end{bmatrix},\quad V = \begin{bmatrix} 3 & 0 \\ 0 & 3 \end{bmatrix},\quad G = \begin{bmatrix} 0.02 & 0 \\ -0.01 & 0.012 \end{bmatrix}$$

取初始状态$x(0)$为$[-0.5,0.5]^{\mathrm{T}}$，假设$\sigma(i)$ $(i = 1,2,3,4)$为有限能量白噪声。为了研究 CADC 策略在不同干扰环境下的系统性能，考虑以下两种情形。

1) $B \neq 0$，$S \neq 0$的情形

假设$B_1 = [0.012,-0.01]^{\mathrm{T}}$，$S = 1$。将误差动态系统(9.12)的极点取为$[-4,-5]$，可

得

$$L=\begin{bmatrix}-4.4138 & -5.9911\\ -6.9850 & -1.5424\end{bmatrix}$$

根据定理 9.1，解得

$$R_1=\begin{bmatrix}-255.9994 & -179.7374\\ -179.7374 & 0.0000\end{bmatrix},\quad R_2=\begin{bmatrix}0.0000 & -499.4580\\ -499.4580 & 573.0027\end{bmatrix}$$

$$K=\begin{bmatrix}-31.3136 & -51.4532\\ -16.8680 & -7.2886\end{bmatrix},\quad H_1=\begin{bmatrix}-20.2538 & -114.1318\\ -23.6369 & 110.6838\end{bmatrix}$$

将参考文献[35]中的 SDO 与本章所提出的 SSDO 进行比较，干扰估计误差响应曲线如图 9.1(a)和图 9.1(b)所示。从图 9.1(a)中可以看出，SDO 方法的干扰估计误差曲线是发散的，说明在输入饱和的情况下 SDO 失效。从图 9.1(b)可以看出本章提出的 SSDO 成功实现了对干扰的在线估计，具有较好的干扰估计性能。

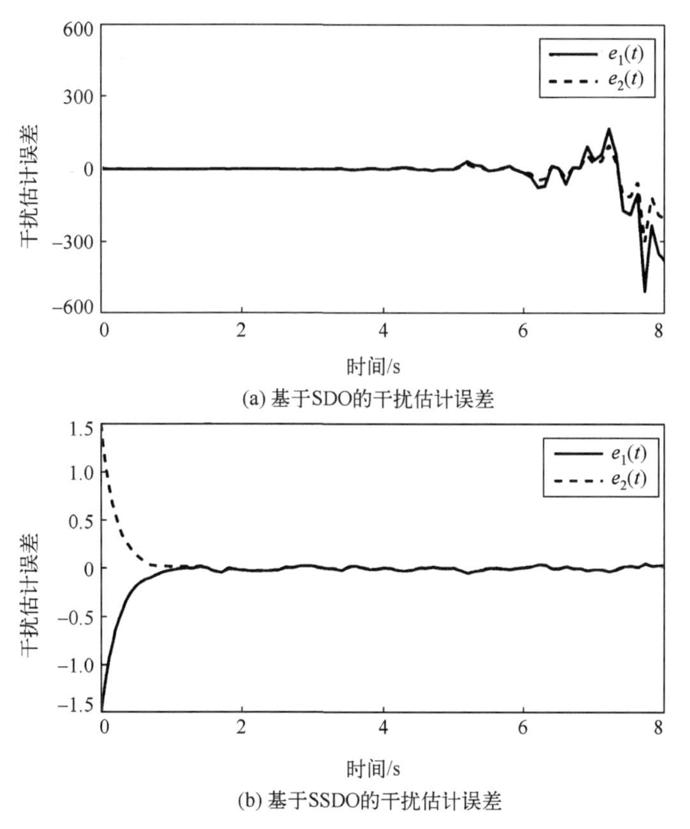

(a) 基于SDO的干扰估计误差

(b) 基于SSDO的干扰估计误差

图 9.1　SDO 和 SSDO 干扰估计性能的比较

图 9.2 (a) ～图 9.2 (d) 给出了 $B \neq 0$，$S \neq 0$ 时的仿真结果。从图 9.2 (a) 可以看出，在没有控制的情况下，具有多源异质干扰的系统是不稳定的。图 9.2 (b) 说明本章所提出的 SSDO 具有令人满意的估计性能。此外，本章所提出的 CADC 策略的有

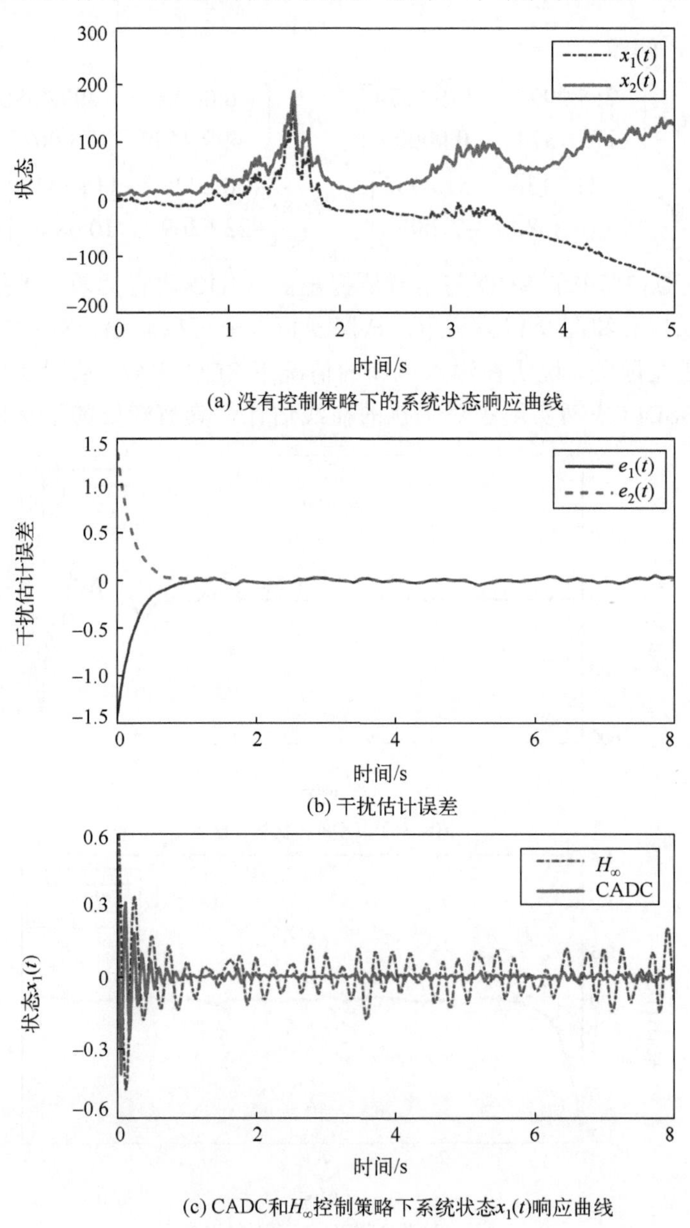

(a) 没有控制策略下的系统状态响应曲线

(b) 干扰估计误差

(c) CADC和H_∞控制策略下系统状态$x_1(t)$响应曲线

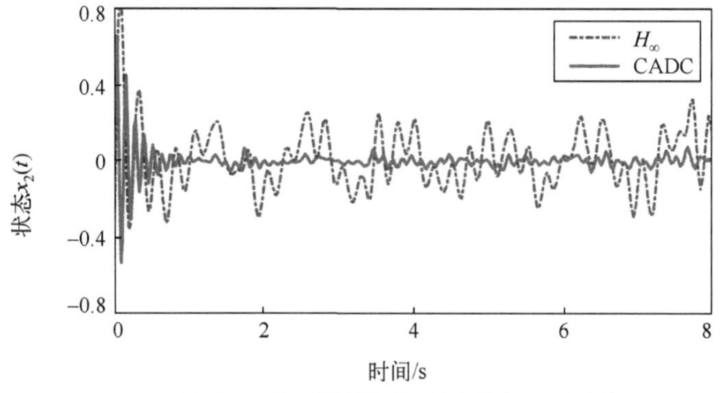

(d) CADC和H_∞控制策略下系统状态$x_2(t)$响应曲线

图 9.2　带有输入饱和与多源异质干扰的复合系统的响应曲线

效性如图 9.2(c)和图 9.2(d)所示。仿真结果表明系统状态在 CADC 下是均方渐近有界的，这说明本章中的控制器在克服输入饱和影响的同时，还具有优异的抗干扰性能。通过与 H_∞ 控制技术相比较，进一步说明本章提出的 CADC 控制策略可以实现更高精度抗干扰控制的目的。

2) $B_1=0$，$S=0$ 的情形

当系统(9.1)和系统(9.2)中的 $B_1=0$，$S=0$ 时，将误差动力系统(9.12)的极点取为 $[-2,-1]$，可以得到

$$L=\begin{bmatrix}4.4900 & -6.2157\\ 9.4789 & -13.1221\end{bmatrix}$$

根据定理 9.1，解得

$$R_1=\begin{bmatrix}516.5075 & 181.9156\\ 181.9156 & 0.0000\end{bmatrix},\quad R_2=\begin{bmatrix}0.0000 & 546.8000\\ 546.8000 & -1168.4000\end{bmatrix}$$

$$K=\begin{bmatrix}15.9460 & 13.2328\\ 5.1120 & 1.4317\end{bmatrix},\quad H_1=\begin{bmatrix}4.3031 & 27.5563\\ 6.1703 & -54.5793\end{bmatrix}$$

当 $B_1=0$，$S=0$ 时的仿真结果如图 9.3(a)～图 9.3(d)所示，图 9.3(a)为无附加干扰时系统的状态响应。图 9.3(b)为干扰估计误差曲线，由图可以看出，本章提出的 SSDO 可以有效地估计干扰。图 9.3(c)和图 9.3(d)为 CADC 和 H_∞ 控制下的系统状态响应曲线，仿真结果表明本章所提出的 CADC 策略能够实现抗干扰控制的高精度设计。

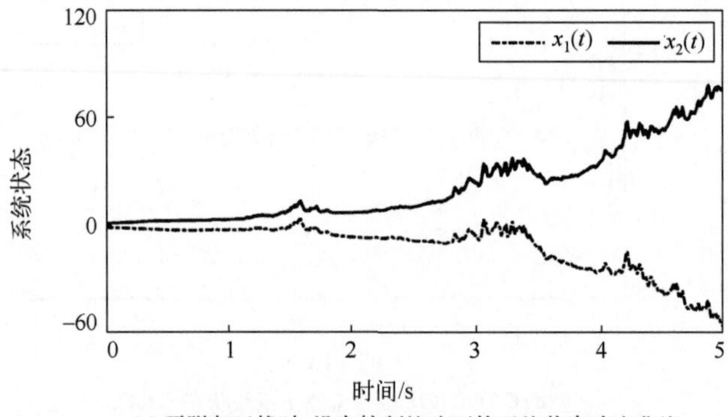

(a) 无附加干扰时, 没有控制策略下的系统状态响应曲线

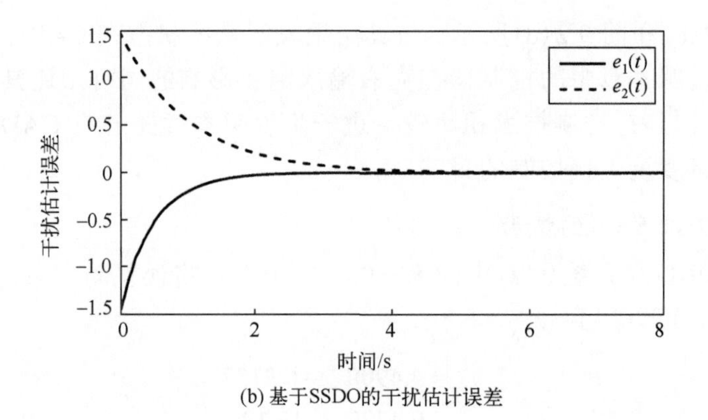

(b) 基于SSDO的干扰估计误差

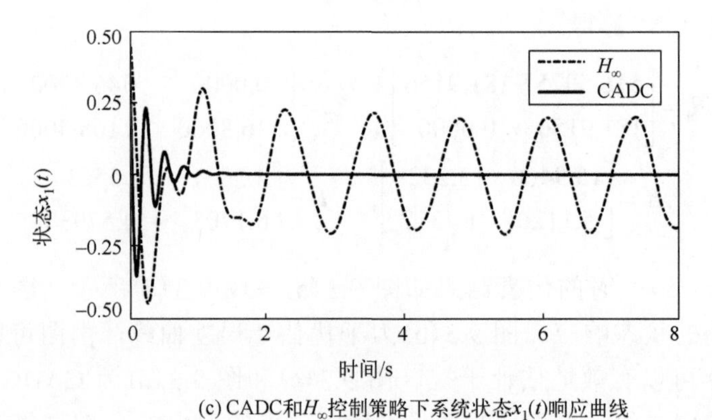

(c) CADC和H_∞控制策略下系统状态$x_1(t)$响应曲线

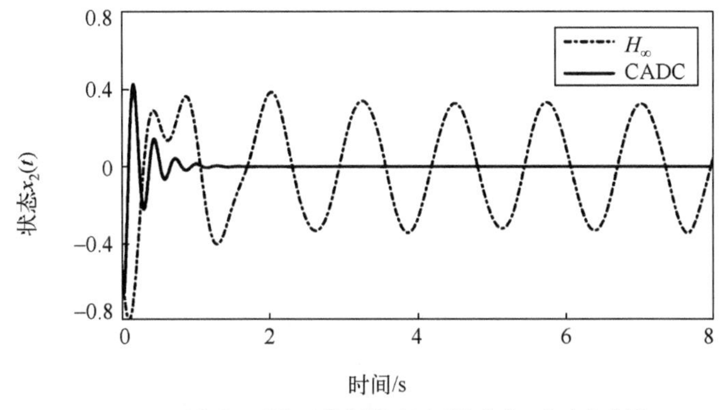

(d) CADC和H_∞控制策略下系统状态$x_2(t)$响应曲线

图 9.3　无附加干扰的复合系统响应

9.4.2　风力发电系统

本部分将提出的 CADC 技术应用于 FSCWT 系统[84,95]。FSCWT 系统长期工作于恶劣的环境中，不可避免地会受到不同来源、不同类型复杂干扰的影响。因此，FSCWT 系统的抗干扰控制对于提高风力发电机的实用性、可靠性和减少停机时间变得越来越重要[83]。

图 7.8 和图 7.9 分别给出了 FSCWT 的结构图和电励磁同步发电机的物理模型。根据文献[84]和[95]，有

$$x(t)=[i_d(t),i_q(t),i_0(t),i_f(t),i_D(t),i_Q(t)]^{\mathrm{T}},\quad u(t)=[u_d(t),u_q(t),u_0(t),u_f(t),u_D(t),u_Q(t)]^{\mathrm{T}}$$

带有多源异质干扰与输入饱和的 FSCWT 可以表示为

$$\dot{x}(t)=Ax(t)+B_0\mathrm{sat}(u(t)+D_0(t))+B_1\sigma_1(t)+B_2x(t)\sigma_2(t)\tag{9.41}$$

系数矩阵为

$$A=\begin{bmatrix} 0.0057 & -1.1498 & 0 & 0.0153 & 0.0164 & 0.6989 \\ -7.9167 & 0.0396 & 0 & 7.5469 & 4.8125 & -0.2685 \\ 0 & 0 & -0.0633 & 0 & 0 & 0 \\ 0.0049 & -0.9888 & 0 & 0.0165 & 0.0096 & 0.6011 \\ 0.0063 & -0.8298 & 0 & -0.0114 & 0.0127 & 0.7698 \\ -6.8885 & -0.0344 & 0 & 6.5668 & 6.5668 & -0.2894 \end{bmatrix}$$

$$B_0=\begin{bmatrix} 0.7564 & 0 & 0 & -0.6505 & -0.8331 & 0 \\ 0 & 5.2083 & 0 & 0 & 0 & 4.5319 \\ 0 & 0 & 8.3333 & 0 & 0 & 0 \\ 0.6505 & 0 & 0 & -0.7014 & 0.4879 & 0 \\ 0.6505 & 0 & 0 & 0.4879 & -0.6456 & 0 \\ 0 & -4.5319 & 0 & 0 & 0 & 4.8851 \end{bmatrix}$$

$$B_1=[0,0.1,0.1,0.1,0.1,0]^{\mathrm{T}}$$

$$B_2=\begin{bmatrix} 0.0900 & 0.0300 & 0.0020 & -0.0030 & -1.0300 & 0 \\ 0.0020 & 0.0400 & 0.0700 & -0.0034 & 0.0034 & 0.0010 \\ -0.0040 & -0.0400 & -0.0300 & -0.0010 & -0.0200 & -0.0020 \\ -0.0004 & -0.0140 & 1.0000 & -0.0080 & 0.1000 & 0 \\ 0.0400 & 0.0020 & 0.0070 & -0.0340 & 0.0043 & 0.0010 \\ 0.0800 & 0.0200 & 0.0030 & -0.0040 & 1.0300 & 0 \end{bmatrix}$$

式(9.2)所描述的干扰 $D_0(t)$ 的系数矩阵为

$$W=\begin{bmatrix} 0 & 0 & 5 \\ 0 & -5 & 0 \\ -5 & 0 & 0 \end{bmatrix},\quad V=\begin{bmatrix} 3 & 0 & 0 & -3 & 0 & 2 \\ 0 & 0 & 3 & 0 & 0 & 0 \\ 0 & -3 & 0 & 0 & 3 & 0 \end{bmatrix}^{\mathrm{T}},\quad S=0.2$$

$$G=\begin{bmatrix} 0.0100 & 0.0211 & 0 & 0.0021 & 0.1326 & 0.2014 \\ 0.2210 & 0.0063 & 0 & 0.0091 & 0.0632 & 0.0213 \\ 0 & 0 & 0.0100 & 0.0100 & 0.0100 & 0.0100 \end{bmatrix}$$

在仿真中，假设 $\sigma_i(t)(i=1,2,3,4)$ 为有限能量白噪声，令初始值为 $x(0)=[2.445,-3.322,2,1.022,-1,11.004]^{\mathrm{T}}$，$B_1=[0,0.1,0.1,0.1,0.1,0]^{\mathrm{T}}$，将系统(9.12)的极点配置在 $[-2,-2,-1]$，则有

$$L=\begin{bmatrix} -0.0376 & -0.2604 & 0.0020 & -0.0364 & -0.0042 & 0.0685 \\ 0.0112 & -0.0011 & 0.1177 & -0.0074 & 0.0091 & -0.0012 \\ 0.0995 & 0.1708 & -0.0052 & 0.0964 & 0.0112 & 0.2698 \end{bmatrix}$$

根据定理 9.1，解得

$$R_1=\begin{bmatrix} 2.9621 & 0.3848 & -0.0134 & 0.3056 & 0.3335 & 1.3905 \\ 0.3848 & -0.1727 & -0.0704 & -0.0767 & 0.0238 & -0.1353 \\ -0.0134 & -0.0704 & -0.0324 & 0.0179 & 0.0006 & -0.1609 \\ 0.3056 & -0.0767 & 0.0179 & 0.0000 & 0.0000 & 0.0000 \\ 0.3335 & 0.2842 & -0.0186 & 0.0000 & 0.0000 & 0.0000 \\ 1.3905 & -0.1353 & -0.1609 & 0.0000 & 0.0000 & 0.0000 \end{bmatrix}\times 10^4$$

$$R_2 = \begin{bmatrix} 0.0000 & 0.0000 & 0.0000 & 1.5771 & -483.621 & 209.559 \\ 0.0000 & 0.0000 & 0.0000 & -0.2033 & 3.0066 & 0.1458 \\ 0.0000 & 0.0000 & 0.0000 & 0.0632 & -0.1469 & 0.2145 \\ 1.5771 & -0.2033 & 0.0632 & -1.2473 & 1.2511 & -0.4939 \\ 1.5772 & 3.0066 & -0.1469 & 1.2511 & 1.3627 & -0.0249 \\ 0.1420 & 0.1458 & -0.2145 & -0.4939 & -0.0249 & -0.1517 \end{bmatrix} \times 10^4$$

$$K = \begin{bmatrix} 53.5390 & 5.9818 & 1.0598 & 3.6852 & 12.8618 & 20.1848 \\ 7.1387 & -1.5793 & -0.8595 & -0.5931 & 3.8183 & -1.0824 \\ -0.3917 & -0.8168 & -0.5636 & 0.1588 & -0.6059 & -2.1408 \\ 5.3297 & -0.6500 & 0.3847 & -0.0816 & 0.6103 & 0.1172 \\ 5.9676 & 3.0862 & -0.1065 & -0.0683 & 0.7737 & 0.2797 \\ 24.2588 & -0.8211 & -2.2309 & -0.3543 & 2.6709 & 0.6460 \end{bmatrix}$$

$$H_1 = \begin{bmatrix} 3.6936 & 0.5592 & 1.2278 & 14.9649 & 19.3632 & 1.8847 \\ 6.1704 & 1.1892 & 2.2802 & -1.6106 & 36.3642 & 7.5698 \\ -0.1794 & 0.0279 & -0.1351 & 0.5875 & -1.3519 & 2.4905 \\ 30.2104 & -1.1716 & 2.6012 & 12.2205 & 17.4083 & -3.2617 \\ 32.0457 & 32.2124 & 0.0935 & 12.1084 & 20.6726 & 4.3086 \\ 2.3814 & 1.5946 & 3.6659 & -4.6129 & -0.1260 & -1.9201 \end{bmatrix}$$

本章所提出的 CADC 策略作用于 FSCWT 系统的控制效果如图 9.4～图 9.6 所示。由图 9.4 可以看出，多源异质干扰在没有控制的情况下会对系统产生严重的影响。由图 9.5 可以看出，SSDO 对于 FSCWT 系统是有效的。图 9.6 给出了 FSCWT 系统在本章所提出的 CADC 策略和 H_∞ 控制下的性能比较曲线。从图 9.6 可以看出，采用 CADC 方案，FSCWT 系统具有较高精度的抗干扰性能和较好的鲁棒性。

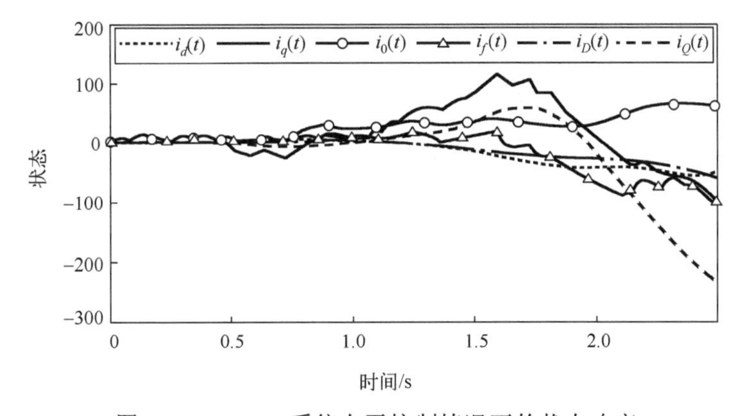

图 9.4　FSCWT 系统在无控制情况下的状态响应

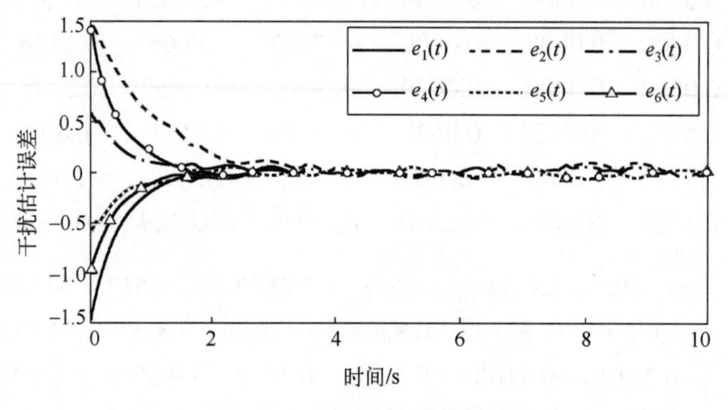

图 9.5　干扰估计误差响应

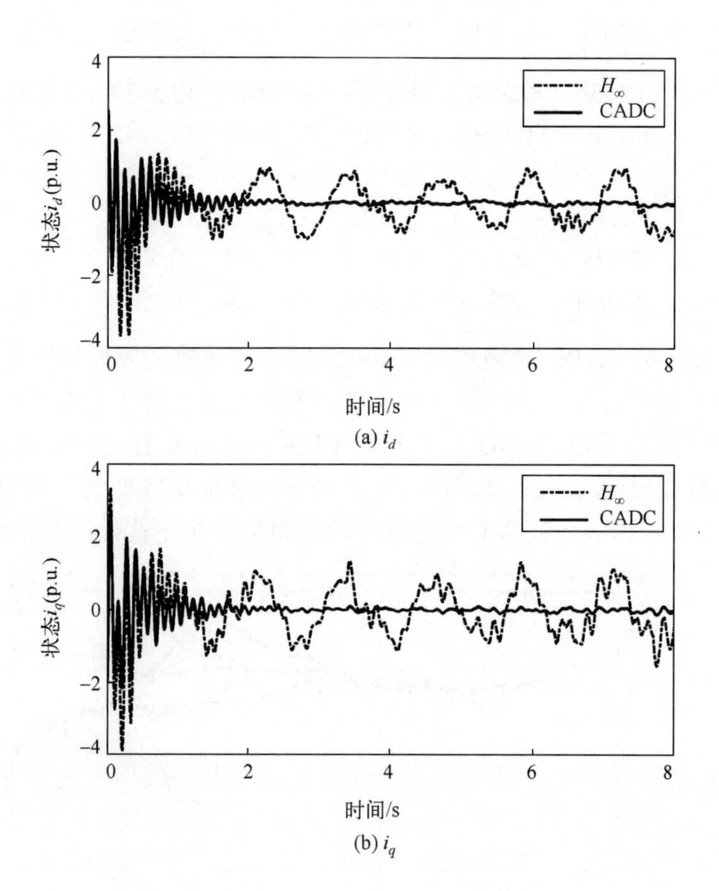

(a) i_d

(b) i_q

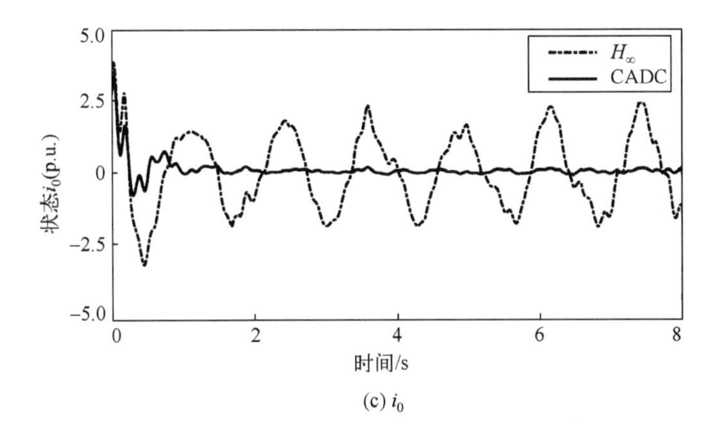
H_∞
CADC
状态i_0(p.u.)
5.0
2.5
0
−2.5
−5.0
0
2
4
6
8
时间/s

(c) i_0

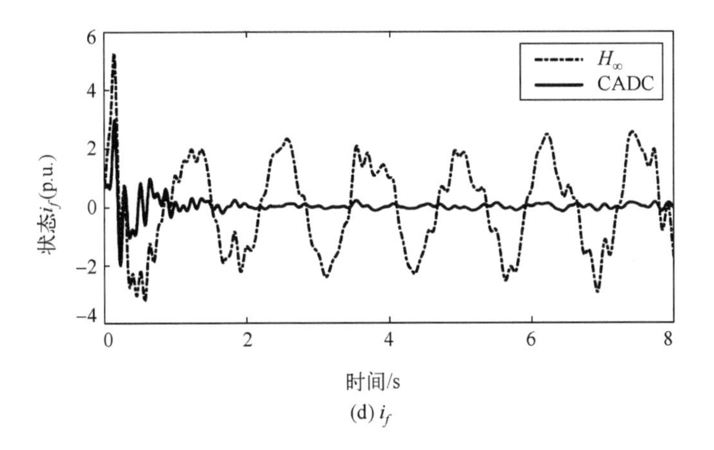
H_∞
CADC
状态i_f(p.u.)
6
4
2
0
−2
−4
0
2
4
6
8
时间/s

(d) i_f

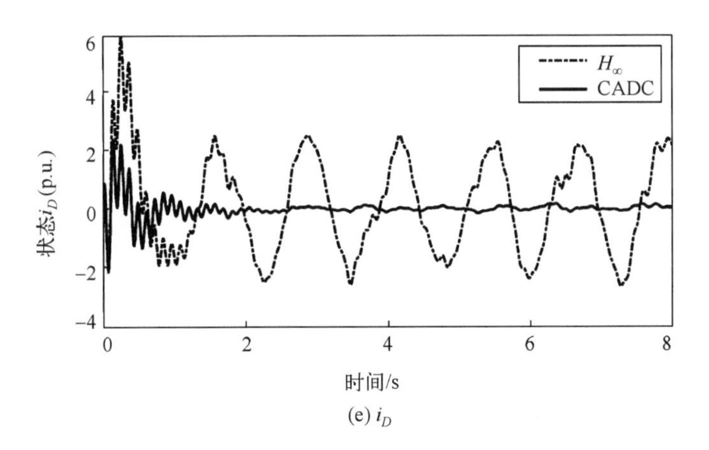
H_∞
CADC
状态i_D(p.u.)
6
4
2
0
−2
−4
0
2
4
6
8
时间/s

(e) i_D

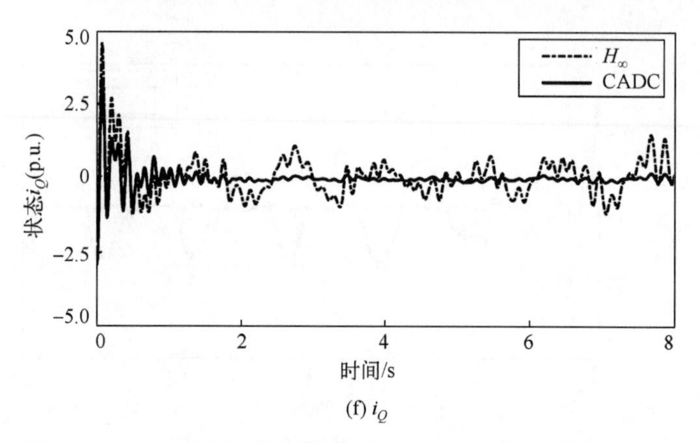

(f) i_Q

图 9.6　CADC 和 H_∞ 控制策略下 FSCWT 系统状态响应曲线

p.u.表示标幺值

9.5　结　　论

本章考虑了一类带有多源异质干扰和输入饱和的随机非线性系统的抗干扰控制问题。通过设计 SSDO 估计部分信息已知的干扰，结合饱和线性反馈控制律的凸包表达式，提出了一种复合 DOBC 与饱和控制策略。所提出的控制器能够克服输入饱和的影响，同时实现较好的抗干扰控制性能。

第 10 章　带有慢时变干扰的船舶动力定位系统精细抗干扰控制

10.1　引　　言

20 世纪 90 年代末，Fossen 等应用非线性控制理论方法，设计了仅依赖船舶位置测量值的非线性动力定位(DP)输出反馈控制，避免了船舶非线性运动方程的线性化建模，提高了船舶动力定位系统的控制精度，但没有考虑未知海洋环境干扰的影响[105,106]。针对未知海洋环境干扰，文献[107]构造了具有海浪滤波能力的无源观测器，对船舶低频位置和海洋低频干扰进行估计，但需要海况的先验信息。考虑到海况变化，文献[108]通过引入基于海浪峰值频率的监督信号，提出了 DP 监督切换控制方案。文献[109]利用模型预测控制技术，设计了 DP 模型预测鲁棒控制器。文献[110]将船舶 DP 控制设计和推力分配相结合，设计了基于推力分配的船舶 DP 控制方案。然而，文献[109]和[110]基于预测控制本身的鲁棒性来抑制干扰，具有一定的保守性。为了克服上述问题，文献[111]构造了自适应干扰观测器以估计未知海洋环境干扰，进而设计非线性 DP 系统自适应控制律，实现了船舶位置和艏摇角的渐近调节[112]，但没有充分考虑随机海浪干扰对船舶的影响。

本章的目的是将复合 DOBC 和随机抗干扰控制方案应用于带有慢时变海洋环境干扰的船舶 DP 系统中，其中复合控制器中的干扰补偿项是通过建立随机干扰观测器得到的。与现有的船舶 DP 系统抗干扰控制研究相比，采用带有随机项的一阶马尔可夫过程对慢时变环境干扰进行建模，能够更好地反映海况的真实性和复杂性。

10.2　问 题 描 述

10.2.1　DP 船舶数学模型

建立如图 10.1 所示的两个坐标系来描述船舶的运动过程。在图 10.1 中，$CXYZ$ 表示随船坐标系，原点 C 为船重心，CX 从尾部指向前部，CY 指向右舷，CZ 自上而下。$OX_0Y_0Z_0$ 是大地坐标系，OX_0 轴、OY_0 轴和 OZ_0 轴分别指向地球的正北、正

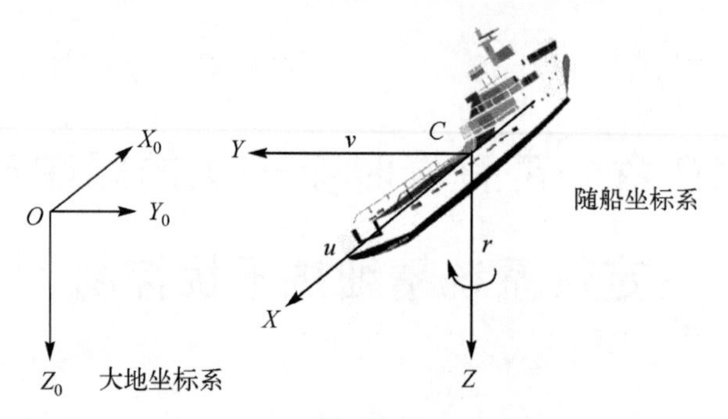

图 10.1　大地和随船坐标系

东和地心，取原点 O 为船舶的期望位置，XY 和 X_0Y_0 平面与静水面重合。$\eta=[x,y,\psi]^{\mathrm{T}}$ 表示大地坐标系中的位置向量，由船舶的实际位置 (x,y) 和艏摇角 ψ 构成。$\upsilon=[u,v,r]^{\mathrm{T}}$ 表示随船坐标系中的速度向量，包含纵荡速度 u、横荡速度 v 和艏摇速度 r。可通过欧拉角实现船舶速度在两个坐标系下的变换，即

$$\dot{\eta}=R(\psi)\upsilon \tag{10.1}$$

式中，$R(\psi)$ 为旋转矩阵，可表示为

$$R(\psi)=\begin{bmatrix}\cos\psi & -\sin\psi & 0\\ \sin\psi & \cos\psi & 0\\ 0 & 0 & 1\end{bmatrix} \tag{10.2}$$

并且满足 $R^{-1}(\psi)=R^{\mathrm{T}}(\psi)$。

船舶 DP 动力学模型表述为

$$M\dot{\upsilon}(t)=-D\upsilon(t)+\tau(t)+D_0(t) \tag{10.3}$$

式中，$\tau=[\tau_1,\tau_2,\tau_3]^{\mathrm{T}}$ 表示由控制力和力矩组成的三维列向量，其推进装置分别沿纵荡、横荡和艏摇三个方向产生纵荡力 τ_1、横荡力 τ_2 和艏摇力矩 τ_3；$D_0(t)$ 表示由二阶波浪漂移、海风和海流引起的慢时变干扰；M 是惯性矩阵(其中包含水力附加质量)，可表示为

$$M=\begin{bmatrix}m-X_{\dot{u}} & 0 & 0\\ 0 & m-Y_{\dot{v}} & m-Y_{\dot{r}}\\ 0 & mx_G-N_{\dot{v}} & I_z-N_{\dot{r}}\end{bmatrix} \tag{10.4}$$

式中，m 表示船舶质量；I_z 表示转矩惯量；x_G 表示船舶重心和随船坐标系原点之间的距离；$X_{\dot{u}}$、$Y_{\dot{v}}$、$N_{\dot{r}}$ 为水动力附加质量，另外，艏摇和横荡的耦合会产生附加质量 $Y_{\dot{r}}$ 与 $N_{\dot{v}}$ [107]，阻尼矩阵 D 具有如下形式：

$$D=\begin{bmatrix}-X_u & 0 & 0\\ 0 & -Y_v & mu_0-Y_r\\ 0 & -N_v & mx_Gu_0-N_r\end{bmatrix} \tag{10.5}$$

式中，船舶合速度$u_0 \approx 0$，船舶在前进时$u_0>0$；X_u、Y_v、N_v、Y_r和N_r是阻尼系数[113]。

10.2.2　DP 船舶的状态空间模型

对于船舶 DP 系统，当船舶艏摇角很小时：

$$R(\psi)\approx I \tag{10.6}$$

设$U=\tau$，DP 船舶状态空间模型可以表示为

$$\dot{X}(t)=AX(t)+B(U(t)+D_0(t)) \tag{10.7}$$

$$X(t)=\begin{bmatrix}\eta\\ \upsilon\end{bmatrix},\quad A=\begin{bmatrix}0 & I\\ 0 & -M^{-1}D\end{bmatrix},\quad B=\begin{bmatrix}0\\ M^{-1}\end{bmatrix}$$

式中，$X(t)\in\mathbb{R}^n$、$A\in\mathbb{R}^{n\times n}$、$B\in\mathbb{R}^{n\times m}$和$U(t)\in\mathbb{R}^m$分别是状态向量、系统矩阵、输入矩阵和控制输入向量；$D_0(t)$可建模为

$$\begin{cases}D_0(t)=R^{-1}(\psi)b(t)\\ \dot{b}(t)=-T^{-1}b(t)+\Psi\xi_1(t)\end{cases} \tag{10.8}$$

式中，$T\in\mathbb{R}^{r\times r}$表示正定对角矩阵；$b(t)$表示大地坐标系下慢时变干扰力和力矩组成的向量；$\Psi\in\mathbb{R}^{r\times r}$表示未知幅值矩阵；$\xi_1(t)\in\mathbb{R}^r$是有界零均值高斯白噪声，且满足$\|\xi_1(t)\|^2\leqslant d^*$，$d^*$是正常数。

注 10.1　船舶的运动向量为波频(WF)运动分量和低频(LF)运动分量之和。其中，波频运动分量为船舶的振荡运动，如图 10.2 所示。

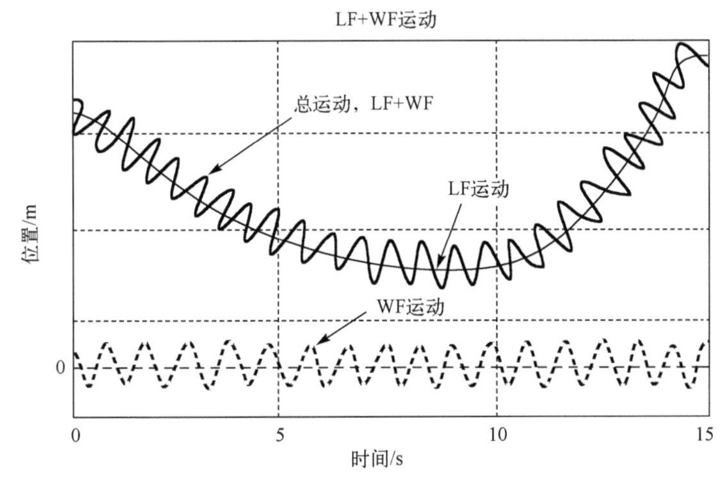

图 10.2　船舶的总运动

注 10.2 假设式(10.8)中的 ξ_1 为有界零均值高斯白噪声，可以表示为一个具有独立分布的随机向量，且满足 $E|\xi_1(t)|^2=\sigma_1$，其中 σ_1 为常数。

引理 10.1[8] 考虑如下随机微分方程：

$$\mathrm{d}X(t)=f(X(t),t)\mathrm{d}t+g(X(t),t)\mathrm{d}B(t),\quad t\geqslant t_0 \tag{10.9}$$

式中，$f:\mathbb{R}^{m_1}\times\mathbb{R}_+\to\mathbb{R}^{m_1}$，$g:\mathbb{R}^{m_1}\times\mathbb{R}_+\to\mathbb{R}^{m_1\times m_2}$ 满足局部 Lipschitz 条件，且 $f(0,t)=0$，$g(0,t)=0$；$B(t)$ 为独立维纳过程。若存在函数 $V\in C^{2.1}(\mathbb{R}^n\times\mathbb{R}_+)$，$\kappa\in K_v\subset K_\infty$，以及常数 $p,\rho,\lambda>0$，则有

$$\kappa(|x|^\rho)\leqslant V(X,t),\quad \mathrm{LV}(X,t)\leqslant-\lambda V(X,t)+\beta \tag{10.10}$$

并且

$$\lim_{t\to\infty}E|X(t;t_0,X_0)|^p\leqslant\kappa^{-1}\left(\frac{\beta}{\lambda}\right) \tag{10.11}$$

则系统(10.9)是 p 阶矩渐近有界的。

假设 10.1 $(-T^{-1},BR^{-1}(\psi))$ 能观，(A,B) 能控。

10.3 主要结果

在假设系统状态 $X(t)$ 可测的情况下，本章设计干扰观测器在线估计干扰 $D_0(t)$，结合 LMI 和极点配置理论提出精细抗干扰控制(EADC)策略。

10.3.1 干扰观测器和控制器

为了在线估计慢时变干扰 $D_0(t)$，构造如下干扰观测器：

$$\begin{cases}\hat{D}_0(t)=R^{-1}(\psi)\hat{b}(t)\\ \hat{b}(t)=LX(t)+p(t)\\ \mathrm{d}p(t)=(-T^{-1}-LBR^{-1}(\psi))(LX(t)+p(t))\mathrm{d}t-L(AX(t)+BU(t))\mathrm{d}t\end{cases} \tag{10.12}$$

式中，$\hat{D}_0(t)$ 为干扰 $D_0(t)$ 的在线估计向量；$p(t)$ 是干扰观测器的辅助向量；观测器增益矩阵 L 可通过极点配置求得。

用 $\dfrac{\mathrm{d}W(t)}{\mathrm{d}t}$ 替换 $\xi_1(t)$，式(10.7)与式(10.8)可改写为

$$\begin{cases}\mathrm{d}X(t)=AX(t)\mathrm{d}t+B(U(t)+D_0(t))\mathrm{d}t\\ \mathrm{d}b(t)=-T^{-1}b(t)\mathrm{d}t+\psi\mathrm{d}W(t)\\ D_0(t)=R^{-1}(\psi)b(t)\end{cases} \tag{10.13}$$

式中，$W(t)$ 为标准维纳过程[114]。

令 $e_b(t)=b(t)-\hat{b}(t)$。结合式(10.8)和式(10.12)，有

$$\mathrm{d}e_b(t)=(-T^{-1}-LBR^{-1}(\psi))e_b(t)\mathrm{d}t+\varPsi\mathrm{d}W(t) \tag{10.14}$$

由于 $(-T^{-1},BR^{-1}(\psi))$ 可观，因此可通过极点配置获得干扰观测增益矩阵 L。

构造如下 DP 抗干扰控制器：

$$U(t)=-\hat{D}_0(t)+KX(t) \tag{10.15}$$

式中，K 为控制增益矩阵。

将式(10.15)代入式(10.7)，则闭环系统可表述为

$$\mathrm{d}X(t)=(A+BK)X(t)\mathrm{d}t+BR^{-1}(\psi)e_b(t)\mathrm{d}t \tag{10.16}$$

将式(10.14)和式(10.16)结合，得到如下复合系统：

$$\begin{bmatrix}\mathrm{d}X(t)\\ \mathrm{d}e_b(t)\end{bmatrix}=\begin{bmatrix}A+BK & BR^{-1}(\psi)\\ 0 & -T^{-1}-LBR^{-1}(\psi)\end{bmatrix}\begin{bmatrix}X(t)\\ e_b(t)\end{bmatrix}\mathrm{d}t+\begin{bmatrix}0\\ \varPsi\end{bmatrix}\mathrm{d}W(t) \tag{10.17}$$

即

$$\mathrm{d}\bar{X}(t)=\bar{A}\bar{X}(t)\mathrm{d}t+\bar{\varPsi}\mathrm{d}W(t) \tag{10.18}$$

式中

$$\bar{A}=\begin{bmatrix}A+BK & BR^{-1}(\psi)\\ 0 & -T^{-1}-LBR^{-1}(\psi)\end{bmatrix},\quad \bar{X}(t)=\begin{bmatrix}X(t)\\ e_b(t)\end{bmatrix},\quad \bar{\varPsi}=\begin{bmatrix}0\\ \varPsi\end{bmatrix}$$

10.3.2　稳定性分析

本节旨在设计 EADC 策略，使复合系统(10.18)达到渐近有界，所提 EADC 策略的基本结构如图 10.3 所示。

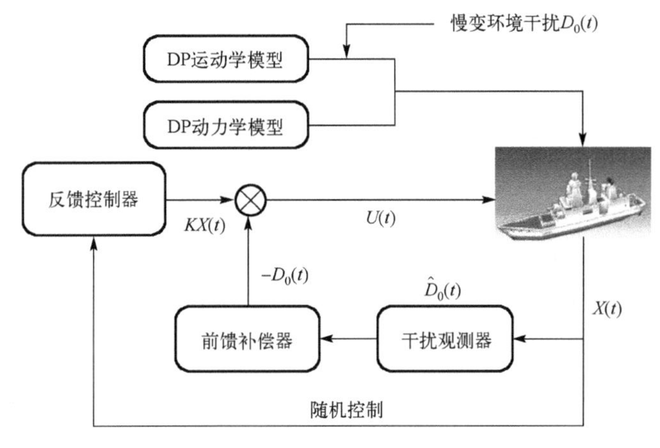

图 10.3　EADC 控制结构

对复合系统(10.18)进行稳定性分析，得出如下结论。

定理 10.1 针对带有如式(10.8)所示慢时变干扰的船舶 DP 控制系统(10.7)，如果存在矩阵 $P_1 = Q_1^{-1} > 0$，$P_2 = Q_2^{-1} > 0$ 和 R_1 满足：

$$\varUpsilon = \begin{bmatrix} \varLambda_1 & BR^{-1}(\psi)Q_2 \\ * & \varLambda_2 \end{bmatrix} < 0 \tag{10.19}$$

$$\varLambda_1 = AQ_1 + Q_1^{\mathrm{T}}A^{\mathrm{T}} + BR_1 + R_1^{\mathrm{T}}B^{\mathrm{T}}$$

$$\varLambda_2 = -T^{-1}Q_2 - Q_2^{\mathrm{T}}(T^{-1})^{\mathrm{T}} - LBR^{-1}(\psi)Q_2 - Q_2^{\mathrm{T}}(R^{-1}(\psi))^{\mathrm{T}}B^{\mathrm{T}}L^{\mathrm{T}}$$

则通过设计具有观测增益 L 的观测器(式(10.12))和具有控制增益 $K = R_1Q_1^{-1}$ 的抗干扰控制律(式(10.15))，使得复合系统(10.18)均方渐近有界。

证明 针对复合系统(10.18)，设计如下李雅普诺夫函数，即

$$V(\bar{X}(t),t) = \bar{X}^{\mathrm{T}}(t)PX(t) \tag{10.20}$$

正定矩阵 P 为

$$P = \begin{bmatrix} P_1 & 0 \\ 0 & P_2 \end{bmatrix} = \begin{bmatrix} Q_1^{-1} & 0 \\ 0 & Q_2^{-1} \end{bmatrix} > 0 \tag{10.21}$$

基于式(10.18)和式(10.19)，有

$$\begin{aligned} \mathrm{LV}(\bar{X}(t),t) &= \frac{\partial V}{\partial \bar{X}}(\bar{A}\bar{X}^{\mathrm{T}}(t))\mathrm{d}t + \mathrm{tr}(\bar{\varPsi}^{\mathrm{T}}P\bar{\varPsi}) \\ &\leqslant \bar{X}^{\mathrm{T}}(t)(P\bar{A} + \bar{A}^{\mathrm{T}}P)\bar{X}(t) + \mathrm{tr}(\bar{\varPsi}^{\mathrm{T}}P\bar{\varPsi}) \\ &= \bar{X}^{\mathrm{T}}(t)\varUpsilon_1\bar{X}(t) + \gamma(t) \end{aligned} \tag{10.22}$$

式中

$$\varUpsilon_1 = P\bar{A} + \bar{A}^{\mathrm{T}}P, \quad \gamma(t) = \mathrm{tr}(\bar{\varPsi}^{\mathrm{T}}P\bar{\varPsi})$$

则有

$$\mathrm{LV}(\bar{X}(t),t) \leqslant \bar{X}^{\mathrm{T}}(t)\varUpsilon_1\bar{X}(t) + \gamma(t) \tag{10.23}$$

基于式(10.23)，存在常数 $\delta > 0$，当 $\bar{\varPsi}$ 和 P 为有界矩阵时，可得到 $0 < \gamma(t) < \delta$。此时有

$$\mathrm{LV}(\bar{X}(t),t) \leqslant \bar{X}^{\mathrm{T}}(t)\varUpsilon_1\bar{X}(t) + \gamma(t) \leqslant \bar{X}^{\mathrm{T}}(t)\varUpsilon_1\bar{X}(t) + \delta \tag{10.24}$$

下面证明 $\varUpsilon < 0 \Leftrightarrow \varUpsilon_1 < 0$。

(1) $\varUpsilon_1 < 0 \Leftrightarrow \varUpsilon_2 < 0$。由式(10.18)、式(10.22)和 Schur 补引理可知，$\varUpsilon_1 < 0$ 等价于 $\varUpsilon_2 < 0$，即

$$\varUpsilon_2 = \begin{bmatrix} \varXi_1 & P_1BR^{-1}(\psi) \\ * & \varXi_2 \end{bmatrix} < 0 \tag{10.25}$$

式中

$$\varXi_1 = P_1A + A^{\mathrm{T}}P_1 + P_1BK + K^{\mathrm{T}}B^{\mathrm{T}}P_1$$
$$\varXi_2 = -P_2T^{-1} - (T^{-1})^{\mathrm{T}}P_2 - P_2LBR^{-1}(\psi) - (R^{-1}(\psi))^{\mathrm{T}}B^{\mathrm{T}}L^{\mathrm{T}}P_2$$

(2) $\varUpsilon_2 < 0 \Leftrightarrow \varUpsilon_3 < 0$。分别对$\varUpsilon_2$左乘和右乘$\mathrm{diag}\{Q_1, Q_2\}$可得$\varUpsilon_2 < 0$等价于$\varUpsilon_3 < 0$，即

$$\varUpsilon_3 = \begin{bmatrix} \varTheta_1 & BR^{-1}(\psi)Q_2 \\ * & \varTheta_2 \end{bmatrix} < 0 \tag{10.26}$$

式中

$$\varTheta_1 = AQ_1 + Q_1^{\mathrm{T}}A^{\mathrm{T}} + BKQ_1 + Q_1^{\mathrm{T}}K^{\mathrm{T}}B^{\mathrm{T}}$$
$$\varTheta_2 = -T^{-1}Q_2 - Q_2^{\mathrm{T}}(T^{-1})^{\mathrm{T}} - LBR^{-1}(\psi)Q_2 - Q_2^{\mathrm{T}}(R^{-1}(\psi))^{\mathrm{T}}B^{\mathrm{T}}L^{\mathrm{T}}$$

(3) $\varUpsilon_3 < 0 \Leftrightarrow \varUpsilon < 0$。在式(10.26)中取$K = R_1Q_1^{-1}$得$\varUpsilon_3 < 0$等价于$\varUpsilon_1 < 0$。

基于上述证明过程，可得$\varUpsilon < 0 \Leftrightarrow \varUpsilon_3 < 0 \Leftrightarrow \varUpsilon_2 < 0 \Leftrightarrow \varUpsilon_1 < 0$，则有

$$\varUpsilon < 0 \Leftrightarrow \varUpsilon_1 < 0 \Leftrightarrow \varUpsilon_1 + \theta I < 0 \tag{10.27}$$

式中，θ为正常数。

由式(10.20)、式(10.24)和式(10.27)，定义函数$\kappa = \lambda_{\min}(P)\left|\bar{X}\right|^p$，$\vartheta = \dfrac{\theta}{\lambda_{\max}(P)}$和$p=2$，可得

$$\begin{aligned} &\kappa\left(\left|\bar{X}\right|^p\right) = \lambda_{\min}(P)\left|\bar{X}\right|^2 \leqslant \bar{X}^{\mathrm{T}}(t)P\bar{X}(t) = V(\bar{X}(t),t) \\ &\mathrm{LV}(\bar{X}(t),t) \leqslant -\vartheta V(\bar{X}(t)) + \delta \end{aligned} \tag{10.28}$$

从而有

$$EV(\bar{X}(t),t) \leqslant V(\bar{X}(0))\mathrm{e}^{-\vartheta t} + \frac{\delta}{\theta} \tag{10.29}$$

由式(10.20)、式(10.29)和引理 10.1，可得

$$\limsup_{t\to\infty} E\left|\bar{X}(t;t_0,\bar{X}_0)\right|^p \leqslant \frac{\delta}{\vartheta\lambda_{\max}(P)} = \frac{\delta}{\theta} \tag{10.30}$$

基于式(10.30)及引理 10.1，有定理 10.1 成立。另外，结合式(10.30)，考虑到$0 \leqslant \gamma(t) < \delta$，于是当$\theta$足够大时，边界值足够小。证毕。

10.4　仿 真 实 例

为了验证所提控制策略的有效性，本节对供给船进行仿真研究。同时，将本章所提出的 EADC 策略与基于互联和阻尼分配的无源控制(interconnection damping assignment passivity based control，IDA-PBC）策略进行对比[115]。根据文献[116]，选取供给船的质量为 4.591×10^6 kg，长度为 76.2m，船舶的动态参数为

$$M=\begin{bmatrix}5.3122\times10^6 & 0 & 0\\ 0 & 8.2831\times10^6 & 0\\ 0 & 0 & 3.7545\times10^6\end{bmatrix}$$

$$D=\begin{bmatrix}5.0242\times10^6 & 0 & 0\\ 0 & 2.7229\times10^5 & -4.3933\times10^6\\ 0 & -4.3933\times10^6 & 4.1894\times10^8\end{bmatrix}$$

10.4.1 精细抗干扰控制策略

本节旨在验证所设计的 EADC 策略的有效性，并在不同的海洋环境干扰情形下对供给船进行仿真。

情况 1：干扰幅值矩阵 $\Psi=\mathrm{diag}\{130,100,80\}$。

在仿真中，设初始状态为 $X(0)=[20,20,10,0,0,0]^{\mathrm{T}}$，于是 $\upsilon_0=[0\mathrm{m/s},0\mathrm{m/s},0\mathrm{rad/s}]$，$\eta_0=[20\mathrm{m},20\mathrm{m},10°]^{\mathrm{T}}$。说明船舶在纵横荡中的初始位置均为 20m，且其初始艏摇角为 $((10°\times\pi)/180°)$ rad。$\upsilon_0=[0\mathrm{m/s},0\mathrm{m/s},0\mathrm{rad/s}]$ 表示船舶三个方向的初始速度值均为 0，取慢时变干扰参数为

$$T=\begin{bmatrix}1.0000\times10^3 & 0 & 0\\ 0 & 1.0000\times10^3 & 0\\ 0 & 0 & 1.0000\times10^3\end{bmatrix},\quad \Psi=\begin{bmatrix}130 & 0 & 0\\ 0 & 100 & 0\\ 0 & 0 & 80\end{bmatrix}$$

将极点 J_1 配置到 $[-30\quad -30\quad -30]$，得

$$L=\begin{bmatrix}0 & 1.0010\times10^{-5} & 0 & 1.5901\times10^8 & 1.0010\times10^{-5} & 1.0010\times10^{-5}\\ 0 & 1.0010\times10^{-5} & 0 & 1.0010\times10^{-5} & 2.9401\times10^8 & 1.0010\times10^{-5}\\ 0 & 1.0010\times10^{-5} & 0 & 1.0010\times10^{-5} & 1.0010\times10^{-5} & 9.9997\times10^{10}\end{bmatrix}$$

基于定理 10.1，可得

$$K=\begin{bmatrix}-6.9001\times10^6 & 0 & 0\\ 0 & -1.0801\times10^7 & 1.3001\times10^6\\ 0 & -1.0000\times10^4 & -1.1954\times10^9\\ -4.8001\times10^6 & 0 & 0\\ 0 & -7.3001\times10^6 & -3.3001\times10^5\\ 0 & -4.4000\times10^6 & -2.6984\times10^9\end{bmatrix}^{\mathrm{T}}$$

图 10.4～图 10.8 给出了船舶系统干扰满足情况 1 时的仿真结果。由图 10.7 可知，干扰观测器提供了偏置力和力矩 b_1、b_2、b_3 的在线估计 $\hat{b}_1$、$\hat{b}_2$、$\hat{b}_3$。控制输入 τ_1、τ_2、τ_3 的曲线如图 10.8 所示。

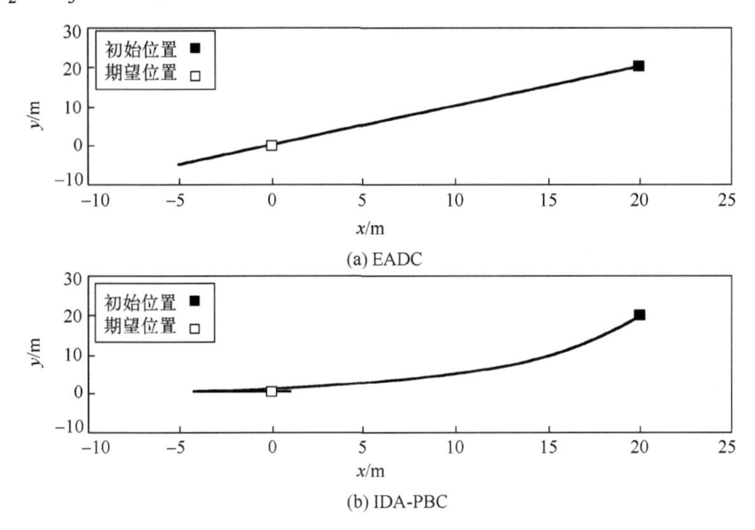

图 10.4　干扰情况 1 下 EADC 下船舶位置与 IDA-PBC 下船舶位置

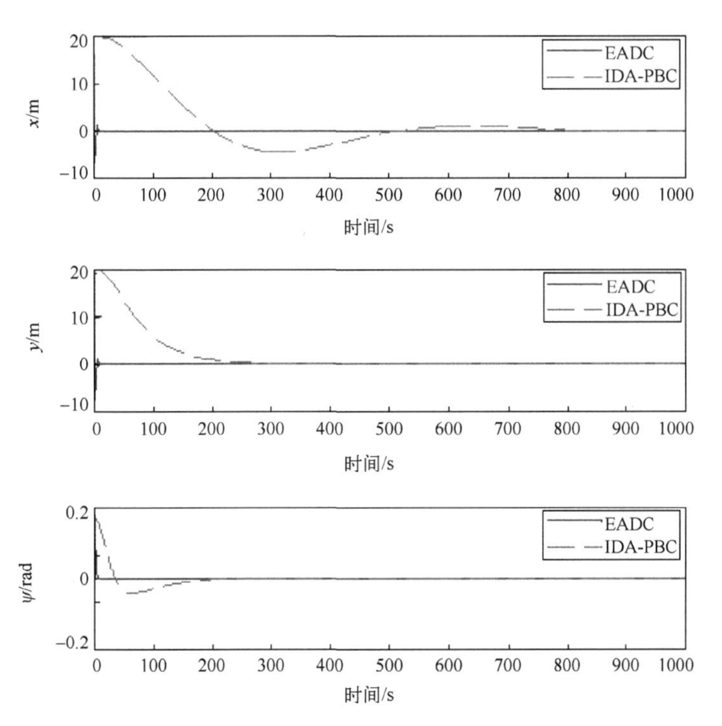

图 10.5　干扰情况 1 下 EADC 与 IDA-PBC 船舶位置 (x, y) 和艏摇角 ψ 的对比

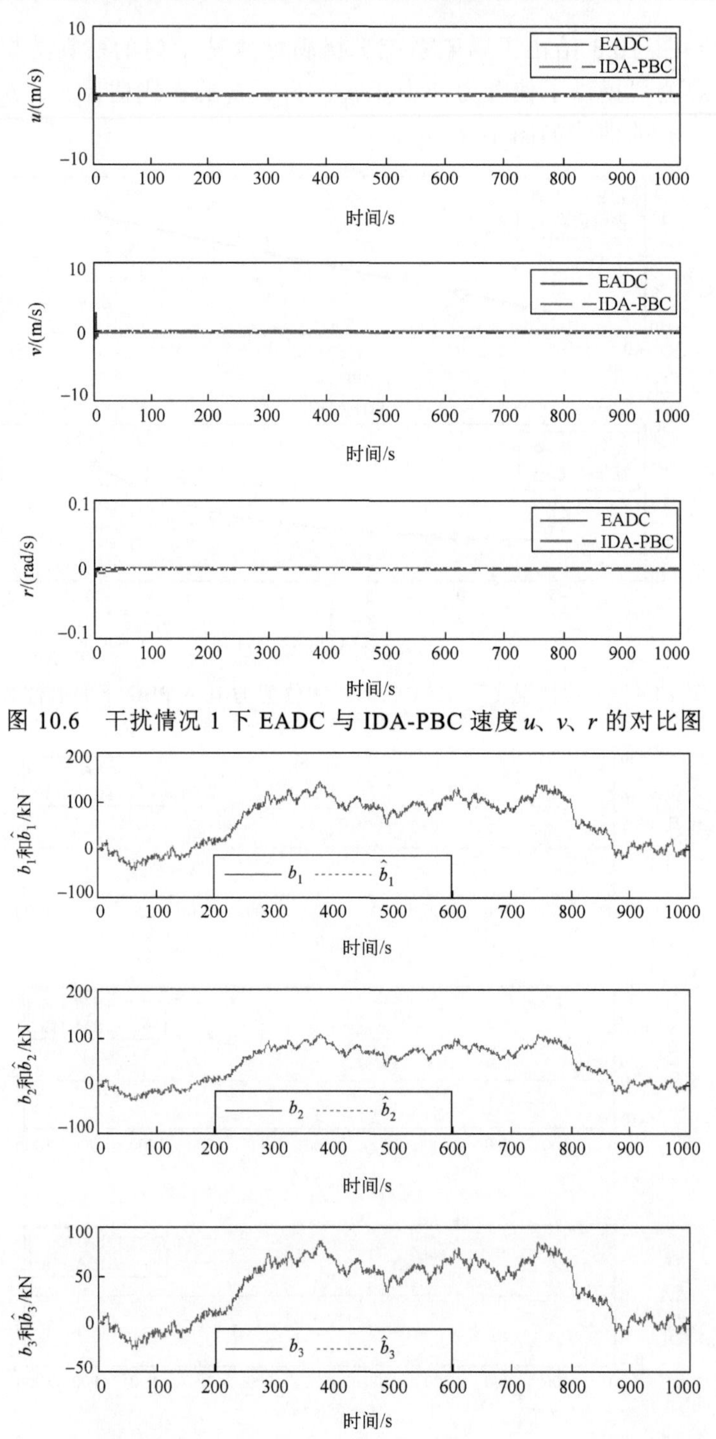

图 10.6　干扰情况 1 下 EADC 与 IDA-PBC 速度 u、v、r 的对比图

图 10.7　干扰情况 1 下干扰状态 b_1、b_2、b_3 及其估计 $\hat{b}_1$、$\hat{b}_2$、$\hat{b}_3$（见彩图）

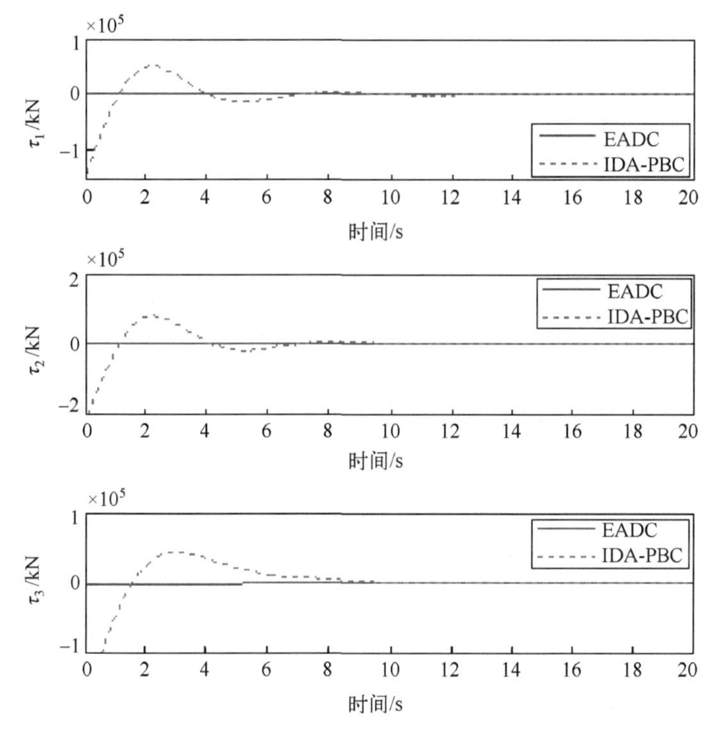

图 10.8　干扰情况 1 下 EADC 与 IDA-PBC 控制力 (τ_1,τ_2,τ_3) 的对比图

情况 2：干扰幅值矩阵 $\varPsi = 5\times \mathrm{diag}\{130,100,80\}$。

在仿真中，选取与干扰情况 1 相同的初始条件和控制器设计参数。取慢时变干扰的幅值矩阵是干扰情况 1 的 5 倍。

图 10.9～图 10.13 给出了海洋环境干扰满足情况 2 时的仿真结果。从图 10.4 和图 10.9 可以看出，无论海洋环境干扰满足情况 1 还是情况 2，EADC 均可抵消干扰对船舶的影响，从而使船舶保持在平衡位置(0m, 0m)。图 10.10 表明，本章所提出的抗干扰控制器使得船舶的位置 (x, y) 和艏摇角 ψ 均收敛到期望值。仿真结果表明本章所设计的 EADC 具有较强的鲁棒性和自适应性。

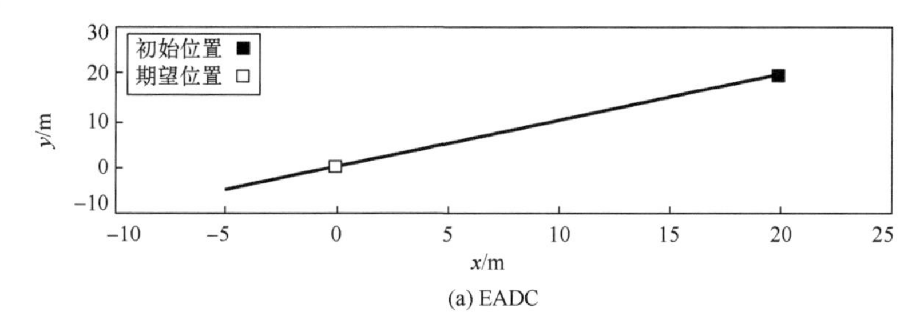

(a) EADC

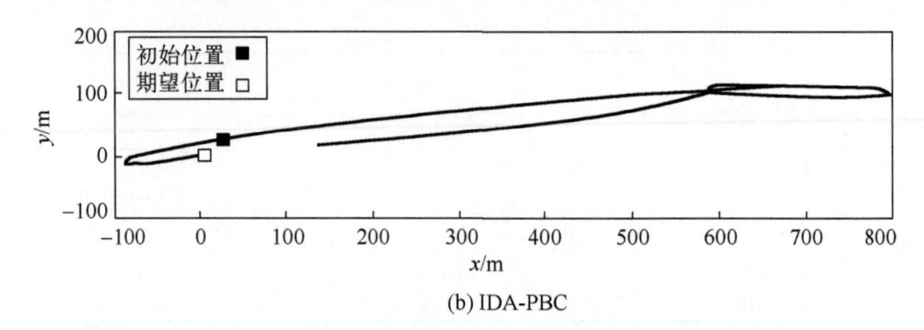

(b) IDA-PBC

图 10.9 干扰情况 2 下 EADC 下船舶位置与 IDA-PBC 下船舶位置

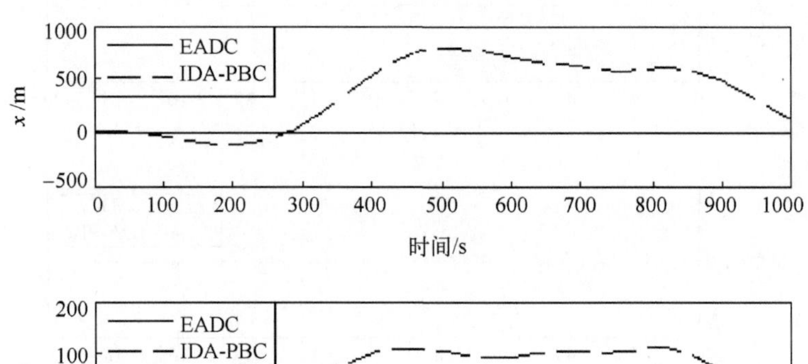

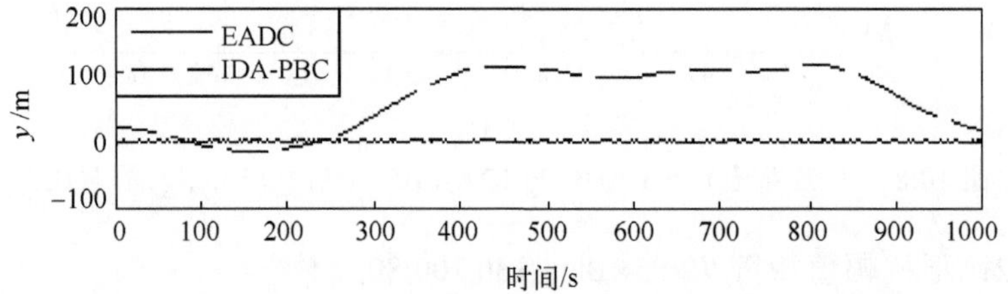

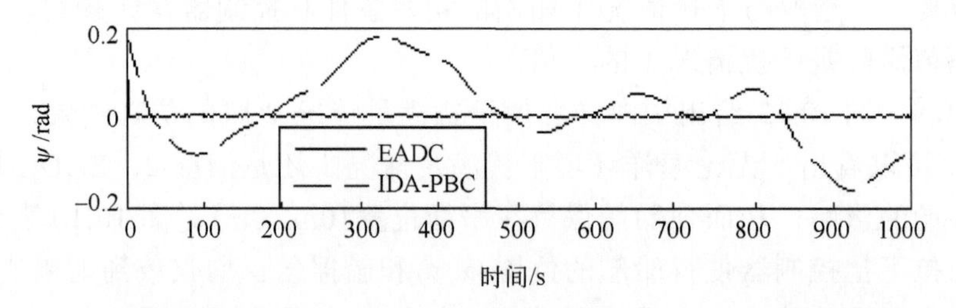

图 10.10 干扰情况 2 下 EADC 与 IDA-PBC 船舶位置 (x,y) 和艏摇角 ψ 的对比图

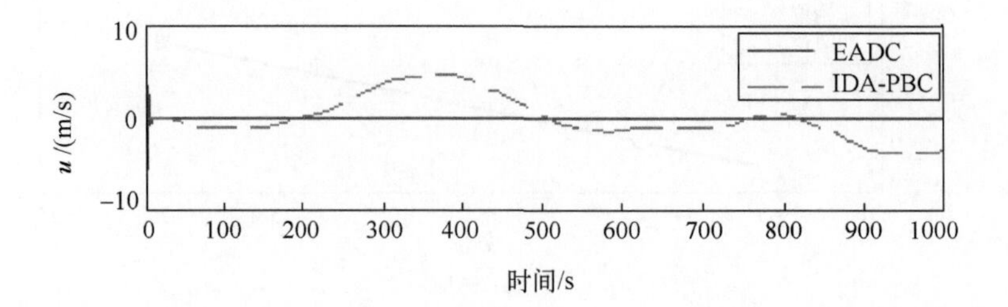

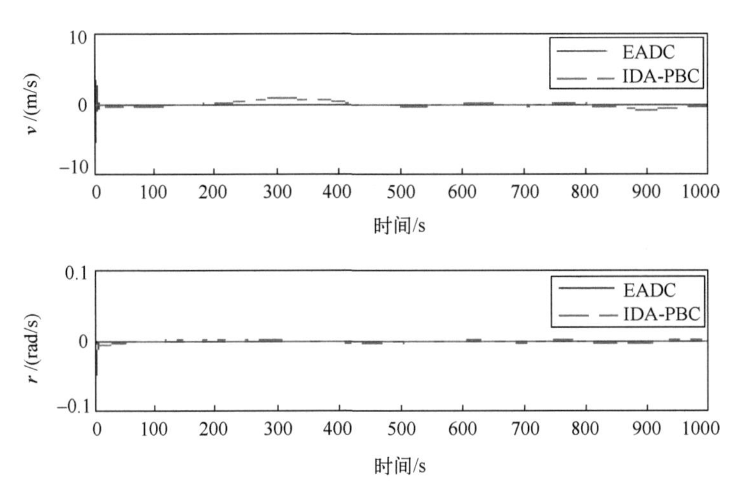

图 10.11　干扰情况 2 下 EADC 与 IDA-PBC 速度 u、v、r 的对比图

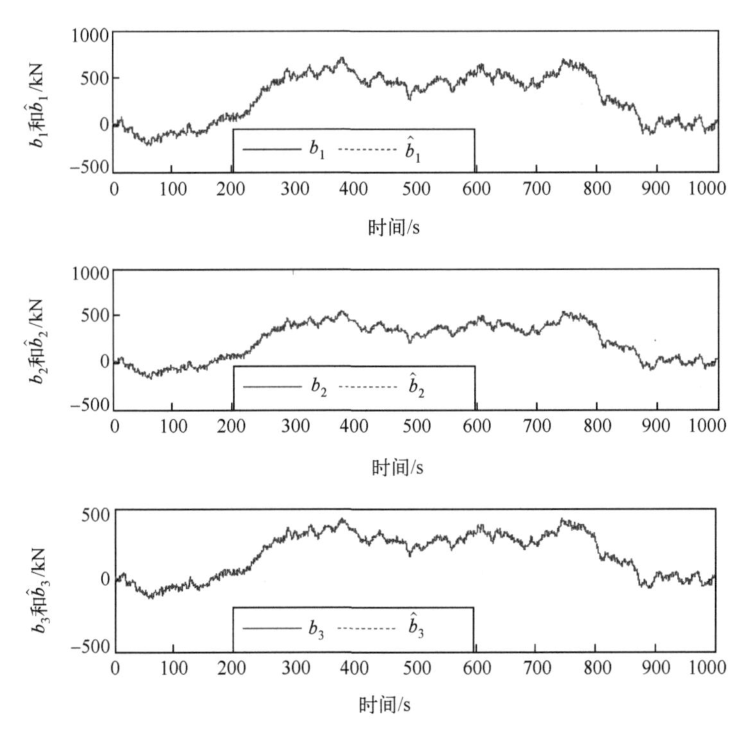

图 10.12　干扰情况 2 下干扰状态 b_1、b_2、b_3 及其估计 $\hat{b}_1$、$\hat{b}_2$、$\hat{b}_3$（见彩图）

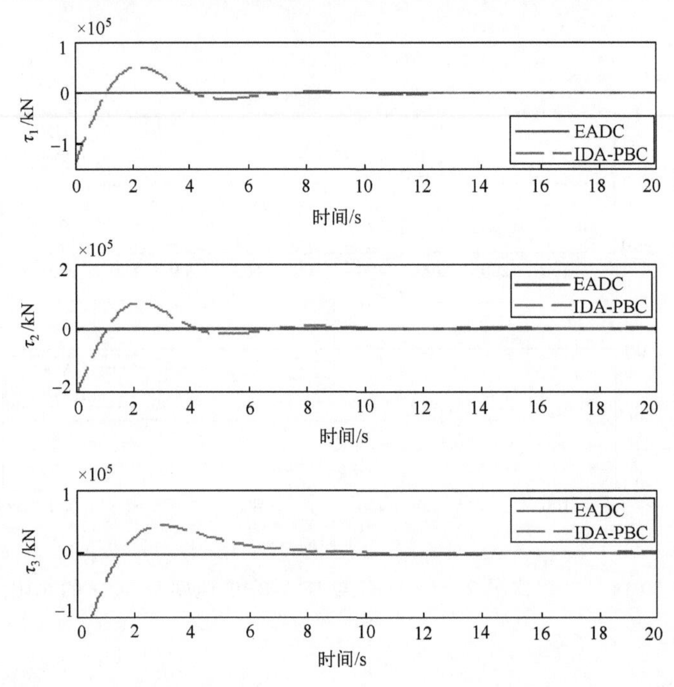

图 10.13　干扰情况 2 下 EADC 与 IDA-PBC 控制力 τ_1、τ_2、τ_3 的对比图

10.4.2　与 IDA-PBC 的比较

为了证明 EADC 方案的优越性，下面将所提出的 EADC 和 IDA-PBC 的控制性能进行比较，其中：

$$\tau = -K_p J^{\mathrm{T}}(q_3)K_q + K_{\mathrm{I}} z_e - K_{\mathrm{D}} J^{\mathrm{T}}(q_3)\dot{q} - J^{\mathrm{T}}(q_3)b$$

$$\dot{z}_e = -J^{\mathrm{T}}(q_3)K_q$$

式中

$$K = MK_e + I_3,\quad K_{\mathrm{D}} = R_z - D,\quad K_{\mathrm{I}} = K_e$$

为干扰情况 1 和干扰情况 2 中的已知干扰向量[115]；$q=[q_1,q_2,q_3]^{\mathrm{T}}\in\mathbb{R}^3$ 代表船舶的位置与艏摇角；$p=[p_1,p_2,p_3]^{\mathrm{T}}$，与速度 v 的关系为 $p=Mv$。引入新的状态变量 $z_e\in\mathbb{R}^3$ 以取代 $\eta=q$，$\upsilon=M^{-1}p$ 和 $p=MJ^{\mathrm{T}}(q_3)\dot{q}$，$z=f(q,p,z_e)$ 为变量替换。上述控制器的增益矩阵为

$$R_z = \begin{bmatrix} 5.0242\times10^4 & 0 & 0 \\ 0 & 2.7229\times10^5 & -4.3933\times10^6 \\ 0 & -4.3933\times10^6 & 4.1894\times10^8 \end{bmatrix}$$

$$K=\begin{bmatrix}3.2000\times10^{-5} & 0 & 0\\ 0 & 5.1000\times10^{-5} & 0\\ 0 & 0 & 8.0000\times10^{-4}\end{bmatrix}$$

$$K_e=\begin{bmatrix}3.8000 & 0 & 0\\ 0 & 6.8000 & 0\\ 0 & 0 & 6.5000\end{bmatrix}$$

在干扰情况 1 和干扰情况 2 下，IDA-PBC 的初始条件与所提的 EADC 方案保持相同。IDA-PBC 在干扰情况 1 下的仿真结果如图 10.4～图 10.6 和图 10.8 的虚线所示，在干扰情况 2 下运用 IDA-PBC 的仿真结果如图 10.9～图 10.11 和图 10.13 的虚线所示。

由图 10.4～图 10.6 可以看出，在干扰情况 1 下，IDA-PBC 取得了与 EADC 相似的控制性能，都能够有效地使船舶位置和艏摇角收敛到期望的平衡位置，得到令人满意的控制性能。然而，由图 10.9～图 10.11 可以看出，在干扰情况 2 下，即当慢时变干扰的幅值矩阵变大时，IDA-PBC 的控制效果与 EADC 相比不太理想。此外，图 10.8 和图 10.11 表明，在干扰情况 1 和干扰情况 2 下，IDA-PBC 的控制信号均比 EADC 的控制信号强。这是由于所提出的 EADC 策略充分利用了慢时变干扰的估计值，在控制器设计中实现了干扰的补偿，相比之下，IDA-PBC 没有充分利用干扰的已知信息。仿真对比结果充分说明了本章所提出的 EADC 策略具有鲁棒性强且控制精度高的优点。

10.5　结　　论

本章针对带有慢时变干扰的船舶 DP 系统，提出了一种 DOBC 方法与随机控制相结合的 EADC 策略。采用一阶马尔可夫过程对慢时变干扰进行建模，在此基础上建立干扰观测器。然后，基于干扰估计值设计 DP 抗干扰控制器，结合随机稳定性理论和 LMI 方法对复合系统进行了稳定性分析，最终使船舶到达期望的平衡位置。

第 11 章　执行器饱和约束下船舶动力定位系统精细抗干扰控制

11.1　引　　言

船舶在航行过程中执行器输入信号往往会超过某一特定区域，此外，实际控制信号与船舶航行速度相关，这些都会导致执行器饱和现象的发生[117-119]。执行器饱和可能会导致实际控制系统的性能下降，甚至会破坏系统的稳定性。目前，针对饱和非线性项的处理方法主要分为以下三种，分别是扇形区域法[120,121]、饱和度方法[122,123]和凸组合方法[102,124]。最初，Glattfelder 等运用圆判据和 Popov 判据研究了具有执行器饱和的单输入单输出系统的稳定性问题。Wei 等[122]利用饱和度方法研究了受执行器饱和影响的线性多智能体系统一致性问题。2002 年，Hu 等[125]提出凸组合方法对吸引域进行估计，并将该方法应用于具有执行器饱和的线性系统。由于凸组合方法便于计算且具有低保守性的特点，因此被学者广泛用来处理系统中的饱和非线性问题。

本章的目的是研究执行器饱和约束下 DP 系统的精细抗干扰控制问题，提出一种基于 DOBC 和随机控制理论的 EADC 策略。针对带有慢时变干扰和附加随机干扰的船舶 DP 系统，通过基于干扰观测器的控制和随机控制分别实现了对上述干扰的抵消和抑制。该抗干扰控制方案具有低保守性的特点，同时，增强了对海洋环境干扰的鲁棒性。

11.2　问 题 描 述

11.2.1　DP 船舶数学模型

本节构建两个坐标系来描述船舶的运动学过程，其中 $\eta=[x,y,\psi]^{\mathrm{T}}$ 表示大地坐标系中的位置向量，$\upsilon=[u,v,r]^{\mathrm{T}}$ 表示随船坐标系下的速度向量。结合文献[107]，给出 DP 系统的运动学方程为

$$\dot{\eta}=R(\psi)\upsilon \tag{11.1}$$

$$M\dot{\upsilon}=-Dv(t)+\tau(t)+d_0(t)+n(t) \tag{11.2}$$

式中，惯性矩阵 M 和阻尼矩阵 D 的元素与第 10 章相同；$\tau(t)$ 表示由控制力和力矩组成的三维列向量；$n(t)$ 是附加随机干扰，满足 H_2 范数有界；$d_0(t)$ 表示慢时变干扰，建模为如下形式：

$$\begin{cases}d_0(t)=R^{-1}(\psi)b(t)\\ \dot{b}(t)=-T^{-1}b(t)+\Psi\xi_1(t)\end{cases} \tag{11.3}$$

式中，$T\in\mathbb{R}^{r\times r}$ 是正定对角矩阵；$b(t)$ 表示慢变干扰力和力矩组成的矢量；$\Psi\in\mathbb{R}^{r\times r}$ 是未知幅值矩阵；$\xi_1(t)$ 表示有界零均值高斯白噪声，且满足 $\|\xi_1(t)\|^2\leqslant d^*$，其中，$d^*$ 是正常数。船舶动力定位仅需补偿慢时变海洋环境干扰，以避免推进器的过度磨损和不必要的能量损耗。

$R(\psi)$ 为旋转矩阵，表示为

$$R(\psi)=\begin{bmatrix}\cos\psi & -\sin\psi & 0\\ \sin\psi & \cos\psi & 0\\ 0 & 0 & 1\end{bmatrix} \tag{11.4}$$

且满足：

$$R^{-1}(\psi)=R^{\mathrm{T}}(\psi)\ 和\ \|R(\psi)\|=1 \tag{11.5}$$

引理 11.1[8]　考虑如下随机微分方程：

$$\mathrm{d}X(t)=f(X(t),t)\mathrm{d}t+g(X(t),t)\mathrm{d}B(t),\quad t\geqslant t_0 \tag{11.6}$$

式中，$f:\mathbb{R}^{m_1}\times\mathbb{R}_+\to\mathbb{R}^{m_1}$，$g:\mathbb{R}^{m_1}\times\mathbb{R}_+\to\mathbb{R}^{m_1\times m_2}$ 满足局部 Lipschitz 条件，且函数 $f(0,t)=0$，$g(0,t)=0$；$B(t)$（$t\geqslant 0$）是一个 m 维的独立维纳过程。若存在函数 $V\in\mathbb{C}^{2.1}(\mathbb{R}^n\times\mathbb{R}_+)$，$\kappa\in K_v\subset K_\infty$，正数 p,λ,β，则有

$$\kappa(|x|^p)\leqslant V(X,t),\quad \mathrm{L}V(X,t)\leqslant-\lambda V(X,t)+\beta \tag{11.7}$$

且

$$\lim_{t\to\infty}E|X(t;t_0,X_0)|^p\leqslant\kappa^{-1}\left(\frac{\beta}{\lambda}\right) \tag{11.8}$$

则系统 (11.6) p 阶矩渐近有界。

设 $P\in\mathbb{R}^{n\times n}$ 是一个正定矩阵，一个椭球体被定义为

$$\Omega(P,1)=\{x\in\mathbb{R}^n:x^{\mathrm{T}}Px\leqslant 1\} \tag{11.9}$$

矩阵 $H\in\mathbb{R}^{m\times n}$ 的第 j 行表示为 H^j，则一个对称多面体可以表示为

$$\rho(H)=\{x\in\mathbb{R}^n:|H^jx|\leqslant 1, j\in\mathbb{Q}_m\} \tag{11.10}$$

设 E 为一个 $m\times m$ 的对角矩阵的集合，其有 2^m 个元素且对角位置元素为 1 或 0。假设 E 的每个元素为 E_i，$i\in\mathbb{Q}=\{1,2,\cdots,2^m\}$，可定义 $E_i^-=I-E_i$，当 $E_i\in E$ 时，则有 $E_i^-\in E$。

引理 11.2[102]　对于给定矩阵 $H,K\in\mathbb{R}^{m\times n}$，若 $x\in\mathbb{R}^n$ 且满足 $x\in\rho(H)$，则有

$$\mathrm{sat}(Kx)\in\mathrm{co}\{E_iHx+E_i^-Kx, i\in\mathbb{Q}\} \tag{11.11}$$

式中，co{}表示一个集合的凸包。于是有

$$\mathrm{sat}(Kx)=\sum_{i=1}^{2^m}\eta_i(E_iH+E_i^-K)x \tag{11.12}$$

式中，η_i 是状态 x 的函数，且 $\sum_{i=1}^{2^m}\eta_i=1, 0\leqslant\eta_i\leqslant 1$。

推力器产生的控制向量 $\tau=[\tau_1,\tau_2,\tau_3]^{\mathrm{T}}$ 由纵荡方向的纵荡力 τ_1、横荡方向的横荡力 τ_2 和艏摇力矩 τ_3 组成，考虑到执行器配置矩阵的情况下，有

$$\tau=\Gamma(\varphi)u \tag{11.13}$$

式中，$u=[u_1,\cdots,u_m]^{\mathrm{T}}\in\mathbb{R}^m$ 是执行器产生的力。执行器配置矩阵 $\Gamma(\varphi)\in\mathbb{R}^{3\times m}$ 可表示为

$$\Gamma(\varphi)=\begin{bmatrix}\cos\varphi_1 & \cdots & \cos\varphi_m\\ \sin\varphi_1 & \cdots & \sin\varphi_m\\ l_1 & \cdots & l_m\end{bmatrix}$$

式中，$l_i=l_{xi}\sin\varphi_i-l_{yi}\cos\varphi_i$，$\varphi_i$ 和 (l_{xi},l_{yi}) 分别代表第 i 个推力器的方位角和坐标位置。于是 DP 系统(11.2)可表示为

$$\dot{\upsilon}(t)=-M^{-1}D\upsilon(t)+M^{-1}\Gamma(\varphi)u(t)+M^{-1}d_0(t)+M^{-1}n(t) \tag{11.14}$$

考虑到实际应用中执行器会受到物理约束，其产生的控制力和力矩会受到饱和非线性的影响，即

$$-u_{\min}\leqslant u(t)\leqslant u_{\max} \tag{11.15}$$

式中，$u_{\min}=[u_{1\min},\cdots,u_{m\min}]^{\mathrm{T}}\in\mathbb{R}^m$ 和 $u_{\max}=[u_{1\max},\cdots,u_{m\max}]^{\mathrm{T}}\in\mathbb{R}^m$ 分别是执行器的最小、最大受限值。因此，执行器产生的力 $u(t)$ 可表示为

$$u_i=\begin{cases}u_{i\max}, & u_{ci}>u_{i\max}\\ u_{ci}, & u_{i\min}\leqslant u_{ci}\leqslant u_{i\max}\\ u_{i\min}, & u_{ci}<u_{i\min}\end{cases} \tag{11.16}$$

11.2.2　DP 船舶的状态空间模型

结合式(11.1)和式(11.14)，船舶的状态空间模型可表示为

$$\dot{X}(t) = AX(t) + B\mathrm{sat}(\Gamma(\varphi)U(t) + d_0(t)) + Bn(t) \tag{11.17}$$

$$X(t) = \begin{bmatrix} \eta(t) \\ \upsilon(t) \end{bmatrix}, \quad A = \begin{bmatrix} 0 & I \\ 0 & -M^{-1}D \end{bmatrix}, \quad B = \begin{bmatrix} 0 \\ M^{-1} \end{bmatrix}$$

式中，$A \in \mathbb{R}^{n\times n}$、$B \in \mathbb{R}^{n\times m}$ 和 $U(t) \in \mathbb{R}^m$ 分别表示 DP 系统的系数矩阵、输入矩阵以及控制输入向量。饱和函数 $\mathrm{sat}(\cdot)$ 可表示为

$$\mathrm{sat}(\cdot) = [\mathrm{sat}(\cdot)_1, \cdots, \mathrm{sat}(\cdot)_m]^{\mathrm{T}}, \quad \mathrm{sat}(\cdot)_i = \mathrm{sign}(\cdot)\min\{|\cdot|, 1\}$$

式中，$\mathrm{sign}(\cdot)$ 和 $\min\{|\cdot|, 1\}$ 分别代表符号函数和最小值函数。

假设 11.1　$(W, B_0 V)$ 是能观的，(A, B_0) 是能控的。

根据文献[64]，用 $\dfrac{\mathrm{d}W(t)}{\mathrm{d}t}$ 替换 $\xi_1(t)$，得

$$\begin{cases} \mathrm{d}X(t) = AX(t)\mathrm{d}t + B\mathrm{sat}(\Gamma(\varphi)U(t) + d_0(t))\mathrm{d}t + Bn(t)\mathrm{d}t \\ \mathrm{d}b(t) = -T^{-1}b(t)\mathrm{d}t + \psi \mathrm{d}W(t) \\ d_0(t) = R^{-1}(\psi)b(t) \end{cases} \tag{11.18}$$

式中，$W(t)$ 为独立标准维纳过程。

11.3　主 要 结 果

11.3.1　随机干扰观测器

设计如下 SDO：

$$\begin{cases} \hat{d}_0(t) = R^{-1}(\psi)\hat{b}(t) \\ \hat{b}(t) = q(t) + LX(t) \\ \mathrm{d}q(t) = (-T^{-1} - LBR^{-1}(\psi))(q(t) + LX(t))\mathrm{d}t - L(AX(t) + B\mathrm{sat}(\Gamma(\varphi)U(t)))\mathrm{d}t \end{cases} \tag{11.19}$$

式中，$\hat{d}_0(t)$ 为干扰 $d_0(t)$ 的在线估计值；$q(t)$ 是辅助变量，为 SDO 的内部状态；L 是观测增益，可利用极点配置方法求得。

定义干扰估计误差为 $e_b(t) = b(t) - \hat{b}(t)$，根据式(11.18)和式(11.19)，得

$$\mathrm{d}e_b(t) = (-T^{-1} - LBR^{-1}(\psi))e_b(t)\mathrm{d}t + \Psi \mathrm{d}W(t) + LBn(t)\mathrm{d}t \tag{11.20}$$

由于 $(T^{-1}, BR^{-1}(\psi))$ 可观，因此可通过极点配置获得干扰观测增益矩阵 L。

设计如下 DP 船舶抗干扰控制器：

$$U(t)=\Gamma^{+}(\varphi)(-\hat{d}_0(t)+KX(t)) \tag{11.21}$$

式中，$\Gamma^{+}(\varphi)=\Gamma^{\mathrm{T}}[\Gamma(\varphi)\Gamma^{\mathrm{T}}(\varphi)]^{-1}$；$K$ 为控制增益矩阵。

将式(11.21)代入 DP 系统(11.18)，得如下闭环系统：

$$\mathrm{d}X(t)=AX(t)\mathrm{d}t+B\mathrm{sat}(KX(t)+R^{-1}(\psi)e_b(t))\mathrm{d}t+Bn(t)\mathrm{d}t \tag{11.22}$$

令

$$\bar{X}(t)=\begin{bmatrix}X(t)\\e_b(t)\end{bmatrix} \tag{11.23}$$

基于式(11.9)、式(11.10)和引理 11.2，对于 $\forall\bar{X}(t)\in\rho(H)$，$H=[H_1,V]\in\mathbb{R}^{m\times n+r}$，则式(11.22)中的饱和项满足：

$$\begin{aligned}\mathrm{sat}(KX(t)+R^{-1}(\psi)e_b(t))\mathrm{d}t&=\mathrm{sat}((K,R^{-1}(\psi))\,\bar{X}(t))\mathrm{d}t\\&=\sum_{i=1}^{2^m}\eta_i((E_i(K,R^{-1}(\psi))\bar{X}(t))+E_i^{-}H\bar{X}(t))\mathrm{d}t\\&=\sum_{i=1}^{2^m}\eta_i(E_iK+E_i^{-}H_1)\bar{X}(t)\mathrm{d}t+R^{-1}(\psi)e_b(t)\mathrm{d}t\end{aligned} \tag{11.24}$$

式中，$\sum_{i=1}^{2^m}\eta_i=1,\ 0\leqslant\eta_i\leqslant1$；$K$、$H_1$ 是要设计的控制增益矩阵。

将式(11.24)代入式(11.22)，有

$$\mathrm{d}X(t)=\left(A+\sum_{i=1}^{2^m}\eta_iB(E_iK+E_i^{-}H_1)\right)X(t)\mathrm{d}t+BR^{-1}(\psi)e_b(t)\mathrm{d}t+Bn(t)\mathrm{d}t \tag{11.25}$$

联立式(11.25)和式(11.20)，得复合系统：

$$\mathrm{d}(\bar{X}(t))=\bar{A}\bar{X}(t)\mathrm{d}t+\bar{\Psi}\mathrm{d}W(t)+\bar{B}n(t)\mathrm{d}t,\quad\forall\bar{X}(t)\in\rho(G) \tag{11.26}$$

式中

$$\bar{A}=\begin{bmatrix}A+\sum_{i=1}^{2^m}\eta_iB(E_iK+E_i^{-}H_1) & BR^{-1}(\psi)\\0 & -T^{-1}-LBR^{-1}(\psi)\end{bmatrix}$$

$$\bar{X}(t)=\begin{bmatrix}X(t)\\e_b(t)\end{bmatrix},\quad\bar{\Psi}=\begin{bmatrix}0\\\Psi\end{bmatrix},\quad\bar{B}=\begin{bmatrix}B\\LB\end{bmatrix}$$

11.3.2 稳定性分析

本节设计基于 DOBC 方法和随机控制理论的 EADC 策略，使复合系统(11.26)均方渐近有界。EADC 策略的基本结构如图 11.1 所示。

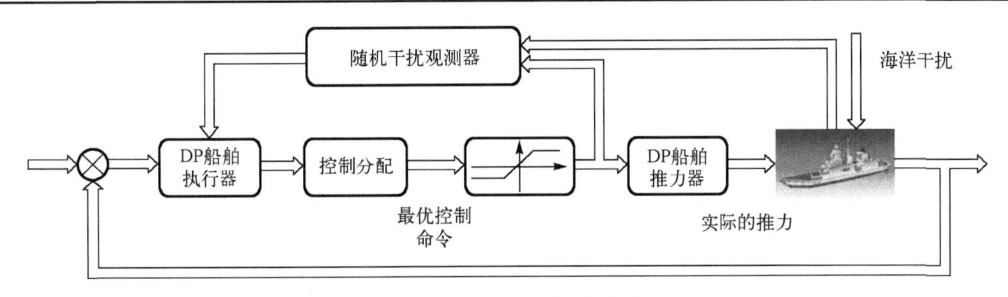

图 11.1　EADC 控制结构

对复合系统(11.26)进行稳定性分析，则有下面的结论成立。

定理 11.1　针对具有如式(11.3)多源干扰的船舶 DP 系统(11.2)，若存在矩阵 $P_1=Q_1^{-1}>0$，$P_2=Q_2^{-1}>0$ 和 R_1、R_2 满足如下的 LMI：

$$\Theta=\begin{bmatrix}\Lambda_1 & B & BR^{-1}(\psi)Q_2\\ * & -\alpha I & B^{\mathrm{T}}L^{\mathrm{T}}\\ * & * & \Lambda_2\end{bmatrix}<0 \tag{11.27}$$

$$\Lambda_1=AQ_1+Q_1^{\mathrm{T}}A^{\mathrm{T}}+BE_iR_1+R_1^{\mathrm{T}}E_i^{\mathrm{T}}B^{\mathrm{T}}+BE_i^{-}R_2+R_2^{\mathrm{T}}E_i^{-\mathrm{T}}B^{\mathrm{T}}$$
$$\Lambda_2=-T^{-1}Q_2-Q_2^{\mathrm{T}}(T^{-1})^{\mathrm{T}}-LBR^{-1}(\psi)Q_2-Q_2^{\mathrm{T}}(R^{-1}(\psi))^{\mathrm{T}}B^{\mathrm{T}}L^{\mathrm{T}}$$

则通过设计具有观测增益 L 的 SDO(式(11.19))和具有控制增益 $K=R_1Q_1^{-1}$、$H_1=R_2Q_1^{-1}$ 的 DP 抗干扰控制器(式(11.21))，能够使复合系统(11.26)均方渐近有界。

证明　针对复合系统(11.26)，设计李雅普诺夫函数为

$$V(\bar{X}(t),t)=\bar{X}^{\mathrm{T}}(t)P\bar{X}(t) \tag{11.28}$$

定义

$$P=\begin{bmatrix}P_1 & 0\\ 0 & P_2\end{bmatrix}=\begin{bmatrix}Q_1^{-1} & 0\\ 0 & Q_2^{-1}\end{bmatrix}=Q^{-1}>0 \tag{11.29}$$

根据式(11.23)和式(11.24)，对于 $\bar{X}(t)\in\rho(H)$，$H=[H_1,\ R^{-1}(\psi)]$，由 Itô 公式可得

$$\begin{aligned}\mathrm{LV}(\bar{X}(t),t)&=\frac{\partial V}{\partial\bar{X}}(\bar{A}\bar{X}(t)+\bar{B}n(t))+\mathrm{tr}(\bar{\Psi}^{\mathrm{T}}P\bar{\Psi})\\&=\bar{X}^{\mathrm{T}}(t)(P\bar{A}+\bar{A}^{\mathrm{T}}P)\bar{X}(t)+\theta n^{\mathrm{T}}(t)n(t)+\theta^{-1}\bar{X}^{\mathrm{T}}(t)P\bar{B}\bar{B}^{\mathrm{T}}P\bar{X}(t)+\mathrm{tr}(\bar{\Psi}^{\mathrm{T}}P\bar{\Psi})\\&=\bar{X}^{\mathrm{T}}(t)(P\bar{A}+\bar{A}^{\mathrm{T}}P+\theta^{-1}P\bar{B}\bar{B}^{\mathrm{T}}P)\bar{X}(t)+\theta n^{\mathrm{T}}(t)n(t)+\mathrm{tr}(\bar{\Psi}^{\mathrm{T}}P\bar{\Psi})\\&=\bar{X}^{\mathrm{T}}(t)\Omega_{i1}\bar{X}(t)+\theta n^{\mathrm{T}}(t)n(t)+\mathrm{tr}(\bar{\Psi}^{\mathrm{T}}P\bar{\Psi})\\&\leqslant\max_{i\in\mathbb{Q}}\{\eta_i\bar{X}^{\mathrm{T}}(t)\Omega_{i1}\bar{X}(t)\}+\gamma(t)\end{aligned}$$

式中

$$\begin{aligned} \Omega_{i1} &= P\bar{A} + \bar{A}^{\mathrm{T}}P + \theta^{-1}P\bar{B}\bar{B}^{\mathrm{T}}P \\ \gamma(t) &= \theta n^{\mathrm{T}}(t)n(t) + \mathrm{tr}(\bar{\Psi}^{\mathrm{T}}P\bar{\Psi}) \end{aligned} \tag{11.30}$$

对于式(11.30)，因为 $0 \leqslant \eta_i \leqslant 1, i \in \mathbb{Q} = \{1,2,\cdots,2^m\}$，$\bar{B}$ 和 P 为有界矩阵，则存在一个常数 $\beta > 0$，使得 $0 \leqslant \gamma(t) \leqslant \beta$，从而有

$$\mathrm{LV}(\bar{X}(t),t) \leqslant \max_{i\in\mathbb{Q}}\{\eta_i \bar{X}^{\mathrm{T}}(t)\Omega_{i1}\bar{X}(t)\} + \gamma(t) \leqslant \max_{i\in\mathbb{Q}}\{\eta_i \bar{X}^{\mathrm{T}}(t)\Omega_{i1}\bar{X}(t)\} + \beta \tag{11.31}$$

接下来，将证明 $\Omega_{i1} < 0 \Leftrightarrow \Omega_i < 0$。

(1) $\Omega_{i1} < 0 \Leftrightarrow \Omega_{i2} < 0$。根据式(11.26)、式(11.27)及 Schur 补引理，有 $\Omega_{i1} < 0$ 等价于 $\Omega_{i2} < 0$，其中：

$$\Omega_{i2} = \begin{bmatrix} \Pi_1 & P_1BR^{-1}(\psi) & P_1B \\ * & \Pi_2 & P_2LB \\ * & * & -\alpha I \end{bmatrix} < 0 \tag{11.32}$$

$$\begin{aligned} \Pi_1 &= P_1A + A^{\mathrm{T}}P_1 + P_1BE_iK + K^{\mathrm{T}}E_i^{\mathrm{T}}B^{\mathrm{T}}P_1^{\mathrm{T}} + P_1BE_i^{-}P_1 + P_1^{\mathrm{T}}E_i^{-\mathrm{T}}B^{\mathrm{T}}P_1^{\mathrm{T}} \\ \Pi_2 &= -P_2T^{-1} - (T^{-1})^{\mathrm{T}}P_2^{\mathrm{T}} - P_2LBR^{-1}(\psi) - (R^{-1}(\psi))^{\mathrm{T}}B^{\mathrm{T}}L^{\mathrm{T}}P_2^{\mathrm{T}} \end{aligned}$$

(2) $\Omega_{i2} < 0 \Leftrightarrow \Omega_{i3} < 0$。将 Ω_{i2} 左右同乘 $\mathrm{diag}\{Q_1,Q_2,I\}$ 得 Ω_{i3}，于是有 $\Omega_{i2} < 0$ 等价于 $\Omega_{i3} < 0$，其中：

$$\Omega_{i3} = \begin{bmatrix} \Sigma_1 & B & BR^{-1}(\psi)Q_2 \\ * & -\alpha I & B^{\mathrm{T}}L^{\mathrm{T}} \\ * & * & \Sigma_2 \end{bmatrix} < 0 \tag{11.33}$$

$$\begin{aligned} \Sigma_1 &= AQ_1 + Q_1A^{\mathrm{T}} + BE_iR_1 + R_1^{\mathrm{T}}E_i^{\mathrm{T}}B^{\mathrm{T}} + BE_i^{-}R_2 + R_2^{\mathrm{T}}E_i^{-\mathrm{T}}B^{\mathrm{T}} \\ \Sigma_2 &= -T^{-1}Q_2 - Q_2(T^{-1})^{\mathrm{T}} - LBR^{-1}(\psi)Q_2 - Q_2(R^{-1}(\psi))^{\mathrm{T}}B^{\mathrm{T}}L^{\mathrm{T}} \end{aligned}$$

(3) $\Omega_{i3} < 0 \Leftrightarrow \Omega_i < 0$。针对式(11.33)，令 $K = R_1Q_1^{-1}$，$H_1 = R_2Q_1^{-1}$，得 $\Omega_{i3} < 0 \Leftrightarrow \Omega_i < 0$。

由证明过程(1)～(3)可知，$\Omega_i < 0 \Leftrightarrow \Omega_{i3} < 0 \Leftrightarrow \Omega_{i2} < 0 \Leftrightarrow \Omega_{i1} < 0$，因此，存在常数 $\alpha > 0$ 满足：

$$\Omega_i < 0 \Leftrightarrow \Omega_{i1} < 0 \Rightarrow \Omega_{i1} + \alpha I < 0 \tag{11.34}$$

基于式(11.28)、式(11.31)和式(11.34)，选择函数 $k = \lambda_{\min}(P)|\bar{x}|^p$，$p = 2$，$\sigma = \dfrac{\alpha}{\lambda_{\max}(P)}$ 使得

$$k(|\bar{X}|^p)=\lambda_{\min}(P)|\bar{X}|^2\leqslant\bar{X}^{\mathrm{T}}(t)P\bar{X}(t)=V(\bar{X}(t),t)\tag{11.35}$$

$$\mathrm{LV}(\bar{X}(t),t)\leqslant-\sigma V(\bar{X}(t))+\beta\tag{11.36}$$

进而有

$$E\{V(\bar{X}(t),t)\}\leqslant V(\bar{X}_0)\mathrm{e}^{-\sigma t}+\frac{\beta}{\sigma}\tag{11.37}$$

根据式(11.34)～式(11.37)和引理 11.1，可得

$$\limsup_{t\to\infty}E\left|\bar{X}(t;t_0,\bar{X}_0)\right|\leqslant\kappa^{-1}\left(\frac{\beta}{\sigma}\right)\tag{11.38}$$

于是复合系统(11.26)均方渐近有界。证毕。

11.3.3　DP 船舶的控制分配

利用拉格朗日乘数法，将最优执行器指令分配到满意范围内的单个执行器，从而使功率消耗达到最小。将控制分配问题描述为

$$N=\min U^{\mathrm{T}}U\tag{11.39}$$

约束条件为

$$\tau=\Gamma(\varphi)U\tag{11.40}$$

这是一个关于最小化目标的非线性约束问题。此外，由于艏摇角 φ 是时刻变化的，实际的控制分配较为复杂。为了简化控制分配，将第 i 个执行器的指令 U_i 按横荡力和纵荡力方向进行分解，则有

$$l_{x_i}=U_i\cos\varphi_i\tag{11.41}$$

$$l_{y_i}=U_i\sin\varphi_i\tag{11.42}$$

因此，更新后的执行器命指 U_i 可表示为

$$U_i=\sqrt{l_{x_i}^2+l_{y_i}^2}\tag{11.43}$$

将式(11.41)、式(11.42)和式(11.43)代入式(11.39)中，可得

$$N=\min l^{\mathrm{T}}l\tag{11.44}$$

进而，约束条件可表示为

$$\tau=\Gamma_l l\tag{11.45}$$

式中

$$l=[l_{x_1},l_{y_1},\cdots,l_{x_m},l_{y_m}]^{\mathrm{T}}$$

$$\Gamma_l=\begin{bmatrix}1 & 0 & \cdots & 1 & 0\\ 0 & 1 & \cdots & 0 & 1\\ -l_{y_1} & l_{x_1} & \cdots & -l_{y_m} & l_{x_m}\end{bmatrix}$$

显然，约束最小化问题已由非线性问题转化为线性最优问题，最优解l^*可以由拉格朗日乘数法给出：

$$l^*=\Gamma_l^+U \tag{11.46}$$

式中，$l^*=[l_{x_1}^*,l_{y_1}^*,\cdots,l_{x_m}^*,l_{y_m}^*]^{\mathrm{T}}$；$\Gamma_l^+=\Gamma_l^{\mathrm{T}}(\Gamma_l\Gamma_l^{\mathrm{T}})^{-1}$。依据式(11.39)，执行器最优控制向量$U^*$可由最优解$l^*$表示，即

$$U^*=\left[\sqrt{l_{x_1}^{*2}+l_{y_1}^{*2}},\cdots,\sqrt{l_{x_m}^{*2}+l_{y_m}^{*2}}\right]^{\mathrm{T}} \tag{11.47}$$

11.4 仿真实例

为了验证所提控制策略的有效性，本节以供给船为例进行仿真研究。将所提出的 EADC 策略与 IDA-PBC 策略进行对比[115]。根据文献[116]，供给船的质量选择为$4.591\times10^6\mathrm{kg}$，长度为 76.2m。船舶的系统矩阵为

$$M=\begin{bmatrix}5.3122\times10^6 & 0 & 0\\ 0 & 8.2831\times10^6 & 0\\ 0 & 0 & 3.7545\times10^6\end{bmatrix}$$

$$D=\begin{bmatrix}5.0242\times10^6 & 0 & 0\\ 0 & 2.7229\times10^5 & -4.3933\times10^6\\ 0 & -4.3933\times10^6 & 4.1894\times10^8\end{bmatrix}$$

11.4.1 精细抗干扰控制策略

本节在不同的海况下对供给船进行仿真。

情况 1：慢时变干扰幅值矩阵$\varPsi=\mathrm{diag}\{130,100,80\}$。

取初始状态$X(0)=[20,20,10,0,0,0]^{\mathrm{T}}$，其中$\eta_0=[20\mathrm{m},20\mathrm{m},10°]^{\mathrm{T}}$表明船舶在纵横荡中的初始位置均为 20m，且其初始艏摇角为$((10°\times\pi)/180°)\,\mathrm{rad}$。$\upsilon_0=[0\mathrm{m/s},0\mathrm{m/s},0\mathrm{rad/s}]$表示船舶三个方向的初始速度值均为 0，选取执行器参数为$l_{x_1}=0.41\mathrm{m}$，$l_{y_1}=-0.51\mathrm{m}$，$l_{x_2}=-0.41\mathrm{m}$，$l_{y_2}=-0.15\mathrm{m}$，$l_{x_3}=-0.41\mathrm{m}$，$l_{y_3}=0.15\mathrm{m}$，$l_{x_4}=0.41\mathrm{m}$，$l_{y_4}=0.15\mathrm{m}$，慢时变干扰参数为

$$T=\begin{bmatrix}1.0000\times10^3 & 0 & 0\\ 0 & 1.0000\times10^3 & 0\\ 0 & 0 & 1.0000\times10^3\end{bmatrix},\quad \Psi=\begin{bmatrix}130 & 0 & 0\\ 0 & 100 & 0\\ 0 & 0 & 80\end{bmatrix}$$

将式(11.20)的极点配置到[−30　−30　−30]，得

$$L=\begin{bmatrix}0 & 0 & 0 & 1.6000\times10^8 & 0 & 0\\ 0 & 0 & 0 & 0 & 2.5000\times10^8 & 0\\ 0 & 0 & 0 & 0 & 0 & 1.1236\times10^{11}\end{bmatrix}$$

基于定理 11.1，解得

$$K=\begin{bmatrix}-6.8174\times10^7 & -3.2374\times10^7 & -1.3218\times10^7\\ -6.7464\times10^7 & -3.2730\times10^7 & -1.3275\times10^7\\ -6.7795\times10^7 & -3.2542\times10^7 & -1.6251\times10^7\\ -3.7100\times10^6 & -1.3100\times10^6 & -8.5300\times10^5\\ -2.6220\times10^6 & -1.7070\times10^6 & -8.5600\times10^5\\ -2.9320\times10^6 & -1.7120\times10^6 & -2.4807\times10^7\end{bmatrix}^{\mathrm{T}}$$

$$R_1=\begin{bmatrix}-2.9125\times10^8 & -1.2200\times10^7 & -7.1000\times10^5\\ -1.7800\times10^7 & -1.5708\times10^8 & -3.5000\times10^5\\ -8.3800\times10^6 & 1.7040\times10^7 & -5.3170\times10^7\\ -2.9520\times10^8 & -3.2560\times10^7 & 0.0000\\ -5.0780\times10^7 & -1.3532\times10^8 & -1.0000\times10^4\\ 1.6700\times10^6 & -4.8500\times10^6 & -2.7374\times10^8\end{bmatrix}^{\mathrm{T}}$$

$$R_2=\begin{bmatrix}-1.1400\times10^6 & -1.9520\times10^7 & 0.0000\\ -5.7000\times10^5 & -2.5133\times10^8 & 0.0000\\ -8.5070\times10^7 & 2.7270\times10^7 & 0.0000\\ 0.0000 & -5.2100\times10^7 & 0.0000\\ -2.0000\times10^4 & -2.1651\times10^8 & 0.0000\\ -4.3799\times10^8 & -7.7600\times10^6 & 0.0000\end{bmatrix}^{\mathrm{T}}$$

$$P=\begin{bmatrix}-2.1149\times10^7 & -5.1798\times10^7 & 0.0000\\ -2.1240\times10^7 & -5.2367\times10^7 & 0.0000\\ -2.6002\times10^7 & -5.2068\times10^7 & 0.0000\\ -1.3650\times10^6 & -2.0960\times10^6 & 0.0000\\ -1.3690\times10^6 & -2.7310\times10^6 & 0.0000\\ -3.9692\times10^7 & -2.7390\times10^6 & 0.0000\end{bmatrix}^{\mathrm{T}}$$

图 11.2～图 11.7 是海洋环境干扰情况 1 下的仿真结果。由图 11.2 和图 11.3

可以看出，船舶 DP 系统在慢时变干扰和附加随机干扰的影响下仍可以保持在期望位置。由图 11.5 可知，随机干扰观测器很好地提供了慢时变干扰 b_1、b_2、b_3 的在线估计值 $\hat{b}_1$、$\hat{b}_2$、$\hat{b}_3$。图 11.6 和图 11.7 显示控制输入 τ_1、τ_2、τ_3、τ_4、τ_5、τ_6、τ_7、τ_8 是有界的。仿真结果表明了本章所提 EADC 策略的有效性。

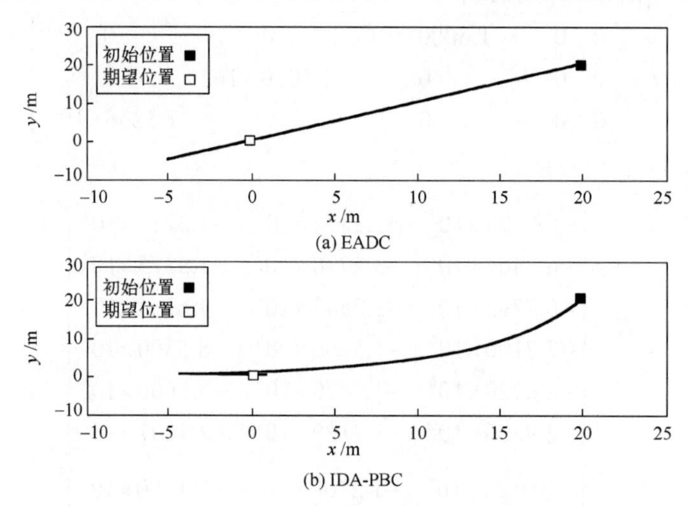

图 11.2　干扰情况 1 下 EADC 下船舶位置与 IDA-PBC 下船舶位置

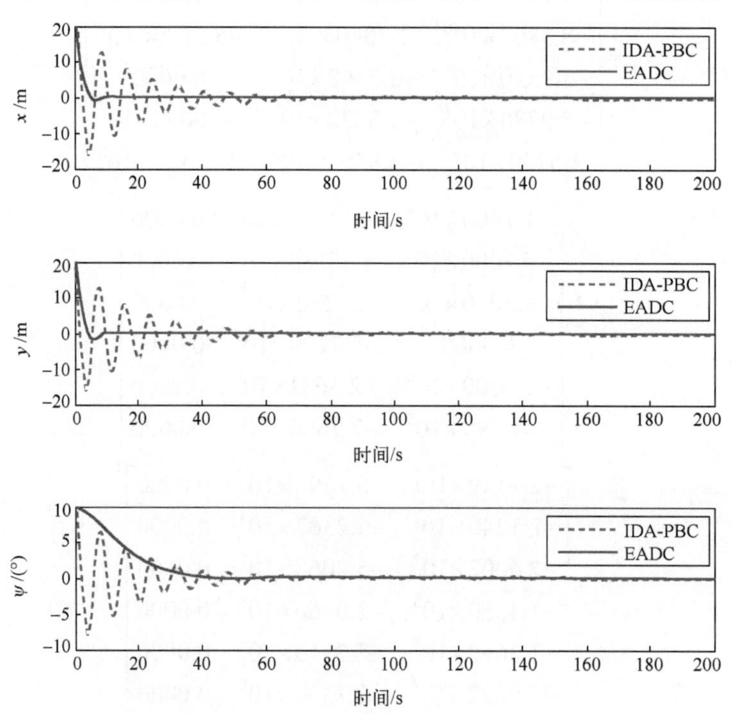

图 11.3　干扰情况 1 下船舶位置 (x, y) 和艏摇角 ψ 在 EADC 与 IDA-PBC 下的响应曲线

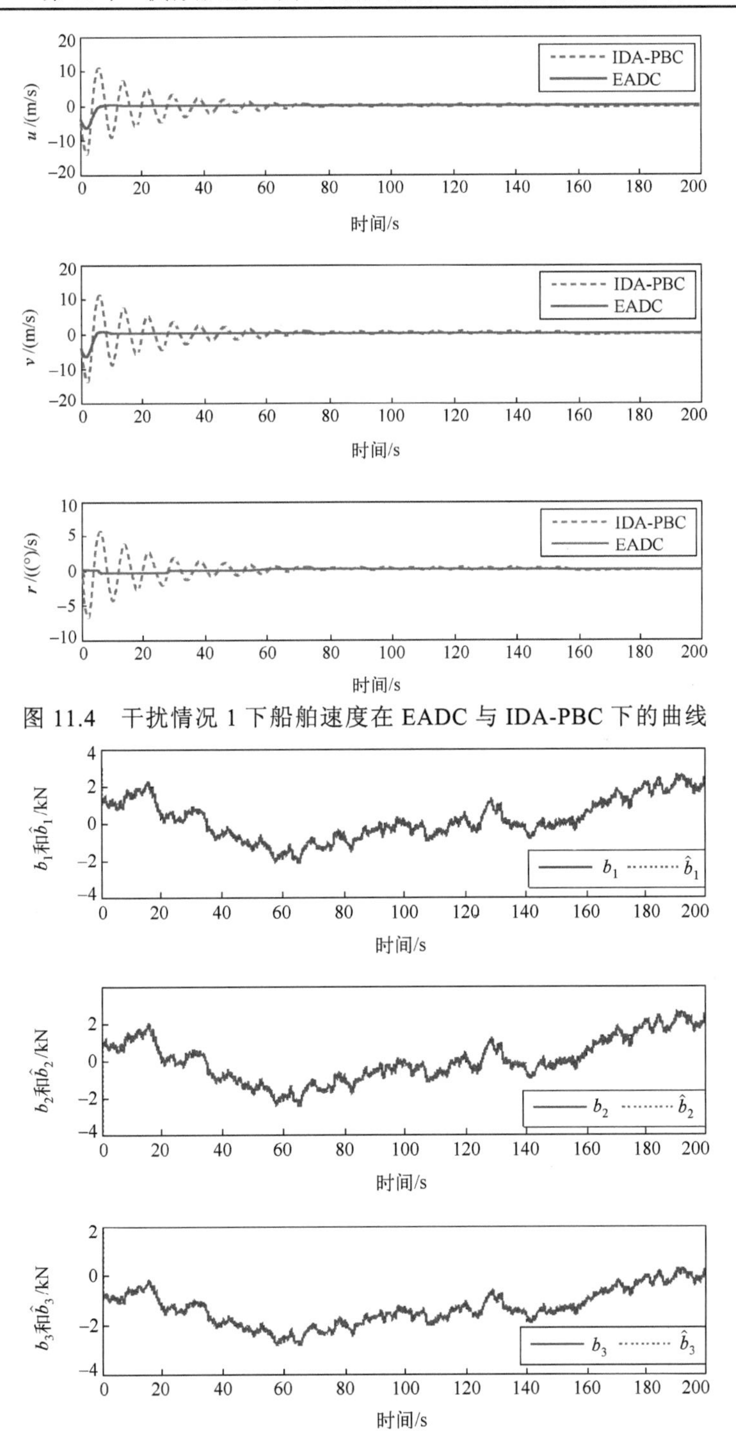

图 11.4　干扰情况 1 下船舶速度在 EADC 与 IDA-PBC 下的曲线

图 11.5　干扰情况 1 下干扰状态 b_1、b_2、b_3 及其估计 $\hat{b}_1$、$\hat{b}_2$、$\hat{b}_3$（见彩图）

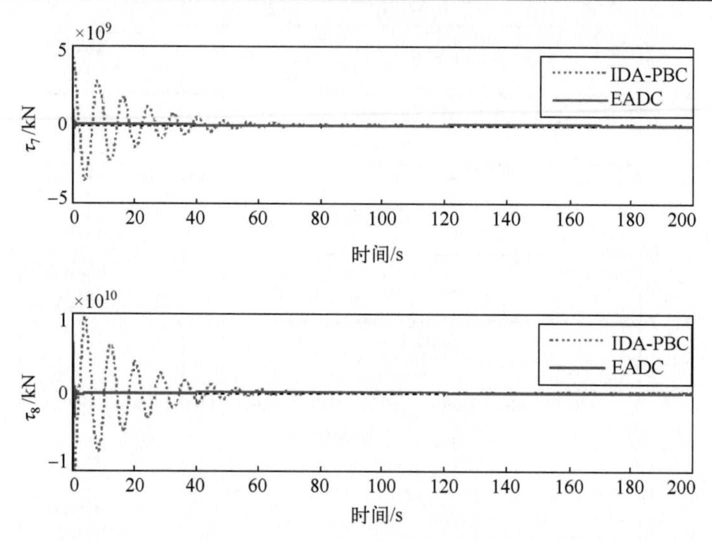

图 11.6　干扰情况 1 下 EADC 与 IDA-PBC 的控制力 (τ_7, τ_8)

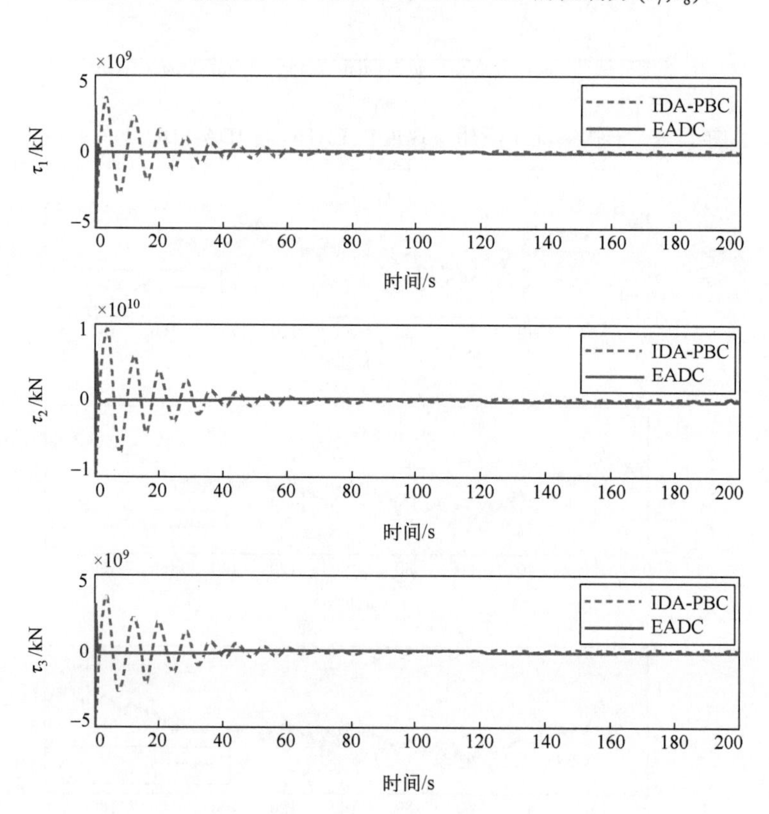

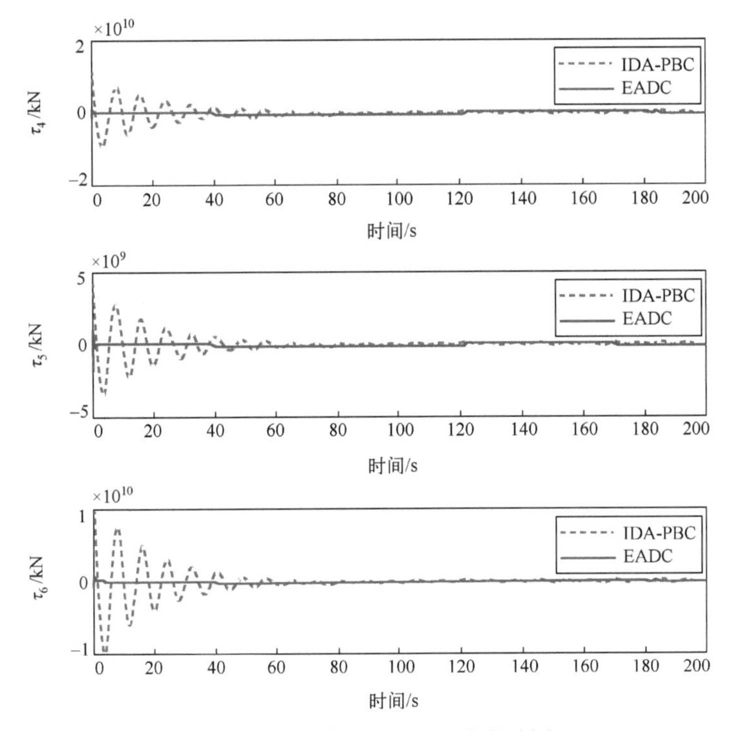

图 11.7　干扰情况 1 下 EADC 与 IDA-PBC 的控制力 $(\tau_1,\tau_2,\tau_3,\tau_4,\tau_5,\tau_6)$

情况 2：慢时变干扰幅值矩阵 $\Psi=10\times\mathrm{diag}\{130,100,80\}$。

在仿真中，采用与干扰情况 1 相同的初始条件和控制器参数，慢时变干扰的幅值是干扰情形 1 的 10 倍。

图 11.8～图 11.13 是干扰情况 2 下的仿真结果。由图 11.8 和图 11.9 可知，当作用在 DP 系统上的干扰幅值矩阵变得更大时，设计的 EADC 控制器比 IDA-PBC 控制器的优势更明显。图 11.11 表明了所设计的干扰观测器在情况 2 下仍能够很好地在线估计未知时变干扰，图 11.12 和图 11.13 给出了所设计的 EADC 控制信号。上述仿真结果说明了本章提出的 EADC 控制器能够适应不同的海况，从而具有较强的鲁棒性。

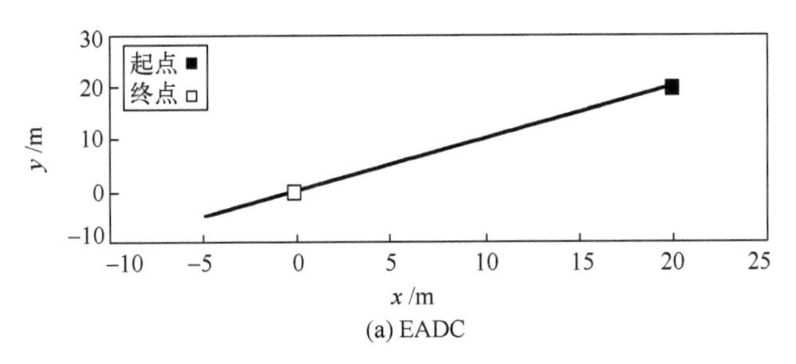

(a) EADC

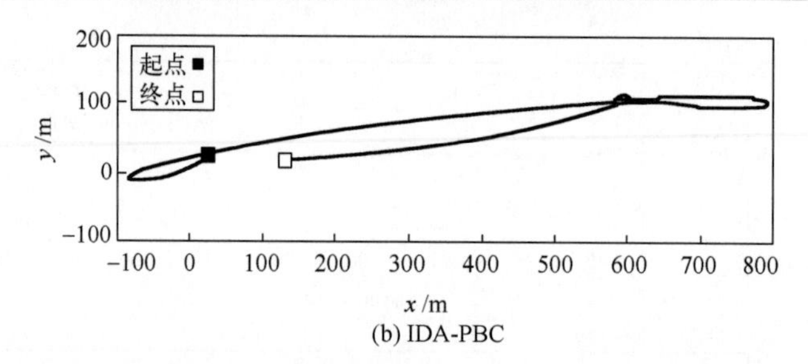

图 11.8　干扰情况 2 下船舶位置在 EADC 与 IDA-PBC 下的曲线

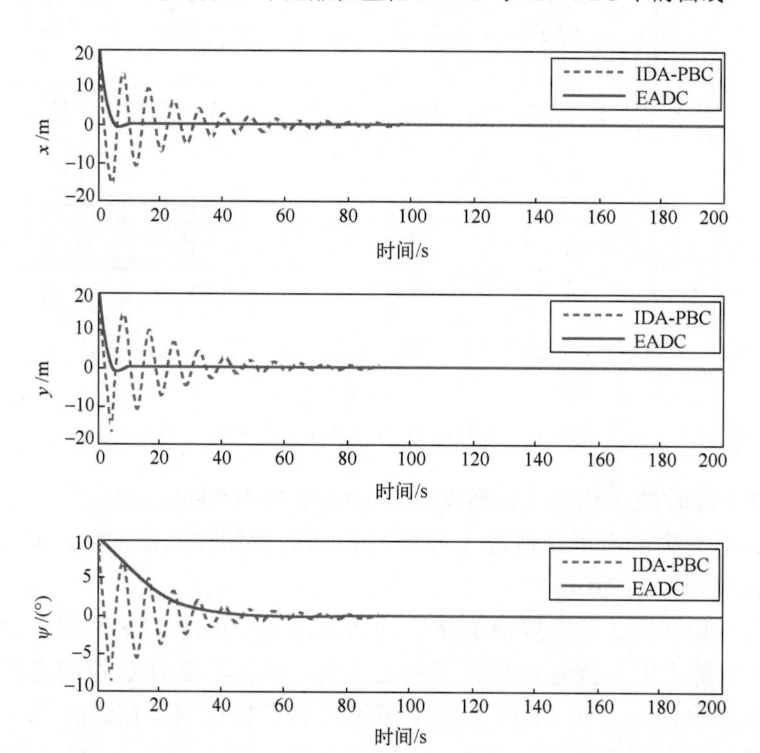

图 11.9　干扰情况 2 下船舶位置 (x, y) 和艏摇角 ψ 在 EADC 与 IDA-PBC 的曲线

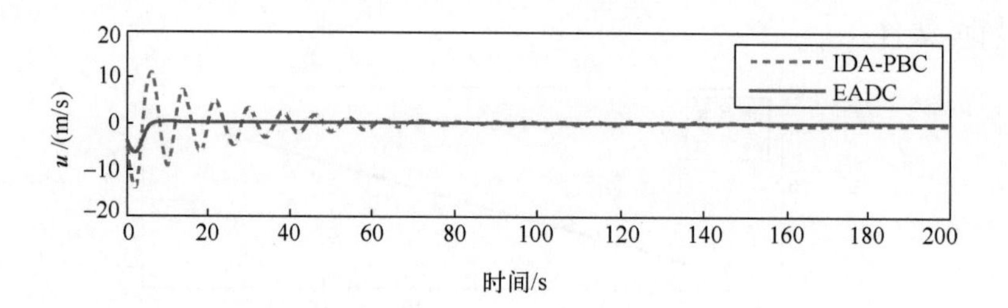

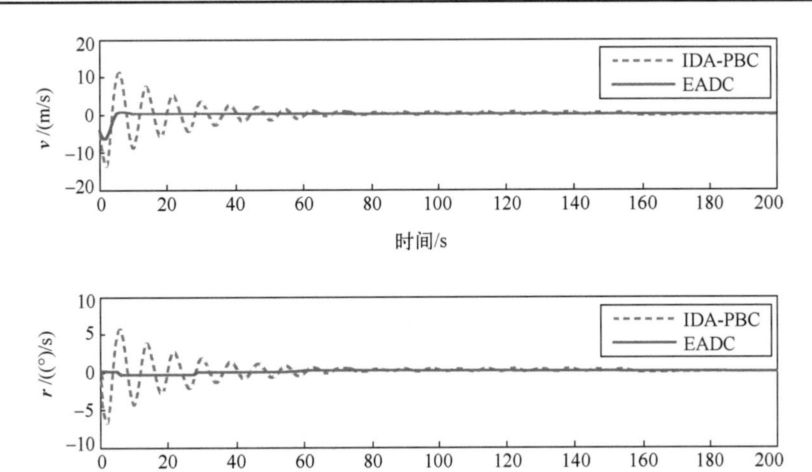

图 11.10　干扰情况 2 下速度 u、v、r 在 EADC 与 IDA-PBC 下的响应曲线

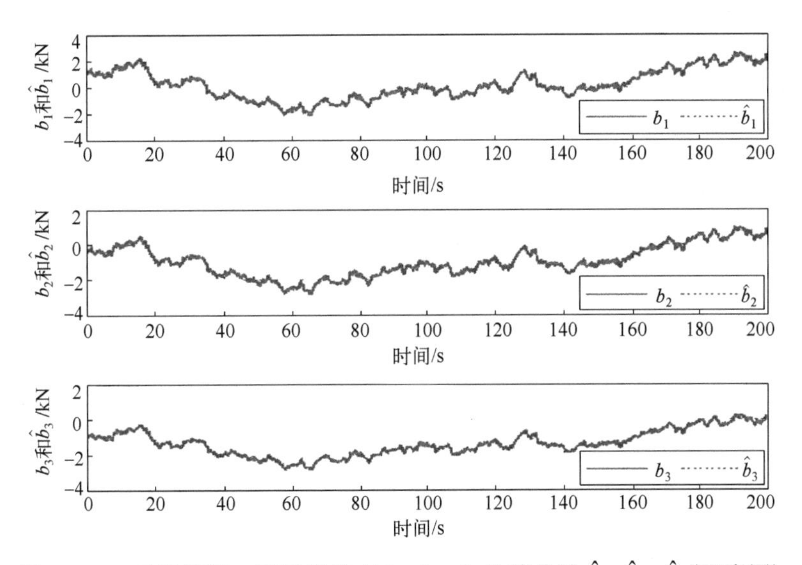

图 11.11　干扰情况 2 下干扰状态 b_1、b_2、b_3 及其估计 $\hat{b}_1$、$\hat{b}_2$、$\hat{b}_3$（见彩图）

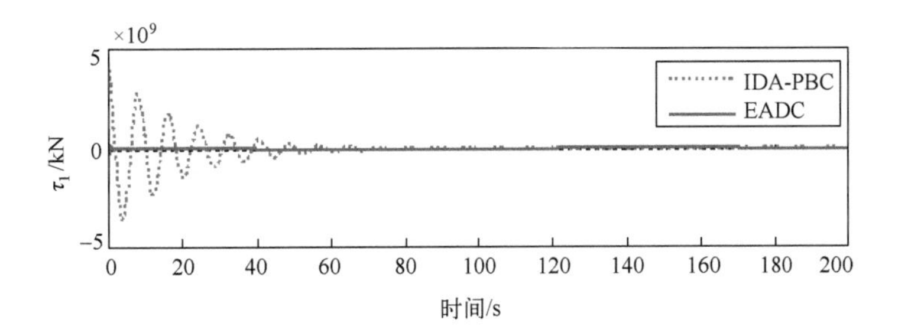

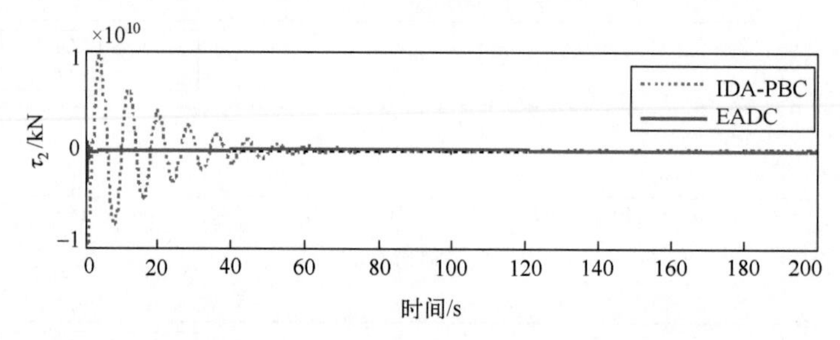

图 11.12　干扰情况 2 下 EADC 与 IDA-PBC 的控制力 (τ_1,τ_2)

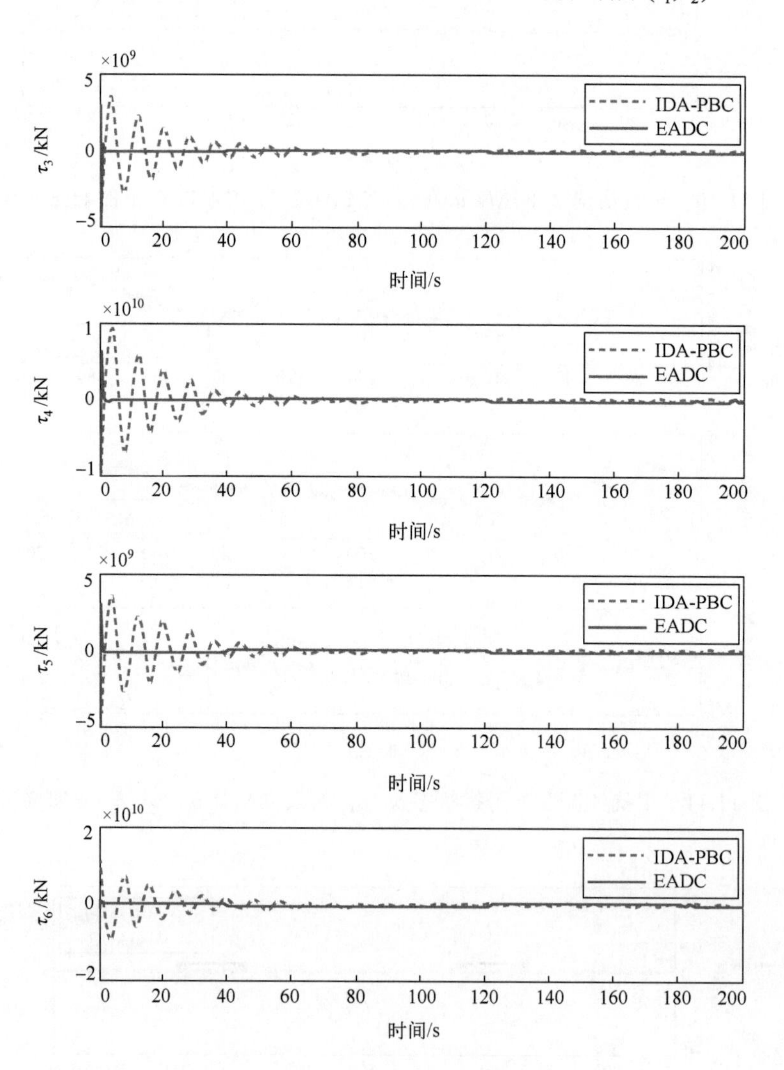

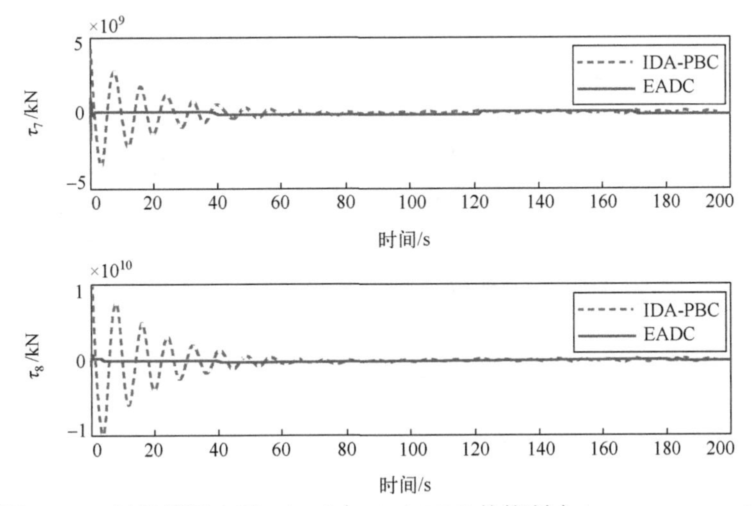

图 11.13　干扰情况 2 下 EADC 与 IDA-PBC 的控制力 $(\tau_3,\tau_4,\tau_5,\tau_6,\tau_7,\tau_8)$

11.4.2　与 IDA-PBC 的比较

为了证明 EADC 方案的优越性，对所提出的 EADC 和 IDA-PBC 的系统性能进行比较，其中

$$\tau = -KJ^{\mathrm{T}}(q_3)K + K_{\mathrm{I}}z_e - K_{\mathrm{D}}J^{\mathrm{T}}(q_3)\dot{q} - J^{\mathrm{T}}(q_3)b$$

$$\dot{z}_e = -J^{\mathrm{T}}(q_3)Kq$$

式中，$q=[q_1,q_2,q_3]^{\mathrm{T}}\in\mathbb{R}^3$ 代表船舶的位置与艏摇角；$p=[p_1,p_2,p_3]^{\mathrm{T}}\in\mathbb{R}^3$ 与速度 υ 的关系为 $p=M\upsilon$；而

$$K = MK_e + I_3,\quad K_{\mathrm{D}} = R_z - D,\quad K_{\mathrm{I}} = K_e$$

引入一个新的状态变量 $z_e\in\mathbb{R}^3$ 来代替 $\eta=q$，$\upsilon=M^{-1}p$，$p=MJ^{\mathrm{T}}(q_3)\dot{q}$。动态控制器的增益矩阵为

$$R_z = \begin{bmatrix} 5.0242\times10^4 & 0 & 0 \\ 0 & 2.7229\times10^5 & -4.3933\times10^6 \\ 0 & -4.3933\times10^6 & 4.1894\times10^8 \end{bmatrix}$$

$$K = \begin{bmatrix} 3.2000\times10^{-5} & 0 & 0 \\ 0 & 5.1000\times10^{-5} & 0 \\ 0 & 0 & 8.0000\times10^{-4} \end{bmatrix}$$

$$K_e = \begin{bmatrix} 3.8000 & 0 & 0 \\ 0 & 6.8000 & 0 \\ 0 & 0 & 6.5000 \end{bmatrix}$$

在情况 1 和情况 2 下，IDA-PBC 的初始条件与所提的 EADC 的初始条件相同。

由图 11.2～图 11.4 可知，在干扰情况 1 下，IDA-PBC 取得了与 EADC 相似的控制性能，使船舶位置和艏摇角收敛到期望值。由图 11.8～图 11.10 可以看出，在干扰情况 2 下，当慢时变干扰的幅值增大时，IDA-PBC 的控制效果不尽如人意，而 EADC 策略在干扰情况 1 和干扰情况 2 下均能达到令人满意的系统性能。这是由于本章所设计的 EADC 策略能够充分利用慢时变干扰的在线估计值，具有低保守性的优点，从而验证了 EADC 策略的有效性。

11.5 结　　论

针对执行器饱和约束下带有慢时变干扰和随机干扰的船舶 DP 控制问题，本章将基于干扰观测器的控制和随机控制相结合，分别实现了对慢时变干扰的补偿和附加随机干扰的抑制。通过构造干扰观测器在线估计慢时变干扰，并在控制设计中对其进行补偿，同时利用随机控制方法抑制附加随机干扰的影响，引入凸组合方法保证了闭环系统在执行器饱和约束下的稳定性。在上述基础上，利用拉格朗日乘数法，将最优执行器指令分配到满意范围内的单个执行器，使功率消耗达到最小。

参 考 文 献

[1] Zhou K, Doyle J C. Essentials of Robust Control. Englewood Cliffs: Prentice Hall, 1998.

[2] 贾英民. 鲁棒 H_∞ 控制. 北京: 科学出版社, 2007.

[3] Utkin V I. Sliding Modes in Control and Optimization. Berlin: Springer-Verlag, 1992.

[4] 高为炳. 变结构控制的理论及设计方法. 北京: 科学出版社, 1996.

[5] Astrom K J, Wittenmark B. Adaptive Control. Boston: Addison-Wesley, 1994.

[6] Marino R, Tomei P. Nonlinear Control Design: Geometric, Adaptive and Robust. Englewood Cliffs: Prentice Hall, 1995.

[7] Astrom K J. Introduction to Stochastic Control Theory. New York: Academic Press, 1970.

[8] Mao X R, Yuan C G. Stochastic Differential Equations with Markovian Switching. London: Imperial College Press, 2006.

[9] Davison E J. The robust control of a servomechanism problem for linear time-invariant multivariable systems. IEEE Transactions on Automatic Control, 1976, 21(1): 25-34.

[10] Ding Z T. Global stabilization and disturbance suppression of a class of nonlinear systems with uncertain internal model. Automatica, 2003, 39(3): 471-479.

[11] Isidori A. Nonlinear Control Systems. Berlin: Springer-Verlag, 1995.

[12] Huang J, Chen Z. A general framework for tackling the output regulation problem. IEEE Transactions on Automatic Control, 2004, 49(12): 2203-2218.

[13] Han J. From PID to active disturbance rejection control. IEEE Transactions on Industrial Electronics, 2009, 56(3): 900-906.

[14] Huang Y, Xue W C. Active disturbance rejection control: Methodology and theoretical analysis. ISA Transactions, 2014, 53(4): 963-976.

[15] Ohishi K, Ohnishi K, Miyachi K. Torque-speed regulation of DC motor based on load torque estimation method. Proceedings of JIEE/International Power Electronics Conference, Tokyo, 1983: 1209-1218.

[16] Ohishi K, Nakao M, Ohnishi K, et al. Microprocessor controlled DC motor for load-insensitive position servo system. IEEE Transactions on Industrial Electronics, 1987, 34(1): 44-49.

[17] Guo L, Feng C B, Chen W H. A survey of disturbance observer-based control for dynamic nonlinear system. Dynamics of Continuous Discrete and Impulsive System-Series B:

Applications & Algorithms, 2006, 13(1): 79-84.

[18] Chen W H, Ballance D J, Gawthrop P J, et al. A nonlinear disturbance observer for robotic manipulators. IEEE Transactions on Industrial Electronics, 2000, 47(4): 932-938.

[19] Guo L, Chen W H. Disturbance attenuation and rejection for systems with nonlinearity via DOBC approach. International Journal of Robust and Nonlinear Control, 2005, 15(3): 109-125.

[20] Chen W H, Yang J, Guo L, et al. Disturbance-observer-based control and related methods: An overview. IEEE Transactions on Industrial Electronics, 2016, 63(2): 1083-1095.

[21] Li S H, Yang J, Chen W H, et al. Disturbance Observer Based Control: Methods and Applications. Boca Raton: CRC Press, 2014.

[22] Chen M, Chen W H. Sliding mode control for a class of uncertain nonlinear system based disturbance observer. International Journal of Adaptive Control and Signal Processing, 2010, 24 (1): 51-64.

[23] Yang J, Chen W H, Li S H, et al. Static disturbance-to-output decoupling for nonlinear systems with arbitrary disturbance relative degree. International Journal of Robust and Nonlinear Control, 2013, 23(5): 562-577.

[24] Mallon N, van de Wouw N, Putra D, et al. Friction compensation in a controlled one-link robot using a reduced-order observer. IEEE Transactions on Control Systems Technology, 2006, 14(2): 374-383.

[25] Peng C, Fang J C, Xu X B. Mismatched disturbance rejection control for voltage-controlled active magnetic bearing via state-space disturbance observer. IEEE Transactions on Power Electronics, 2015, 30(5): 2753-2762.

[26] Zhou P, Dai W, Chai T Y. Multivariable disturbance observer based advanced feedback control design and its application to a grinding circuit. IEEE Transactions on Control Systems Technology, 2014, 4(22): 1474-1485.

[27] Yang J, Li S H, Chen X S, et al. Disturbance rejection of ball mill grinding circuits using DOB and MPC. Powder Technology, 2010, 198(2): 219-228.

[28] Cao S, Guo L. Multi-objective robust initial alignment algorithm for inertial navigation system with multiple disturbances. Aerospace Science and Technology, 2012, 21(1): 1-6.

[29] Wu H N, Liu Z Y, Guo L. Robust L-infinite-gain fuzzy disturbance observer-based control design with adaptive bounding for a hypersonic vehicle. IEEE Transactions on Fuzzy Systems, 2014, 22(6): 1401-1412.

[30] Guo L, Cao S. Anti-disturbance Control for Systems with Multiple Disturbances. London: CRC Press, 2013.

[31] Guo L, Cao S. Anti-disturbance control theory for systems with multiple disturbances: A survey. ISA Transactions, 2014, 53(4): 846-849.

[32] Wei X J, Guo L. Composite disturbance-observer-based control and H_∞ control for complex continuous models. International Journal of Robust and Nonlinear Control, 2010, 20(1): 106-118.

[33] Wei X J, Guo L. Composite disturbance-observer-based control and terminal sliding mode control for non-linear systems with disturbances. International Journal of Control, 2009, 82(6): 1082-1098.

[34] Wei X J, Chen N. Composite hierarchical anti-disturbance control for nonlinear systems with DOBC and fuzzy control. International Journal of Robust and Nonlinear Control, 2014, 24(2): 362-373.

[35] Wei X J, Wu Z J, Karimi H R. Disturbance observer-based disturbance attenuation control for a class of stochastic systems. Automatica, 2016, 63(C): 21-25.

[36] Zhang H F, Wei X J, Wei Y L, et al. Anti-disturbance control for dynamic positioning system of ships with disturbances. Applied Mathematics and Computation, 2021, 396: 125929.

[37] Zheng Y F, Zhang C S, Evans R J. A differential vector space approach to nonlinear system regulation. IEEE Transactions on Automatic Control, 2000, 45(11): 1997-2010.

[38] Chen W H. Disturbance observer based control for nonlinear systems. IEEE/ASME Transactions on Mechatronics, 2004, 9(4): 706-710.

[39] Yu L, Chen G D, Yang M R. Robust regional pole assignment of uncertain systems via output feedback controller. Control Theory and Applications, 2002, 9(2): 244-246.

[40] Tang Y. Terminal sliding mode control for rigid robots. Automatica, 1998, 34(1): 51-56.

[41] Wu Y Q, Yu X H, Man Z H. Terminal sliding mode control design for uncertain dynamic systems. Systems & Control Letters, 1998, 34(5): 281-287.

[42] Yu S H, Yu X H, Shirinzadeh B, et al. Continuous finite-time control for robotic manipulators with terminal sliding mode. Automatica, 2005, 41(11): 1957-1964.

[43] Chilali M, Gahinet P. H_∞ design with pole placement constraints: An LMI approach. IEEE Transactions on Automatic Control, 1996, 41(3): 358-367.

[44] 杨俊华, 吴捷, 胡跃明. 反步方法原理及在非线性鲁棒控制中的应用. 控制与决策, 2002, 17(S): 641-647.

[45] Zhang H F, Wei X J, Zhang L Y, et al. Disturbance rejection for nonlinear systems with mismatched disturbances based on disturbance observer. Journal of the Franklin Institute, 2017, 354(11): 4404-4424.

[46] Tee K P, Ge S S. Control of fully actuated ocean surface vessels using a class of feedforward

approximators. IEEE Transactions on Control Systems Technology, 2006, 14(4): 750-756.

[47] Kim Y H, Ha I J. Asymptotic state tracking in a class of nonlinear systems via learning-based inversion. IEEE Transactions on Automatic Control, 2000, 45(11): 2011-2027.

[48] Krstić M, Kanellakopoulos I, Kokotovic P V. Nonlinear and Adaptive Control Design. New York: Wiley, 1995.

[49] Wang L X. Adaptive Fuzzy Systems and Control: Design and Stability Analysis. Englewood Cliffs: Prentice Hall, 1994.

[50] Tong S C, Chen B, Wang Y. Fuzzy adaptive output feedback control for MIMO nonlinear systems. Fuzzy Sets and Systems, 2005, 156(2): 285-299.

[51] Chen B, Liu X P. Fuzzy approximate disturbance decoupling of MIMO nonlinear systems by backstepping and application to chemical processes. IEEE Transactions on Fuzzy Systems, 2005, 13(6): 832-847.

[52] Zhang H, Li M, Yang J, et al. Fuzzy model-based robust networked control for a class of nonlinear systems. IEEE Transactions on Systems, Man, and Cybernetics-Part A: Systems and Humans, 2009, 39(2): 437-447.

[53] Li N, Liu H, Li Y G, et al. A new nussbaum-type function and its application in the control of uncertain strict-feedback systems. International Journal of Fuzzy Systems, 2020, 22(7): 2284-2299.

[54] Tong S C, Li H H. Observer-based robust fuzzy control of nonlinear systems with parametric uncertainties. Fuzzy Sets and Systems, 2002, 131(2): 165-184.

[55] Han S I, Lee J M. Recurrent fuzzy neural network backstepping control for the prescribed output tracking performance of nonlinear dynamic systems. ISA Transactions, 2014, 53(1): 33-43.

[56] Man Z H, Yu X H. Terminal sliding mode control of MIMO linear systems. IEEE Transactions on Circuits and Systems I: Fundamental Theory and Applications, 1997, 44(11): 1065-1070.

[57] Lee H, Tomizuka M. Robust adaptive control using a universal approximator for SISO nonlinear systems. IEEE Transactions on Fuzzy Systems, 2000, 8(1): 95-106.

[58] Itô K. On stochastic differential equations. American Mathematical Society, 1951, 4: 1-51.

[59] Bellman R. Dynamic programming and stochastic control processes. Information and Control, 1958, 1(3): 228-239.

[60] Bismut J. Linear quadratic optimal stochastic control with random coefficients. SIAM Journal on Control and Optimization, 1976, 14(3): 419-444.

[61] Athans M, Falb P L. Optimal Control: An Introduction to the Theory and Its Applications.

New York: Dover Publications, 1966.

[62] Deng H, Krstić M. Stochastic nonlinear stabilization, part II: Inverse optimality. Systems & Control Letters, 1997, 32(3): 151-159.

[63] Li H Y, Wang C, Shi P, et al. New passivity results for uncertain discrete-time stochastic neural networks with mixed time delays. Neurocomputing, 2010, 73(16/17/18):3291-3299.

[64] Øksendal B. Stochastic Differential Equations-An Introduction with Applications. 6th ed. New York: Springer-Verlag, 2003.

[65] Deng H, Krstic M. Stabilization of stochastic nonlinear systems driven by noise of unknown covariance. IEEE Transactions on Automatic Control, 2001, 46(8): 1237-1253.

[66] Ding Z T. Adaptive consensus output regulation of a class of nonlinear systems with unknown high-frequency gain. Automatica, 2015, 51: 348-355.

[67] Jafari S, Ioannou P, Fitzpatrick B, et al. Robustness and performance of adaptive suppression of unknown periodic disturbances. IEEE Transactions on Automatic Control, 2015, 60(8): 2166-2171.

[68] Pin G, Wang Y, Chen B, et al. Identification of multi-sinusoidal signals with direct frequency estimation: An adaptive observer approach. Automatica, 2019, 99: 338-345.

[69] Yilmaz C T, Basturk H I. Output feedback control for unknown LTI systems driven by unknown periodic disturbances. Automatica, 2019, 99: 112-119.

[70] Byrnes C I, Isidori A. Output regulation for nonlinear systems: An overview. International Journal of Robust and Nonlinear Control, 2000, 10(5): 323-337.

[71] Yang J, Ding Z T, Chen W H, et al. Output-based disturbance rejection control for non-linear uncertain systems with unknown frequency disturbances using an observer backstepping approach. IET Control Theory & Applications, 2016, 10(9): 1052-1060.

[72] Wei X J, Zhang H F, Sun S X, et al. Composite hierarchical anti-disturbance control for a class of discrete-time stochastic systems. International Journal of Robust and Nonlinear Control, 2018, 28(9): 3292-3302.

[73] Li Y K, Chen M, Cai L, et al. Resilient control based on disturbance observer for nonlinear singular stochastic hybrid system with partly unknown Markovian jump parameters. Journal of the Franklin Institute, 2018, 355(5): 2243-2265.

[74] Sun H B, Li Y K, Zong G D, et al. Disturbance attenuation and rejection for stochastic Markovian jump system with partially known transition probabilities. Automatica, 2018, 89: 349-357.

[75] Wei X J, Sun S X. Elegant anti-disturbance control for discrete-time stochastic systems with nonlinearity and multiple disturbances. International Journal of Control, 2018, 91(3):

706-714.

[76] Holden H, Øksendal B, Ubøe J. Stochastic Partial Differential Equations. Boston:Birkhäuser, 1996.

[77] Kwakernaak H, Sivan R. Linear Optimal Control Systems. New York: Wiley-Interscience, 1972.

[78] de Souza E, Bhattacharyya S P. Controllability, observability and the solution of $AX - XB = C$. Linear Algebra and Its Applications, 1981, 39: 167-188.

[79] Nikiforov V. Nonlinear servocompensation of unknown external disturbances. Automatica, 2001, 37(10): 1647-1653.

[80] Cheng Y P. The Theory of Matrices. 2nd ed. Xi'an: Northwestern Polytechnical University Press, 2000.

[81] Gahinet P, Nemirovski A, Laub A J, et al. LMI Control Toolbox for Use with MATLAB. Natick: MathWorks, 1995.

[82] Dong H Y, Li S B, Cao L X, et al. Voltage and reactive power control of front-end speed controlled wind turbine via H_∞ strategy. Telkomnika Indonesian Journal of Electrical, 2013, 11(8): 4190-4199.

[83] 陈成功. 船电系统中同步发电机的建模与仿真研究. 上海: 上海交通大学, 2011: 4-32.

[84] Dong L W, Wei X J, Hu X, et al. Disturbance observer-based elegant anti-disturbance saturation control for a class of stochastic systems. International Journal of Control, 2020, 93(12): 2859-2871.

[85] He W, Ge S. Vibration control of a nonuniform wind turbine tower via disturbance observer. IEEE/ASME Transactions on Mechatronics, 2015, 20(1): 237-244.

[86] Li S Q, Zhang K Z, Li J, et al. On the rejection of internal and external disturbances in a wind energy conversion system with direct-driven PMSG. ISA Transactions, 2016, 61: 95-103.

[87] Feng J E, Lam J, Xu S Y, et al. Optimal stabilizing controllers for linear discrete-time stochastic systems. Optimal Control Applications and Methods, 2008, 29(3): 243-253.

[88] Sathananthan S, Knap M J, Strong A, et al. Robust stability and stabilization of a class of nonlinear discrete time stochastic systems: An LMI approach. Applied Mathematics and Computation, 2012, 219(4): 1988-1997.

[89] Xu S Y, Chen T W. Robust control for uncertain stochastic systems with state delay. IEEE Transactions on Automatic Control, 2002, 47(12): 2089-2094.

[90] Zhang W H, Huang Y L, Xie L H. Infinite horizon stochastic H_2 / H_∞ control for discrete-time systems with state and disturbance dependent noise. Automatica, 2008, 44(9):

2306-2316.

[91] Zhao X Y, Deng F Q. Moment stability of nonlinear discrete stochastic systems with time-delays based on *H*-representation technique. Automatica, 2014, 50(2): 530-536.

[92] Kolmanovskii V B, Myshkis A D. Introduction to the Theory and Applications of Functional Differential Equations. Dordrecht: Kluwer Academic, 1999.

[93] Sun L, Huo W, Jiao Z X. Adaptive backstepping control of spacecraft rendezvous and proximity operations with input saturation and full-state constraint. IEEE Transactions on Industrial Electronics, 2017, 64(1): 480-492.

[94] Sun L, Huo W, Jiao Z X. Disturbance-observer-based robust relative pose control for spacecraft rendezvous and proximity operations under input saturation. IEEE Transactions on Aerospace and Electronic Systems, 2018, 54(4): 1605-1617.

[95] Wei X J, Dong L W, Zhang H F, et al. Adaptive disturbance observer-based control for stochastic systems with multiple heterogeneous disturbances. International Journal of Robust and Nonlinear Control, 2019, 29(16): 5533-5549.

[96] Wang J, Wang R, Mi X. Stochastic small disturbance stability analysis of nonlinear multi-machine system with Itô differential equation. International Journal of Electrical Power & Energy Systems, 2018, 101: 439-457.

[97] Wang Q L, Sun C Y. Coordinated tracking of linear multiagent systems with input saturation and stochastic disturbances. ISA Transactions, 2017, 71: 3-9.

[98] Sun Y H, Li N, Zhao X M, et al. Robust H_∞ load frequency control of delayed multi-area power system with stochastic disturbances. Neurocomputing, 2016, 193: 58-67.

[99] Zhang L Q, Wei X J, Zhang H F. Disturbance observer-based elegant anti-disturbance control for stochastic systems with multiple disturbances. Asian Journal of Control, 2017, 19(6): 1966-1976.

[100] Yan R Y, He X, Zhou D H. Detecting intermittent sensor faults for linear stochastic systems subject to unknown disturbance. Journal of the Franklin Institute, 2016, 353(17): 4734-4753.

[101] Park H J, Kim S, Lee J, et al. System-level prognostics approach for failure prediction of reaction wheel motor in satellites. Advances in Space Research, 2023, 71(6): 2691-2701.

[102] Hu T S, Lin Z L. Control Systems with Actuator Saturation: Analysis and Design. Boston: Birkhäuser, 2001.

[103] Zhang W H, Chen B S. On stabilizability and exact observability of stochastic systems with their applications. Automatica, 2004, 40(1): 87-94.

[104] Damm T. Rational Matrix Equations in Stochastic Control. Berlin: Springer-Verlag, 2004.

[105] Grovlen A, Fossen T I. Nonlinear control of dynamic positioned ships using only position

feedback: An observer backstepping approach. Proceedings of the 35th IEEE Conference on Decision and Control, Kobe, 1996: 3388-3393.

[106] Fossen T I, Grovlen A. Nonlinear output feedback control of dynamically positioned ships using vectorial observer backstepping. IEEE Transactions on Control Systems Technology, 1998, 6(1): 121-128.

[107] Fossen T I, Strand J P. Passive nonlinear observer design for ships using Lyapunov methods: Full-scale experiments with a supply vessel. Automatica, 1999, 35(1): 3-16.

[108] Nguyen T D, Sørensen A J, Quek S T. Design of hybrid controller for dynamic positioning from calm to extreme sea conditions. Automatica, 2007, 43(5): 768-785.

[109] Yang H L, Deng F, He Y, et al. Robust nonlinear model predictive control for reference tracking of dynamic positioning ships based on nonlinear disturbance observer. Ocean Engineering, 2020, 215: 107885.

[110] Veksler A, Johansen T A, Borrelli F, et al. Dynamic positioning with model predictive control. IEEE Transactions on Control Systems Technology, 2016, 24(4): 1340-1353.

[111] Hu X, Wei X J, Zhu G B, et al. Adaptive synchronization for surface vessels with disturbances and saturated thruster dynamics. Ocean Engineering, 2020, 216: 107920.

[112] Hu X, Du J L, Krstić M. Robust adaptive regulation of dynamically positioned ships with unknown dynamics and unknown disturbances. International Journal of Adaptive Control and Signal Processing, 2019, 33(3): 545-556.

[113] Iwasaki M, Shibata T, Matsui N. Disturbance-observer-based nonlinear friction compensation in table drive system. International Workshop on Advanced Motion Control, 1999, 117(1): 299-304.

[114] Hu F, Chen Z J, Zhang D F. How big are the increments of G-Brownian motion. Science China (Mathematics), 2014, 57(8): 1687-1700.

[115] Muhammad S, Dòria-Cerezo A. Passivity-based control applied to the dynamic positioning of ships. IET Control Theory & Applications, 2012, 6(5): 680-688.

[116] Hu X, Wei X J, Zhang H F, et al. Global asymptotic regulation control for MIMO mechanical systems with unknown model parameters and disturbances. Nonlinear Dynamics, 2019, 95(3): 2293-2305.

[117] Perez T. Anti-windup designs for ship dynamic positioning with control allocation. Proceedings of the 8th IFAC International Conference on Manoeuvring and Control of Marine Craft, Guaruja, 2009: 243-248.

[118] Donaire A, Perez T. Dynamic positioning of marine craft using a port-Hamiltonian framework. Automatica, 2012, 48(5): 851-856.

[119] Morishita H M, Souza C E S. Modified observer backstepping controller for a dynamic positioning system. Control Engineering Practice, 2014, 33: 105-114.

[120]Glattfelder A H, Schaufelberger W. Stability analysis of single loop control systems with saturation and antireset-windup circuits. IEEE Transactions on Automatic Control, 1983, 28 (12) :1074-1081.

[121]Glattfelder A H, Schaufelberger W. Stability of discrete override and cascade-limiter single loop control systems. IEEE Transactions on Automatic Control, 1988, 33(6): 532-540.

[122]Wei A R, Hu X M, Wang Y Z. Consensus of linear multi-agent systems subject to actuator saturation. International Journal of Control, Automation and Systems, 2013, 11(4): 649-656.

[123]Chen D Y, Yang N, Hu J, et al. Resilient set-membership state estimation for uncertain complex networks with sensor saturation under Round-Robin protocol. International Journal of Control, Automation and Systems, 2019, 17(12): 3035-3046.

[124]Hu T S, Lin Z L, Chen B M. An analysis and design method for linear systems subject to actuator saturation and disturbance. Automatica, 2002, 38(2): 351-359.

[125]Hu T S, Lin Z L, Chen B M. Analysis and design for discrete-time linear systems subject to actuator saturation. Systems & Control Letters, 2002, 45(2): 97-112.

附　　录

对系统(2.9)：

$$\dot{x}(t) = Gx(t) + Ff(x(t),t) + Hd(t)$$
$$z(t) = Cx(t)$$

考虑如下的李雅普诺夫函数：

$$V(t) = x^{\mathrm{T}}(t)Px(t) + \frac{1}{\lambda^2}\int_0^t \left[\left\|U_* x(\tau)\right\|^2 - \left\|f(x(\tau),\tau)\right\|^2\right]\mathrm{d}\tau \tag{A1}$$

在没有干扰 $d(t)$ 的情况下，基于式(2.9)，对上式求导，可得

$$\begin{aligned}
\dot{V}(t) &= \dot{x}^{\mathrm{T}}(t)Px(t) + x^{\mathrm{T}}(t)P\dot{x}(t) + \frac{1}{\lambda^2}\left[\left\|U_* x(t)\right\|^2 - \left\|f(x(t),t)\right\|^2\right] \\
&= x^{\mathrm{T}}(t)PGx(t) + x^{\mathrm{T}}(t)PFf(x(t),t) + x^{\mathrm{T}}(t)G^{\mathrm{T}}Px(t) + f^{\mathrm{T}}(x(t),t)F^{\mathrm{T}}Px(t) \\
&\quad + \frac{1}{\lambda^2}x^{\mathrm{T}}(t)U_*^{\mathrm{T}}U_* x(t) - \frac{1}{\lambda^2}f^{\mathrm{T}}(x(t),t)f(x(t),t) \\
&= \begin{bmatrix} x(t) \\ f(x(t),t) \end{bmatrix}^{\mathrm{T}} \begin{bmatrix} PG + G^{\mathrm{T}}P + \frac{1}{\lambda^2}U_*^{\mathrm{T}}U_* & PF \\ F^{\mathrm{T}}P & -\frac{1}{\lambda^2}I \end{bmatrix} \begin{bmatrix} x(t) \\ f(x(t),t) \end{bmatrix} \\
&= \overline{x}^{\mathrm{T}}(t)Q_0\overline{x}(t)
\end{aligned} \tag{A2}$$

式中

$$\overline{x}(t) = \begin{bmatrix} x(t) \\ f(x(t),t) \end{bmatrix}$$

$$Q_0 = \begin{bmatrix} PG + G^{\mathrm{T}}P + \frac{1}{\lambda^2}U_*^{\mathrm{T}}U_* & PF \\ F^{\mathrm{T}}P & -\frac{1}{\lambda^2}I \end{bmatrix}$$

基于李雅普诺夫理论，如果 $Q_0 < 0$ 成立，则当干扰 $d(t) = 0$ 时，系统(2.9)是渐近稳定的。

为了证明系统(2.9)在 $d(t) \neq 0$ 时满足干扰性能指标，选取如下辅助函数：

$$J(x(t)) = V(t) + \int_0^t \left[\left\|z(\tau)\right\|^2 - \gamma^2\left\|d(\tau)\right\|^2\right]\mathrm{d}\tau \tag{A3}$$

满足$J(x(t))=\int_0^t S(\tau)\mathrm{d}\tau$的初始条件，其中$V(t)$由式(A1)表示$S(t)=\|z(t)\|^2-\gamma^2\|d(t)\|^2+\dot{V}(t)$。可得

$$
\begin{aligned}
S(t) &= x^{\mathrm{T}}(t)C^{\mathrm{T}}Cx(t)-\gamma^2 d^{\mathrm{T}}(t)d(t)+\dot{x}^{\mathrm{T}}(t)Px(t)+x^{\mathrm{T}}(t)P\dot{x}(t) \\
&\quad +\frac{1}{\lambda^2}\left[\|U_* x(t)\|^2-\|f(x(t),t)\|^2\right] \\
&= x^{\mathrm{T}}(t)C^{\mathrm{T}}Cx(t)-\gamma^2 d^{\mathrm{T}}(t)d(t)+x^{\mathrm{T}}(t)P\left[Gx(t)+Ff(x(t),t)+Hd(t)\right] \\
&\quad +[x^{\mathrm{T}}(t)G^{\mathrm{T}}+f^{\mathrm{T}}(x(t),t)F^{\mathrm{T}}+d^{\mathrm{T}}(t)H^{\mathrm{T}}]Px(t)+\frac{1}{\lambda^2}x^{\mathrm{T}}(t)U_*^{\mathrm{T}}U_* x(t) \\
&\quad -\frac{1}{\lambda^2}f^{\mathrm{T}}(x(t),t)f(x(t),t) \\
&= \tilde{x}^{\mathrm{T}}(t)Q_1\tilde{x}(t)
\end{aligned}
\tag{A4}
$$

式中

$$
\tilde{x}(t)=\begin{bmatrix} x(t) \\ f(x(t),t) \\ d(t) \end{bmatrix}
$$

$$
Q_1=\begin{bmatrix} PG+G^{\mathrm{T}}P+\frac{1}{\lambda^2}U_*^{\mathrm{T}}U_*+C^{\mathrm{T}}C & PF & PH \\ F^{\mathrm{T}}P & -\frac{1}{\lambda^2}I & 0 \\ H^{\mathrm{T}}P & 0 & -\gamma^2 I \end{bmatrix}
$$

可以看出，基于 Schur 补引理，$Q_1<0$当且仅当$Q_2<0$，其中$Q_2<0$表示为式（2.10），进而可以得到$Q_1<0$和$S(t)<0$，那么有$J(t)<0$成立，所以$\|z(t)\|_2^2<\gamma^2\|d(t)\|_2^2$成立，即$\|z(t)\|_2<\gamma\|d(t)\|_2$。另外，可以通过删除$Q_1<0$的第三行和第三列来验证$Q_0<0$，进而$Q_2<0$。因此，如果$Q_2<0$成立，则系统(2.9)在没有$d(t)$的情况下是渐近稳定的。证毕。

彩　图

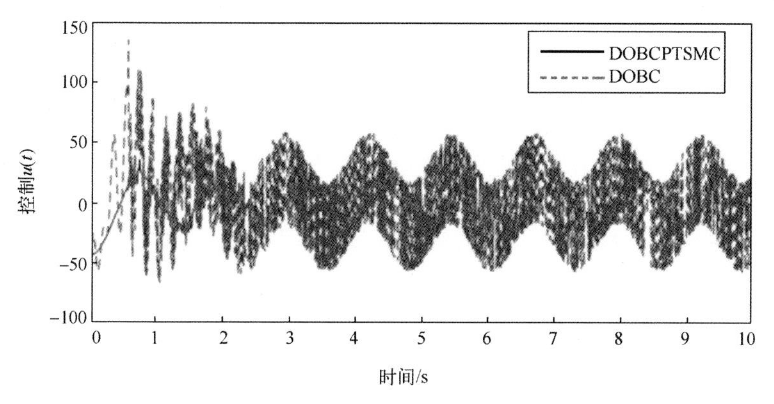

(a) DOBCPTSMC和DOBC的控制信号对比曲线

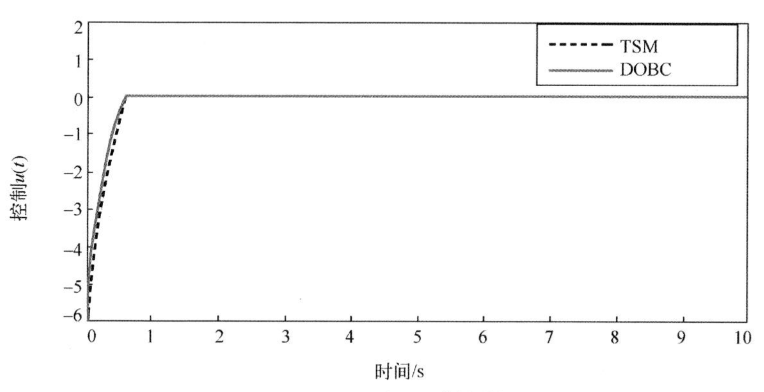

(b) TSM和DOBC的控制信号对比曲线

图 3.2　DOBCPTSMC、TSM 和 DOBC 控制信号对比曲线(一)

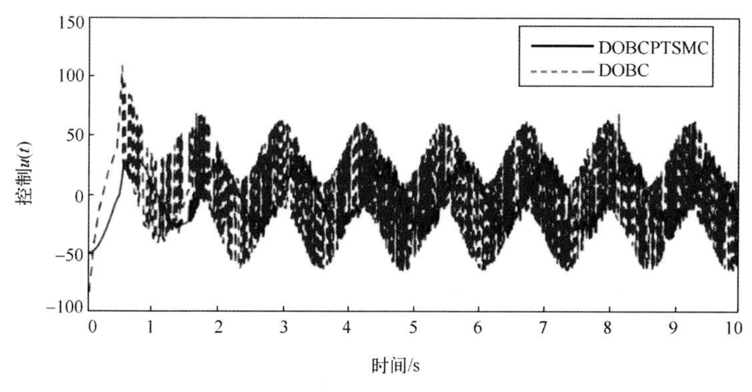

(a) DOBCPTSMC和DOBC的控制信号对比曲线

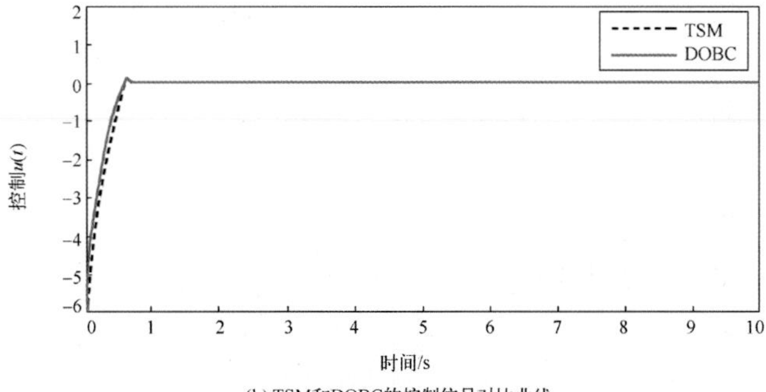

(b) TSM和DOBC的控制信号对比曲线

图 3.5　DOBCPTSMC、TSM 和 DOBC 控制信号对比曲线(二)

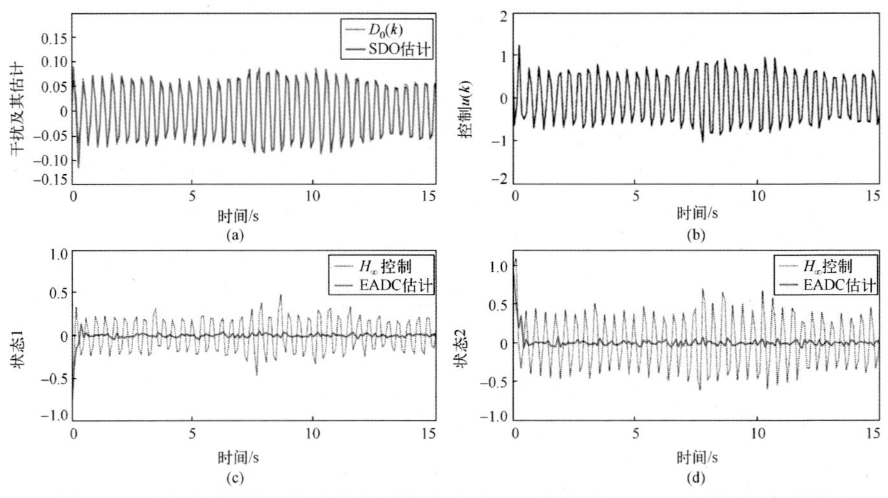

图 8.1　已知非线性情形下复合系统状态在 H_∞ 控制和 EADC 下的响应曲线

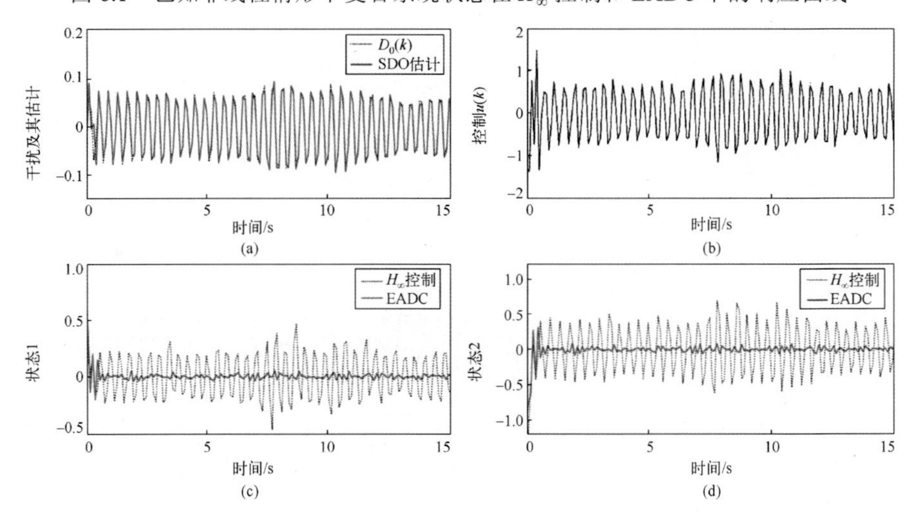

图 8.2　未知非线性情形下复合系统状态在 H_∞ 控制和 EADC 下的响应曲线

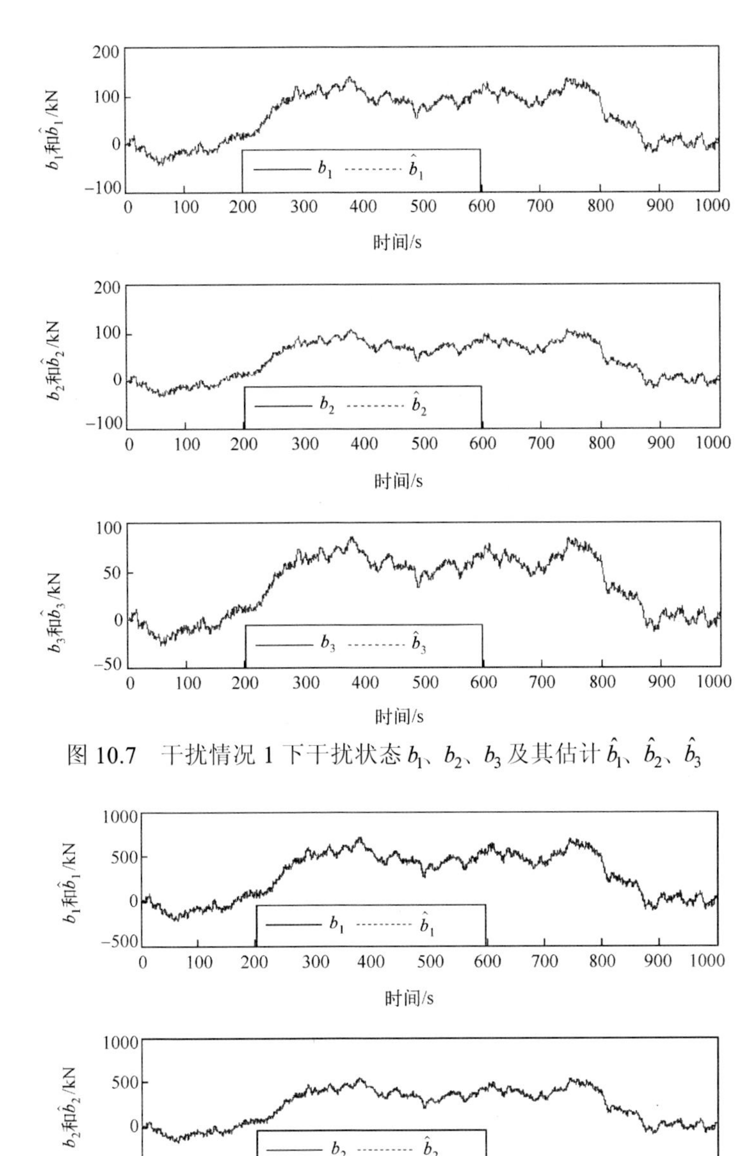

图 10.7　干扰情况 1 下干扰状态 b_1、b_2、b_3 及其估计 $\hat{b}_1$、$\hat{b}_2$、$\hat{b}_3$

图 10.12　干扰情况 2 下干扰状态 b_1、b_2、b_3 及其估计 $\hat{b}_1$、$\hat{b}_2$、$\hat{b}_3$

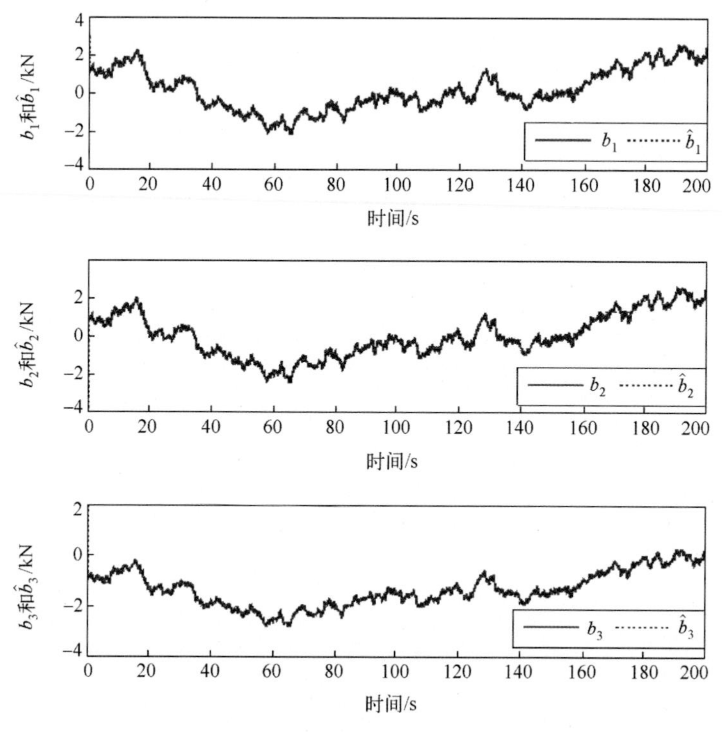

图 11.5　干扰情况 1 下干扰状态 b_1、b_2、b_3 及其估计 $\hat{b}_1$、$\hat{b}_2$、$\hat{b}_3$

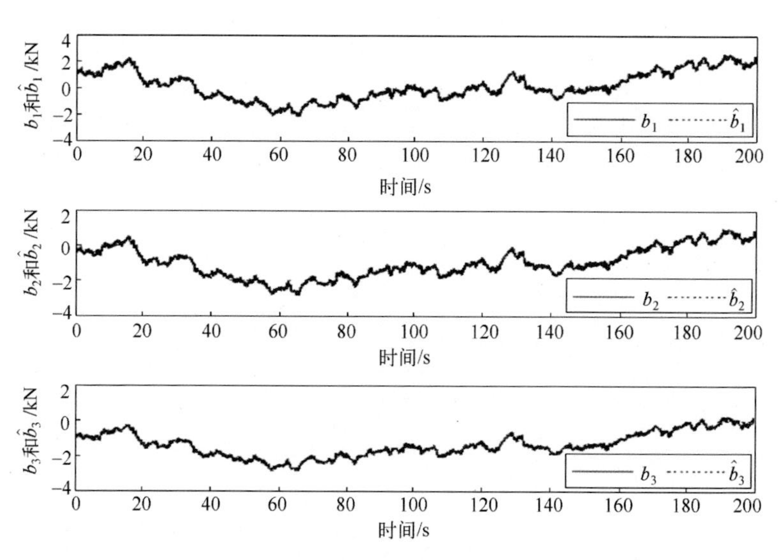

图 11.11　干扰情况 2 下干扰状态 b_1、b_2、b_3 及其估计 $\hat{b}_1$、$\hat{b}_2$、$\hat{b}_3$